高等职业教育智能光电技术应用专业群产教融合新形态教材
高等职业教育智能光电技术应用专业群现场工程师新型活页式教材

智能电子技术项目实践

主　编　窦　瑶　罗　悦
副主编　远　飞　胡立山　李红军

西南交通大学出版社
·成　都·

图书在版编目（CIP）数据

智能电子技术项目实践 / 窦瑶，罗悦主编. -- 成都 : 西南交通大学出版社，2024. 8. -- ISBN 978-7-5774-0038-9

Ⅰ. TN

中国国家版本馆 CIP 数据核字第 2024V6W862 号

Zhineng Dianzi Jishu Xiangmu Shijian

智能电子技术项目实践

主　编／窦　瑶　罗　悦

策划编辑／李芳芳　李华宇　余崇波
责任编辑／余崇波
责任校对／左凌涛
封面设计／吴　兵

西南交通大学出版社出版发行
（四川省成都市金牛区二环路北一段 111 号西南交通大学创新大厦 21 楼　610031）
营销部电话：028-87600564　028-87600533
网址：http://www.xnjdcbs.com
印刷：四川玖艺呈现印刷有限公司

成品尺寸　185 mm × 260 mm
印张　18　字数　462 千
版次　2024 年 8 月第 1 版　印次　2024 年 8 月第 1 次

书号　ISBN 978-7-5774-0038-9
定价　54.00 元

课件咨询电话：028-81435775
图书如有印装质量问题　本社负责退换

前言

随着科技的进步和产业的升级，对电子工程师的需求日益增长，尤其是在智能制造、物联网、电子信息等领域，对掌握模拟与数字电路技术的专业人才更是求贤若渴。高职院校作为培养技术技能型人才的重要基地，承担着为社会输送具备扎实专业知识和良好实践能力的电子工程师的重任。

党的二十大报告指出：统筹职业教育、高等教育、继续教育协同创新，推进职普融通、产教融合、科教融汇，优化职业教育类型定位。近年来，教育部先后印发《国家职业教育改革实施方案》《职业院校教材管理办法》《“十四五”职业教育规划教材建设实施方案》，明确提出建设一大批校企“双元”合作开发的国家规划教材，倡导使用新型活页式、工作手册式教材并配套开发信息化资源，每三年修订一次教材，其中专业教材随信息技术发展和产业升级情况及时动态更新。因此，编写一本既符合高职教育特点，又能满足行业需求的《智能电子技术项目实践》新形态教材，对于提升学生的专业素养和就业竞争力具有重要意义。

在电子技术的浪潮中，模拟与数字电路的深度融合正推动着各行各业的智能化进程。本书为高等职业教育产教融合新形态教材、现场工程师新型活页式教材，系成都职业技术学院中国特色高水平专业群产教融合项目建设成果之一，旨在为高职院校学生及电子领域爱好者搭建一座从基础知识到高级应用的坚实桥梁，引领学习者逐步掌握电子电路的核心理论与实践技能。

本书采用独特的项目-任务教学方式，以实际项目为核心，将复杂的电子电路知识分解成具体的任务节点，使学习过程更加系统化、条理化。本书主要内容分为基础知识篇和综合实战篇。

（1）基础知识篇深入浅出地介绍了电子电工领域的基础知识，特别是模拟电路与数字电路的关键要素。本篇精心设计了 7 个教学项目，每个项目均围绕特定的学习任务展开，从基础元件的识别与特性检测，到二极管、三极管、基本门电路、集成运算放大器等核心元件的深入探索，再到波形发生、编译码器、A/D 和 D/A 转换等高级电路的设计与应用，逐步构建起电子电路知识的完整体系。每个项目通过任务分解的方式，引导学生循序渐进地掌握相关知识与技能，确保学习过程既扎实又高效。

（2）综合实战篇以“数显直流可调电源”项目为载体，全面展示了电子电路设计的完整流程。从项目需求分析、总体框架设计，到各功能模块的详细设计与实现，再到最终的整合测试与调试，每一步都详细阐述，“润物细无声”地融入课程思政元素，旨在培养学生的系统设计与工程实践能力。通过这一综合项目的学习，将深刻体会到电子电路设计的复杂性与趣味性，不仅帮助读者将所学知识应用于实际项目中，还能培养系统设计与调试能力，为未来的工作实践打下坚实基础。

本书在内容设计和项目选取上，紧密贴合产业实际需求，体现了产教融合的教育理念。以校校合作、校企业合作的撰写形式，共同开发教学资源，实现教育链、人才链与产业链、创新链的有效衔接。同时本书以工作手册式、合页式新形态的形式装订，充分利用现代信息技术手段，如二维码链接、在线教学资源库等，为读者提供了丰富多样的学习材料和互动平台，不仅提高了学习的趣味性和互动性，还满足了不同学习风格和习惯的需求，促进了教学质量的全面提升。

本书在内容编排上，通过合理设置知识难度和深度，既满足了高职学生基础学习和技能提升的需求，也为有志于继续深造的学生提供了必要的知识储备和扩展空间。这种衔接性设计有助于构建更加完善的电子工程技术人才培养体系。本书不仅适合高等职业院校电子类专业的教学使用，也为电子爱好者、研究人员等提供了宝贵的参考资料，满足了不同层次读者的学习需求。

本书由成都职业技术学院窦瑶、罗悦担任主编，由远飞、胡立山、李红军担任副主编，同时参编还有姜为、钟丽、孟奕峰等。编写过程中得到了无锡商业职业技术学院、重庆市荣昌区职业教育中心，以及成都卓物科技有限公司的大力支持，在此一并表示感谢。我们期待通过本书的学习，能够激发更多读者对电子技术的兴趣与热爱，为培养更多优秀的电子工程师贡献一份力量。

由于作者团队水平有限，书中难免存在不足之处，敬请各位读者批评指正，以便我们能及时修改和完善。

编　者

2024 年 7 月

扫一扫获取数字资源

目录

ABC

基础知识篇

综合实战篇

基础知识篇

【项目目标】

（1）理解电子电路基础知识：学习电子电路的基本原理、常用元器件的特性以及电子电路设计与分析方法。

（2）掌握常用电子元器件的识别与特性检测技能：学会识别常见的电阻、电容、二极管、三极管等元器件，并能够进行其特性检测。

（3）掌握电子元器件的焊接技能：通过实践项目培养焊接技能，为后续电路设计与实现打下基础。

（4）熟悉集成运算放大器、波形发生电路、A/D 和 D/A 转换电路等电路的分析与设计方法。

（5）能够设计与实现常见的电子电路项目，如直流调压指令记录电路、电压数字显示电路设计与验证、编码转换电路设计与验证、数模转换电路设计与验证、输出级电路设计与验证等。

【平台简介】

本课程实训平台以电子技术基础类实验/实训为主进行打造，实训组件以模块化进行设计，方便更换扩展不同的实训模块。从功能上主要分为：电子产品装调平台（一体化设计并集成仪器仪表）、电子基础技能实训、模拟电子技术实训、数字电子技术实训四大部分。

整个实训台架采用一体化设计，分为电源区、仪表区、实训区、储物区、工作台面几部分：电源区以 AC：220 V 输入，内置变压器、开关电源等，提供 DC：3.3 V、5 V、12 V 可调电压输出；仪表区集成万用表、示波器、信号发生器、双路可调电源常用仪表；实训区采用板卡化设计，可同时支持 6 块板卡，板卡运用拔插式安装，方便更换，同时每个板卡位集成液晶显示，能自动检测并显示每个板卡的型号等信息；工作台面铺设 3 mm 防静电、耐高温环保台垫，预留电脑显示器、键盘、鼠标位置；储物区标配三个抽屉放置常用小型工具及耗材。

项目一　常用元件识别与特性检测

任务 1.1　常用电阻识别及特性检测

1.1.1　电阻的定义、种类和品牌

1. 电阻的定义

各种材料的物体对通过它本体的电流呈一定的阻力，这种阻碍电流的作用叫电阻。具有一定的阻值，一定的几何形状，一定的技术性能并在电路中起电阻作用的电子元件叫电阻器，即通常所说的电阻。

电阻通常用字母 R 表示，单位是欧姆，简称欧，符号为 Ω。基本单位有：欧姆（Ω）、千欧（kΩ）、兆欧（MΩ），其他单位：太欧（TΩ）、吉欧（GΩ）、毫欧（mΩ）。其中 1TΩ = 1000 GΩ；1 GΩ = 1 000 MΩ；1 MΩ = 1 000 kΩ；1 kΩ = 1 000 Ω（也就是一千进率）。

2. 阻值的表示与识别方法

数字法：101 表示 10^1 Ω = 10 Ω 的电阻；103 表示 10^3 Ω = 1 kΩ 的电阻。

数码法：用三位数字表示元件的标称值，如 103 表示 10 × 10^3 Ω = 10 kΩ（常用）。

色环法：用不同颜色的色标来表示电阻参数，如图 1.1.1 所示。

色环电阻是在普通的电阻封装上涂上不一样的颜色的色环，用来区分电阻的阻值。保证在安装电阻时不管从什么方向来安装，都可以清楚地读出它的阻值。

常用的色环电阻可以分为四环和五环。其中四环电阻前二环为数字，第三环表示阻值倍乘的数，最后一环为误差；五环电阻前三环为数字，第四环表示阻值倍乘的数，最后一环为误差。误差通常采用金、银和棕三种颜色（金的误差为 5%，银的误差为 10%，棕色的误差为 1%），无色的误差为 20%，很少用的绿色表示误差为 0.5%。

电阻色环口诀：棕一红二橙是三，四黄五绿六为蓝，七紫八灰九对白，黑是零，金五银十表误差。

（1）四色环电阻读法示例：

红、黄、棕、金：24 × 10^1 Ω = 240 Ω，误差为 5%；

绿、红、黄、银：52 × 10^4 Ω = 520 kΩ，误差为 10%。

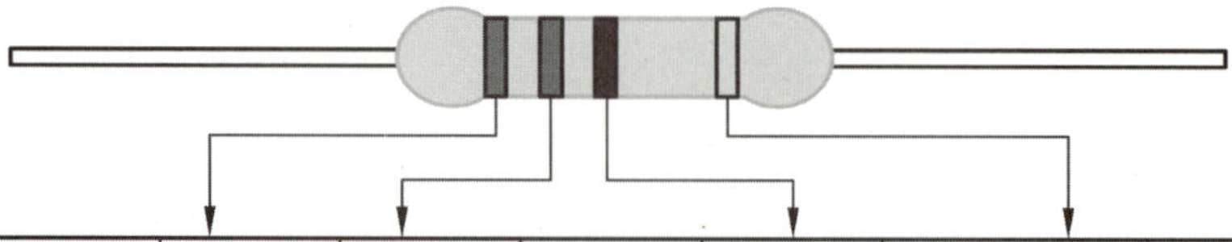

颜色	第一段	第二段	第三段	乘数	误差	
黑色	0	0	0	1		
棕色	1	1	1	10	±1%	F
红色	2	2	2	100	±2%	G
橙色	3	3	3	1 k		
黄色	4	4	4	10 k		
绿色	5	5	5	100 k	±0.5%	D
蓝色	6	6	6	1 M	±0.25%	C
紫色	7	7	7	10 M	±0.10%	B
灰色	8	8	8		±0.05%	A
白色	9	9	9			
金色				0.1	±5%	J
银色				0.01	±10%	K
无色					±20%	M

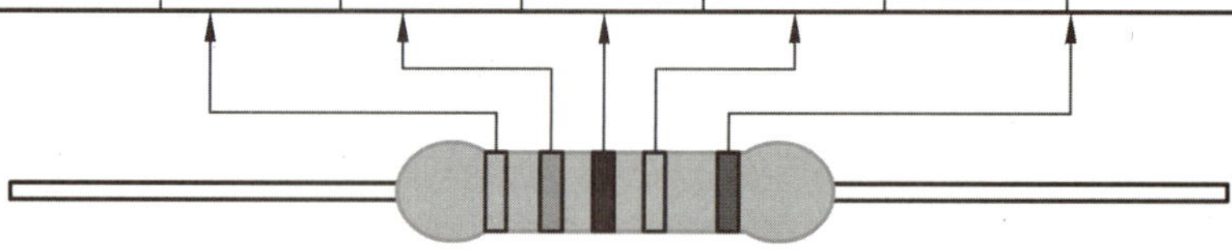

图 1.1.1　色环法

（2）五色环电阻：一般五环电阻是相对较精密的电阻，读法示例：

红、红、黑、黑、棕：$220 \times 10^0\ \Omega = 220\ \Omega$，误差为 1%；

绿、红、棕、红、绿：$521 \times 10^5\ \Omega = 52.1\ \text{M}\Omega$，误差为 0.5%。

（3）六色环电阻：是指用六色环表示阻值的电阻，六色环电阻前五色环与五色环电阻表示方法一样，第六色环表示该电阻的温度系数。只在有特定要求的场合下的电子产品才会使用，一般使用非常少。

3. 电阻的种类

（1）按阻值特性可分为：固定电阻、可调电阻、特种电阻（敏感电阻）。

（2）按制造材料可分为：碳膜电阻、金属膜电阻、合成膜电阻、线绕电阻、无感电阻、薄膜电阻、水泥电阻等。

（3）按安装方式可分为：插件电阻、贴片电阻。

4. 电阻的品牌

（1）国内主要厂商有：汉晟、军品 718 厂、华达、龙建达、风华高新、美隆、HKT、厚声、旺诠、国巨等。

（2）国外主要厂商有：ROHM、村田、TDK、依萨等。

1.1.2　电阻的参数

1. 标称值

标称在电阻器上的电阻值称为标称值。单位：Ω、kΩ、MΩ。标称值是根据国家制定的标准系列确定的，不是生产者任意标定的，因而不是所有阻值的电阻器都存在。

2. 允许误差

电阻器的实际阻值对于标称值的最大允许偏差范围称为允许误差，误差代码有：F、G、J、K 等；常见的误差范围是：0.01%，0.05%，0.1%，0.5%，0.25%，1%，2%，5%等。

3. 额定功率

额定功率指在规定的环境温度下，假设周围空气不流通，在长期连续工作而不损坏或基本不改变电阻器性能的情况下，电阻器上允许的消耗功率。常见的有 1/16 W、1/8 W、1/4 W、1/2 W、1 W、2 W、5 W、10 W。

4. 额定电压

额定电压是指设备、器材或电路件所能承受的正常工作电压，也称为标称电压。当实际电压超过额定电压时，即便满足功率要求，电阻器也会被击穿损坏。

1.1.3　电阻的封装

电阻可封装为插件电阻和贴片电阻。常见插件电阻如图 1.1.2 所示。

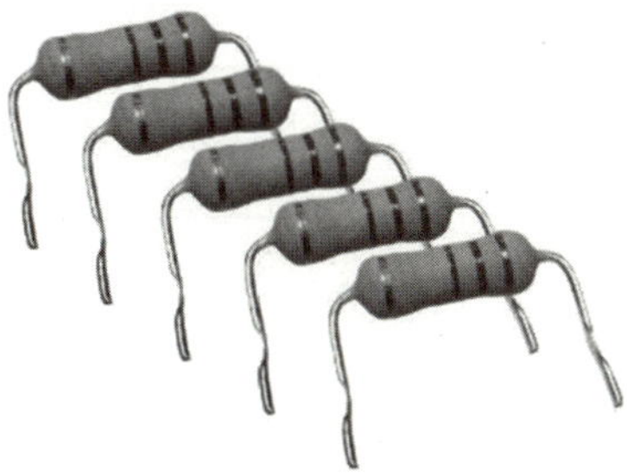

（a）色环电阻

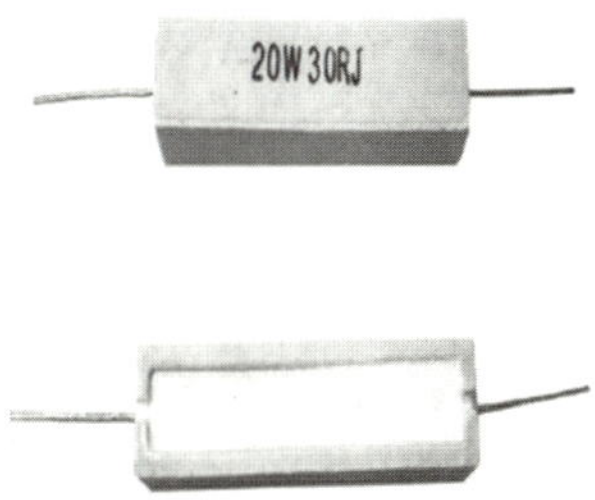

（b）水泥电阻

（c）绕线电阻

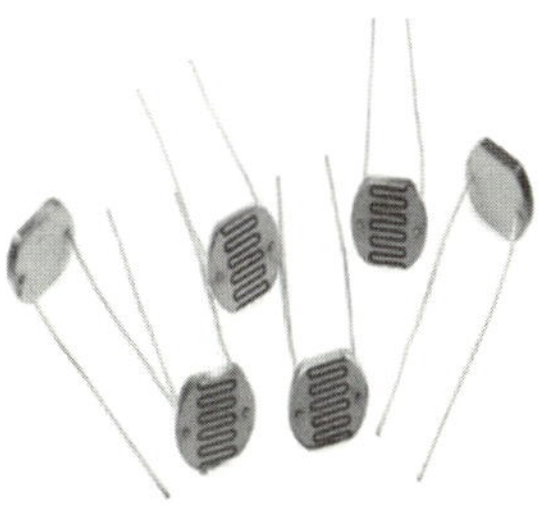

（d）光敏电阻

（e）压敏电阻

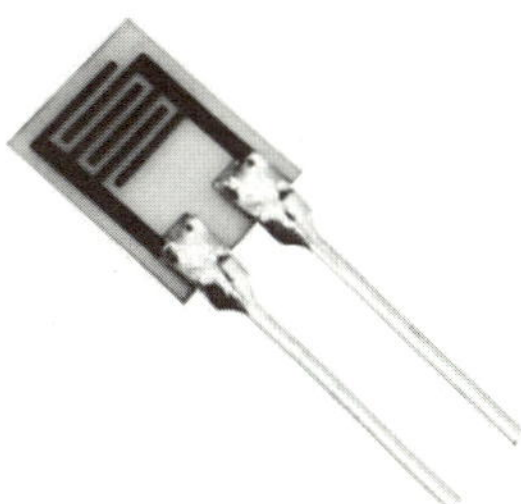

（f）湿敏电阻

（g）热敏电阻

图 1.1.2　常见插件电阻的封装

常见贴片电阻如图 1.1.3 所示，其封装尺寸通常有 0201、0402、0603、0 805、1206、1812、1815、1825、2010、2512、2515，这些尺寸是按照其长度和宽度的英制尺寸来表示的。

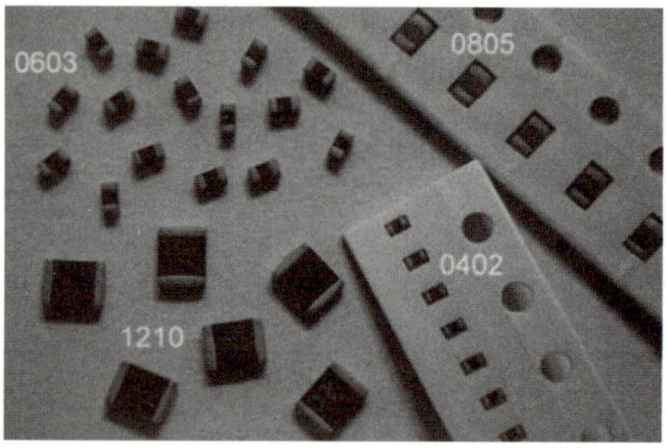

图 1.1.3　常见贴片电阻的封装

贴片电阻的封装与功率、最大工作电压的关系如表 1.1.1 所示。

表 1.1.1　贴片电阻的封装与功率、最大工作电压的关系

英制/inch	公制/mm	额定功率/W	最大工作电压/V
0201	0603	1/20	25
0402	1005	1/16	5
0603	0608	1/10	50
0805	2012	1/8	150
1206	3216	1/4	200
1210	3225	1/3	200
1812	4832	1/2	200
2010	5025	3/4	20
2512	6432	1	200

1.1.4　电阻的特性测试

为了研究材料的导电性，通常作出其伏安特性曲线，了解它的电压和电流的关系。伏安特性是直线的元件称为线性元件，伏安特性不是直线的元件称为非线性元件。这两种元件的电阻

都可用伏安法测量。但是，由于测量时电表被引入测量电路，电表内阻必然会影响测量结果，因而应考虑对测量结果进行必要的修正，以减小误差。

1. 线性电阻与非线性电阻

1）线性电阻

实验中常用的线绕电阻、碳膜电阻和金属膜电阻等，具有以下的共同特性：加在该电阻上的电压与通过其上的电流总是成比例地变化（忽略电流热效应对阻值的影响）。若以纵轴表示电流，横轴表示电压，电流和电压的关系就表示为一条直线，如图 1.1.4 所示。具有这种特性的电阻元件称为线性电阻元件。

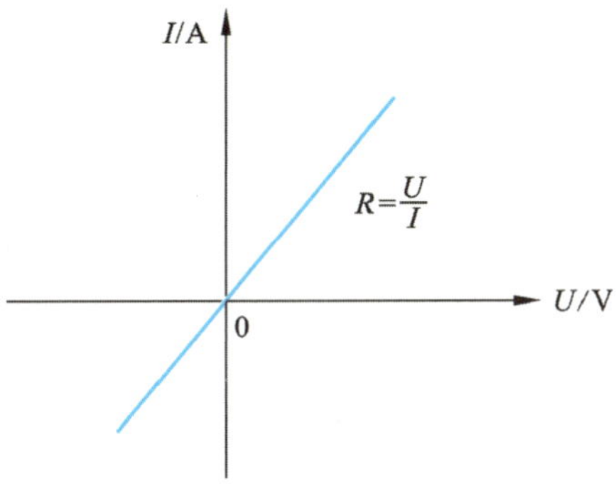

图 1.1.4　线性关系

2）非线性电阻

如果电阻元件两端的电流、电压关系为曲线，则这类电阻元件称为非线性电阻元件（如热敏电阻、二极管等），这种元件的特点是电阻随加在它两端的电压改变而改变。一般用伏安特性曲线来反映非线性电阻元件的特性，如图 1.1.5 所示。

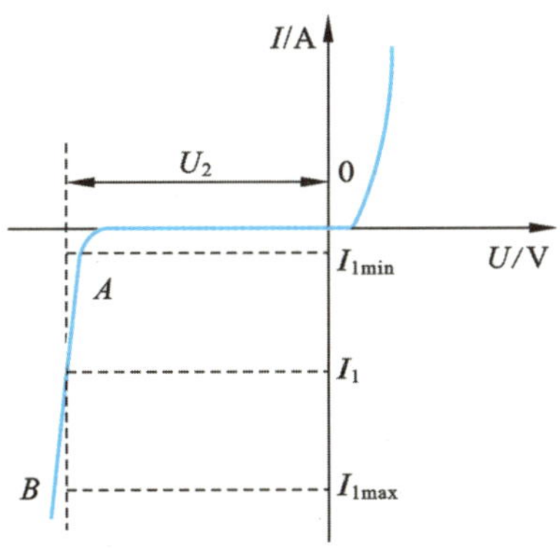

图 1.1.5　非线性关系

2. 伏安法的两种接线方式及其方法误差

伏安法测电阻有两种接线方式，即电流表外接法和电流表内接法。由于电流表内阻的影响，无论采用哪种接法总存在一定的方法误差，需修正到正确的结果。

1）电流表外接法（见图 1.1.6）

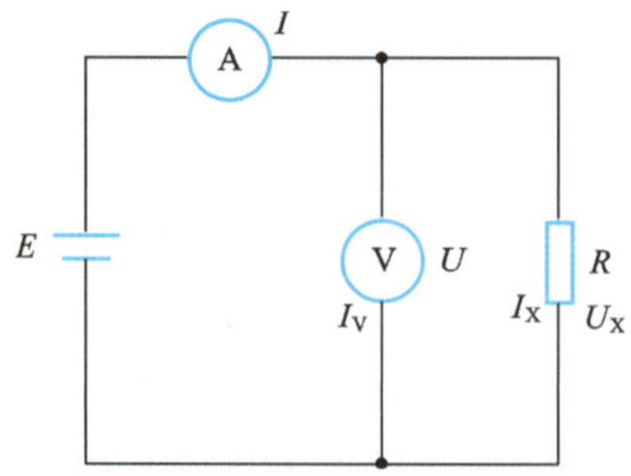

图 1.1.6　电流表外接法

电压表的读数U等于电阻R_x两端的电压U_x；电流表的读数I不等于I_x，而是$I = I_x + I_v$，所以实验中测得的待测电阻的阻值为

$$R=\frac{U}{I}=\frac{U_x}{I_x+I_v}=\frac{U_x}{I_x}\left(\frac{1}{1+\frac{I_v}{I_x}}\right)=R_x\left(1+\frac{R_x}{R_v}\right)^{-1}$$

式中，R_v为电压表的内阻。由此可见，采用电流表外接法测得的电阻R值比实际的R_x偏小，只有当$R_v \gg R_x$时，才有$R_x \approx \frac{U}{I}$，所以电流表外接法适合测低值电阻。

2）电流表内接法（见图 1.1.7）

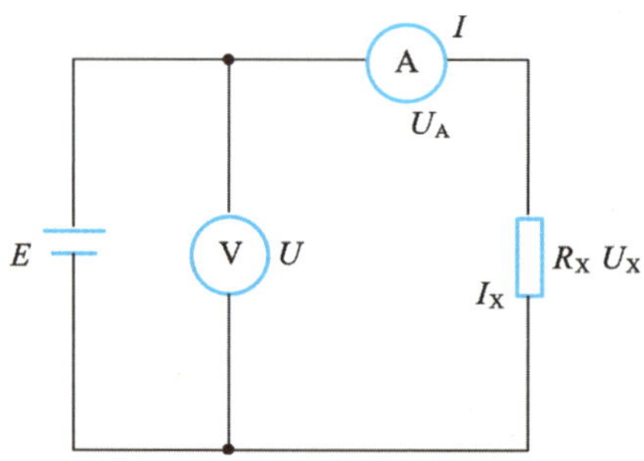

图 1.1.7　电流表内接法

电流表的读数I为通过电阻R_x的电流I_x，电压表的读数U不是电阻两端的电压U_x，而是$U=U_x+U_A$。所以实验中测得的待测电阻阻值为

$$R=\frac{U}{I}=\frac{U_x+U_A}{I}=R_x+R_A=R_x\left(1+\frac{R_A}{R_x}\right)$$

式中，R_A为电流表的内阻，采用电流表内接法，测得的R值比实际值R_x偏大，只有当$R_x \gg R_A$时，才有$R_x \approx \frac{U}{I}$，所以电流表内接法适合测量高值电阻。

3. 测定线性电阻的伏安特性

用两种接线方法测量电阻伏安特性时，加在被测元件两端的电压不得超过该元件允许的最大电压值。若被测元件的阻值为 R，额定功率为 P，则其最大允许电压值为

$$U_{max} = \sqrt{PR}$$

最大允许电流值为

$$I_{max} = \frac{P}{U_{max}}$$

电源电压值的确定以及电流表、电压表的量程的选择，可由上算得的 U_{max} 和 I_{max} 值来决定。测量伏安特性时，可在 0 ~ U_{max} 中间隔均匀地测量 8 次，测量完成后，记录每次测量的电流表、电压表数值。

使用实训架上的直流可调电源、万用表仪器设备，完成对 M104 板卡板载的线性电阻的伏安特性曲线测量与绘制，采用电流表外接法。如图 1.1.8 所示，待测电阻的右端连接到直流稳压电源的负端和电压表的负表笔；待测电阻的左端连接到电压表的正表笔和电流表的黑色表笔后连接到直流稳压电源的正端。

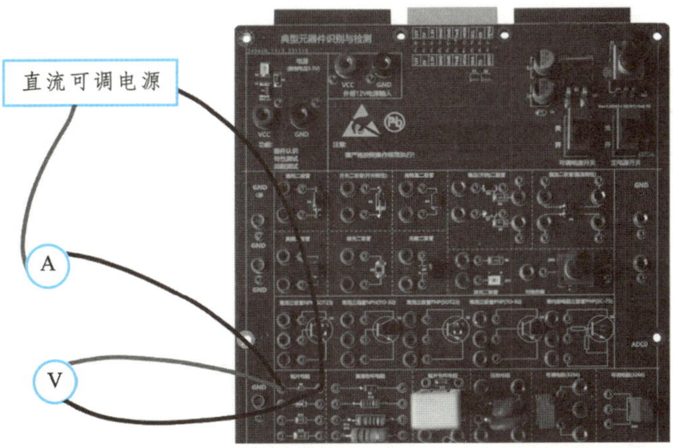

图 1.1.8　测定线性电阻的伏安特性

第一步，使用万用表测量待测电阻的阻值（见图 1.1.9）。

（1）将功能量程开关拨到电阻测量挡位上。

（2）将红表笔插入“VΩ”插孔，黑表笔插入“COM”插孔，并将两支表笔笔尖分别接触所测电阻的两端（与被测电阻并联）进行测量。

（3）从显示屏上读取测试结果。

第二步，测量线性电阻的伏安特性。

（1）调节直流可调电源的输出电压，如图 1.1.10 所示。

稳定电压输出预置：将“POWER”开关置于开状态，“CV”灯点亮，稳定电源工作在稳压状态，调整“VOLTAGE”旋钮、“COARSE”粗调旋钮及“FINE”精调旋钮，使输出电压达到预定值，连接负载至本电源的“0 ~ 30 V”输出端便可正常工作。

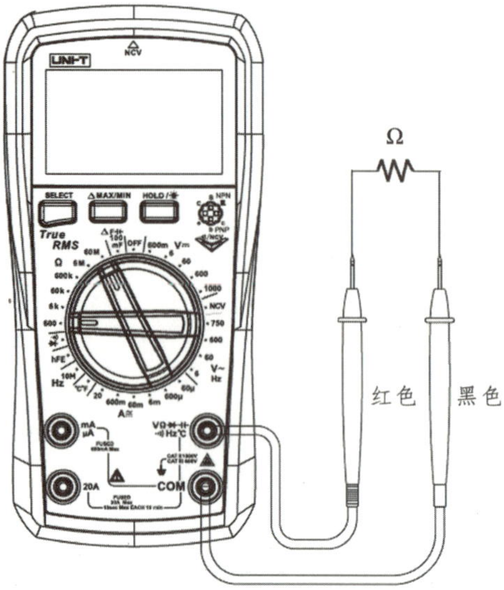

图 1.1.9　使用万用表测量待测电阻的阻值

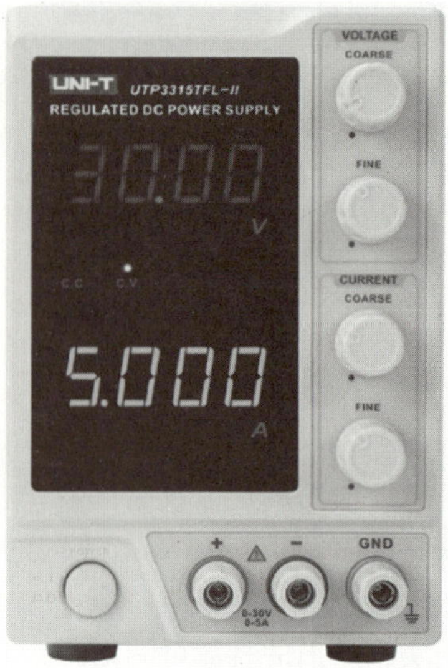

图 1.1.10　调节直流可调电源的输出电压

（2）电路电流测量，如图 1.1.11 所示。

按照前面所述的电路示意图（见图 1.1.6），将万用表功能量程开关拨到直流（交流）电流挡位上；将红表笔插入“mA μA”或者“A”插孔，黑表笔插入“COM”插孔，并将表笔串联到待测量的电源或者电路中；从显示屏上读取测试结果。

（3）电阻电压测量，如图 1.1.12 所示。

将功能量程开关拨到交流电压挡/直流电压挡位上；将红表笔插入“VΩ”插孔，黑表笔插入“COM”插孔，并将两支表笔笔尖分别接触所测电压的两端（并联到负载上）进行测量；从显示屏上读取测试结果。

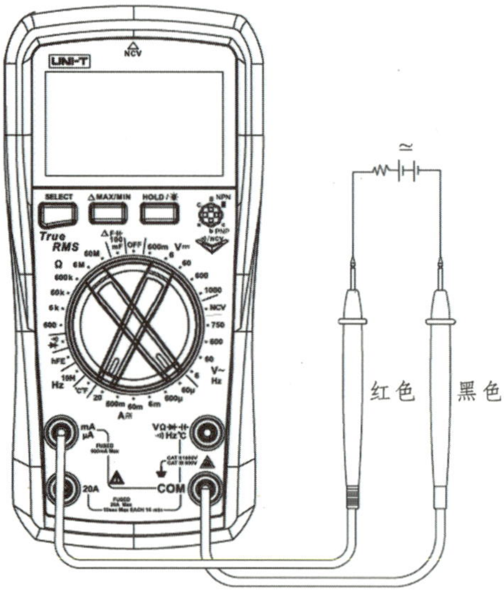

图 1.1.11　电路电流测量

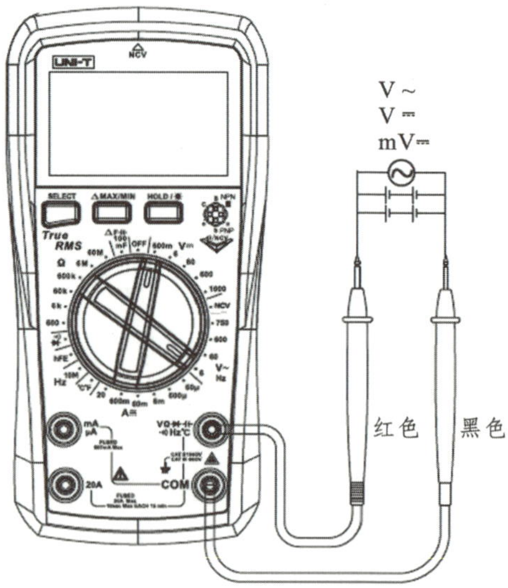

图 1.1.12　电阻电压测量

第三步，调节可调电源输出电源电压，重复上述步骤，测量不同电源电压下的线性电阻的电压、电流值，完成下表并绘制伏安特性曲线。

第一次测量结果：

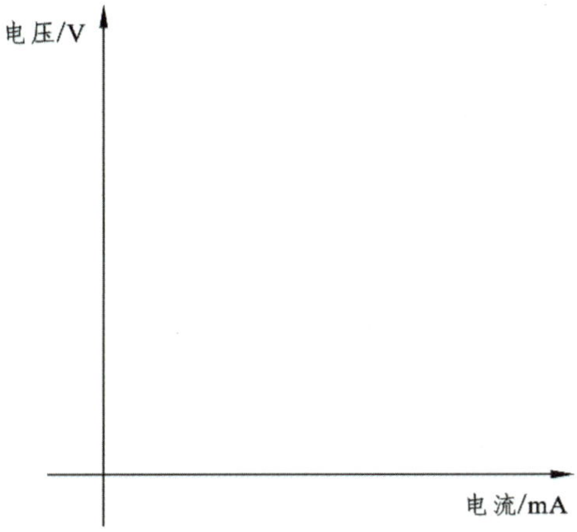

将测量结果填入表 1.1.2。

表 1.1.2　第一次测量结果

万用表测得电阻值/Ω								
可调电源电压值/V	1.0	1.2	1.4	1.6	1.8	2.0	2.2	2.4
电压表读数/V								
电流表读数/mA								

伏安法测得的电阻阻值为：________________。

第二次测量结果：

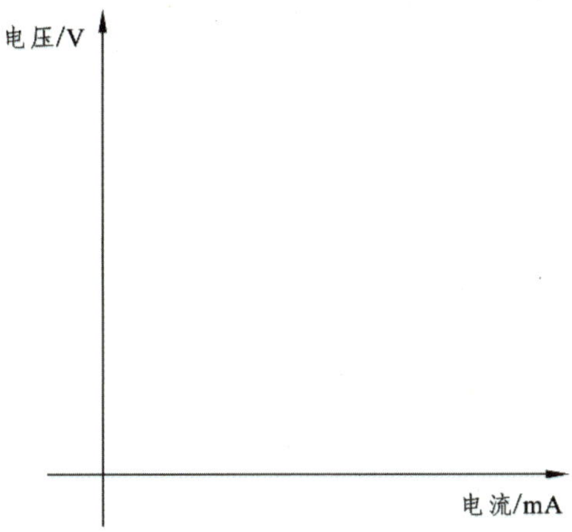

将测量结果填入表 1.1.3。

表 1.1.3　第二次测量结果

万用表测得电阻值/Ω								
可调电源电压值/V	1.0	1.2	1.4	1.6	1.8	2.0	2.2	2.4
电压表读数/V								
电流表读数/mA								

伏安法测得的电阻阻值为：________________________。

第三次测量结果：

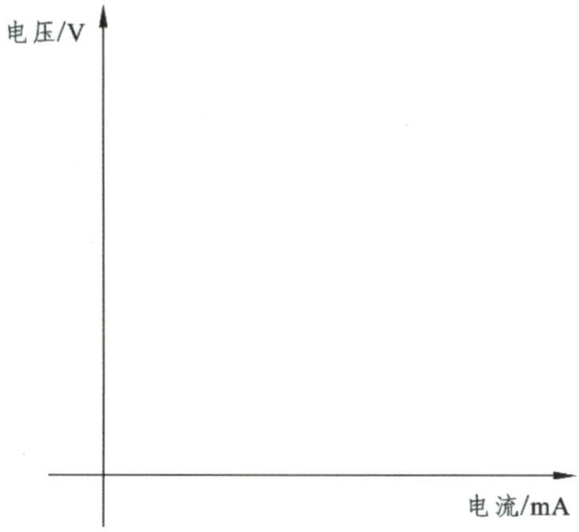

将测量结果填入表 1.1.4。

表 1.1.4　第三次测量结果

万用表测得电阻值/Ω								
可调电源电压值/V	1.0	1.2	1.4	1.6	1.8	2.0	2.2	2.4
电压表读数/V								
电流表读数/mA								

伏安法测得的电阻阻值：________________________。

第四次测量结果：

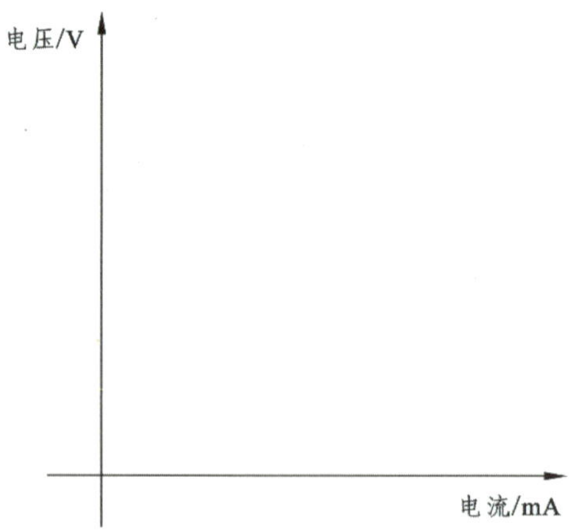

将测量结果填入表 1.1.5。

表 1.1.5　第四次测量结果

万用表测得电阻值/Ω								
可调电源电压值/V	1.0	1.2	1.4	1.6	1.8	2.0	2.2	2.4
电压表读数/V								
电流表读数/mA								

伏安法测得的电阻阻值为：______________________________。

第五次测量结果：

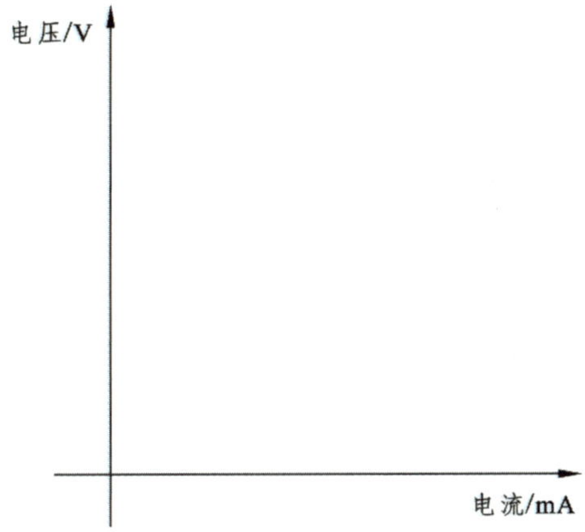

将测量结果填入表 1.1.6。

表 1.1.6　第五次测量结果

万用表测得电阻值/Ω								
可调电源电压值/V	1.0	1.2	1.4	1.6	1.8	2.0	2.2	2.4
电压表读数/V								
电流表读数/mA								

伏安法测得的电阻阻值：______________________________。

第六次测量结果：

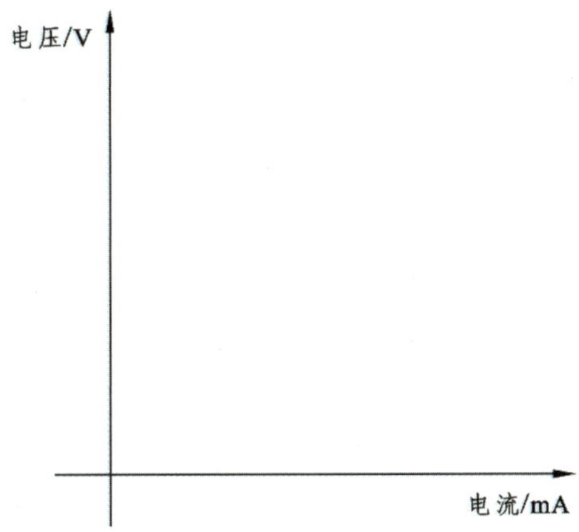

将测量结果填入表 1.1.7。

表 1.1.7　第六次测量结果

万用表测得电阻值/Ω								
可调电源电压值/V	1.0	1.2	1.4	1.6	1.8	2.0	2.2	2.4
电压表读数/V								
电流表读数/mA								

伏安法测得的电阻阻值：________________________。

任务 1.2　常用电容识别及特性检测

1.2.1　电容的定义、种类和品牌

1. 电容的定义

电容（或电容量，Capacitance）指的是在给定电位差下的电荷储藏量。一般来说，电荷在电场中会受力而移动，当导体之间有了介质，则会阻碍电荷移动而使得电荷累积在导体上，造成电荷的累积储存。

电容主要用于电源滤波、信号滤波、信号耦合、谐振、通交流隔直流等电路中。电容通常用 C 表示，国际单位是法拉（F），常用的电容单位有毫法（mF）、微法（μF）、纳法（nF）和皮法（pF），换算关系为：

1 法拉（F）＝1 000 毫法（mF）＝1 000 000 微法（μF）；

1 微法（μF）＝1 000 纳法（nF）＝1 000 000 皮法（pF）。

2. 电容值的表示方法

直标法：用数字和单位符号，如图 1.2.1 所示。

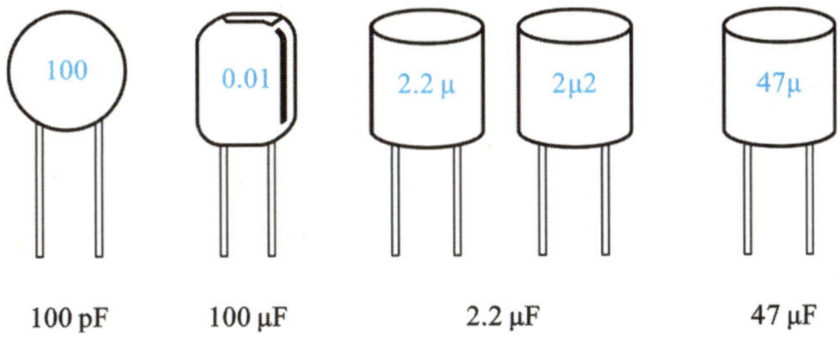

图 1.2.1　直标法

数字表示法：一般用 3 位数字表示容量大小。前两位表示有效数字，第三位数字是 10 的多少次方，单位为 pF，例如 102 表示 10×10^2 pF 的电容，105J 表示 10×10^5 pF（J 表示精度为 5%），224 表示 22×10^4 pF；当第三位数为 9 时，表示有效数 $\times 10^{-1}$，例如 569 表示 56×10^{-1} pF，如图 1.2.2 所示。

图 1.2.2　数字表示法

文字符号法：用数字和文字符号的组合，4μ7 表示 4.7 μF，47nk 表示 47 nF（k 表示精度为 10%），2n2J 表示 2.2 nF，如图 1.2.3 所示。

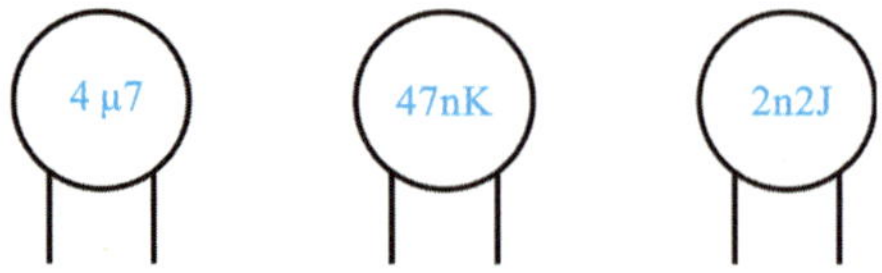

图 1.2.3　文字符号法

3. 电容的种类

（1）按照功能分为：涤纶电容、云母电容、瓷介电容、铝/钽电解电容、可变电容器、独石电容。

（2）按结构形式分为：固定电容、可变电容、微调电容。

（3）按极性分为：有极性电容、无极性电容。

（4）按安装方式分为：插件电容、贴片电容。

4. 电容的品牌

（1）国内主要厂商有：国巨、风华、汉晟、华达、金富康、智宝、华宇等。

（2）国外主要厂商有：三星、士康、ROHM、村田、红宝石、TDK、三洋、黑金刚、松下、Vishy 等。

1.2.2　电容的参数

1. 标称电容量与允许偏差

标称电容量是标识在电容器上的电容量。电容器实际电容量与标称电容量的偏差称为误差，在允许的偏差范围称精度。

精度等级与允许误差对应关系：

① Ⅰ——±5%；

② Ⅱ——±10%；

③ Ⅲ——±20%；

④ Ⅳ——（+20%，−30%）；

⑤ Ⅴ——（+50%，−20%）；

⑥ Ⅵ——（+100%，−10%）。

一般电容器常用Ⅰ、Ⅱ、Ⅲ级，电解电容器常用Ⅳ、Ⅴ、Ⅵ级，根据用途选取。

2. 额定电压

额定电压是指在最低环境温度和额定环境温度下可连续加在电容器的最高直流电压有效值，一般直接标注在电容器外壳上，如果工作电压超过电容器的额定电压，电容器就被击穿，造成不可修复的永久损坏。

3. 绝缘电阻

直流电压加在电容上，并产生漏电电流，此时的电压与电流的比值称为绝缘电阻。绝缘电阻越大越好，当电容较小时，主要取决于电容的表面状态，容量>0.1 μF 时，主要取决于介质的性能。

4. 损耗

电容在电场作用下，在单位时间内因发热所消耗的能量叫作损耗。各类电容都规定了其在某频率范围内的损耗允许值，电容的损耗主要由介质损耗、电导损耗和电容所有金属部分的电阻所引起的。

在直流电场的作用下，电容的损耗以漏导损耗的形式存在，一般较小。在交变电场的作用下，电容的损耗不仅与漏导损耗有关，而且与周期性的极化建立过程有关。

5. 频率特性

一般电容器的电容量随着频率的上升而下降。大电容工作在低频电路中的阻抗较小，而小电容比较适合在高频环境中工作。

6. 温度系数

在一定温度范围内，温度每变化 1 ℃，电容量的相对变化值称为温度系数。温度系数越小越好。

1.2.3　电容的封装

电容的封装分为插件电容和贴片电容。常见插件电容如图 1.2.4 所示。

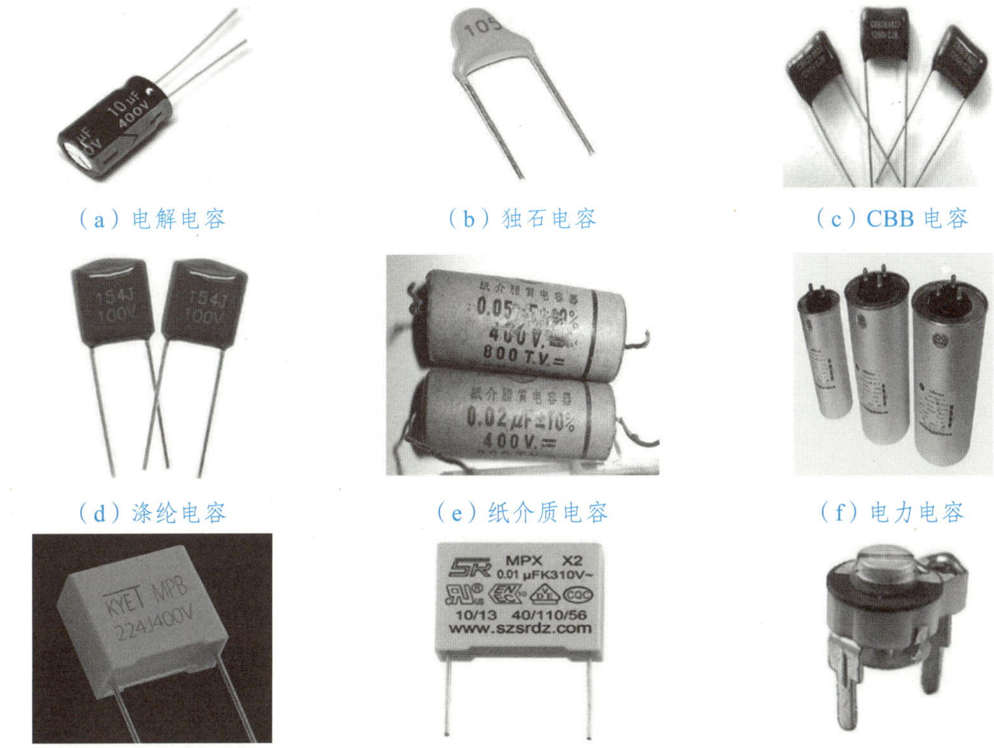

（a）电解电容　（b）独石电容　（c）CBB 电容

（d）涤纶电容　（e）纸介质电容　（f）电力电容

（g）聚丙烯金属化薄膜电容　（h）安规电容　（i）可调电容

图 1.2.4　插件电容封装

常见贴片电容如图 1.2.5 所示

（a）普通叠层贴片电容　（b）贴片电解电容　（c）贴片钽电容

图 1.2.5　贴片电容封装

1.2.4　电容的特性测试

1. 线性电容的库伏关系

一个二端元件，在任一时刻，它的电荷 q 与端电压 u 成正比（见图 1.2.6），得

$$q = Cu$$

式中，C 为电容量。

充电后的电容两端会有电压 u，并在两个极板上积聚有电荷量 q，它们和电容量 C 之间的关系称为电容的库伏关系（见图 1.2.7）。

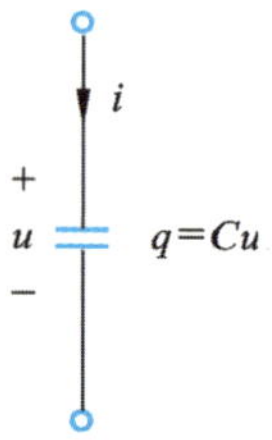

图 1.2.6　库伏关系电路

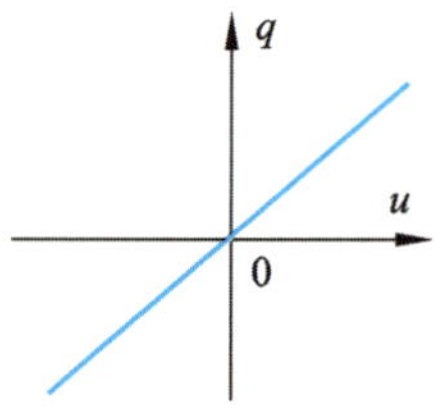

图 1.2.7　库伏关系

2. 线性电容的电压电流关系

$$i = \frac{\mathrm{d}q}{\mathrm{d}t} = C\frac{\mathrm{d}u}{\mathrm{d}t}$$

上式是线性电容元件的伏安关系表达式，它表明电容电路中的电流与电容两端电压的变化率成正比，或者说，当电容两端的电压发生变化时，在电容电路中才有电流流过。

3. 电容的充放电曲线

1）电容充电

电容充电电流如图 1.2.8 所示。

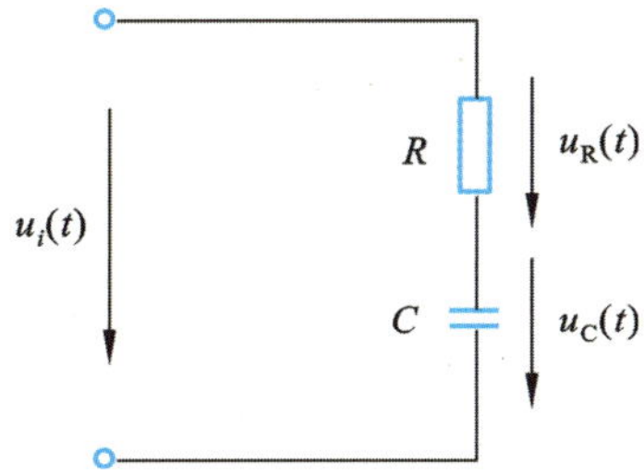

图 1.2.8　电容充电电路

流过电容的电流为

$$I = C\frac{du_C}{dt}$$

根据基尔霍夫定律列出方程

$$u_i = IR + u_C = C\frac{du_C}{dt}R + u_C$$

整理得

$$\frac{du_C}{dt} + \frac{u_C}{RC} = \frac{u_i}{RC} \tag{1.1}$$

这是一阶线性微分方程，并且 $\frac{u_i}{RC} \neq 0$，所以是非齐次的。

令 $\frac{u_i}{RC} = 0$，化为齐次方程

$$\frac{du_C}{dt} + \frac{u_C}{RC} = 0 \tag{1.2}$$

分离变量后得到

$$\frac{du_C}{u_C} = -\frac{dt}{RC}$$

两端积分

$$\int \frac{du_C}{u_C} = \int -\frac{dt}{RC}$$

计算得到

$$\ln|u_C| = -\frac{t}{RC} + K_1$$

亦可写为

$$u_C = \pm e^{-t/RC + K_1}$$

令 $K = \pm e^{K_1}$，得到 $u_C = Ke^{-t/RC}$。这是式（1.2）的通解。

下面使用常数变易法继续求解。

将 K 换成 t 的未知函数 $u(t)$，可得

$$u_C = u(t)e^{-t/RC} \tag{1.3}$$

两边对时间 t 求导得到

$$\frac{du_C}{dt} = u'(t)e^{-t/RC} + \left(-\frac{1}{RC}\right)u(t)e^{-t/RC} \tag{1.4}$$

将式（1.3）和（1.4）代入式（1.1）得到

$$u'(t)e^{-t/RC} + \left(-\frac{1}{RC}\right)u(t)e^{-t/RC} + \frac{1}{RC}u(t)e^{-t/RC} = \frac{u_i}{RC}$$

整理得

$$u'(t) = \frac{u_i}{RC}e^{t/RC}$$

两边积分，得

$$u(t) = u_i e^{t/RC} + A$$

把上式代入式（1.3）得

$$u_C = u_i + Ae^{-t/RC} \tag{1.5}$$

代入初值条件：充电时，当 $t=0$ 时，$u_C=0$，代入上式，解出 $A=-u_i$。
将 A 带入式（1.5）得

$$u_C = u_i\left(1-e^{-t/RC}\right)$$

2）电容放电

放电时，把电源看作短路，初值条件为：$t=0$ 时，$u_C=u_i$（设电容放电时初始电压为 u_i）。根据基尔霍夫定律列出方程

$$C\frac{du_C}{dt}R = -u_C$$

移项，得

$$\frac{du_C}{u_C} = -\frac{dt}{RC}$$

两边积分，得

$$\int\frac{du_C}{u_C} = -\int\frac{dt}{RC}$$

计算得到

$$\ln|u_C| = -\frac{t}{RC} - K \tag{1.6}$$

代入初值条件，解出 $K=-\ln u_i$
把 K 代入式（1.6）得

$$u_C = u_i e^{-t/RC}$$

这就是电容充放电的电压与时间的关系式，做出曲线如图 1.2.9 所示。

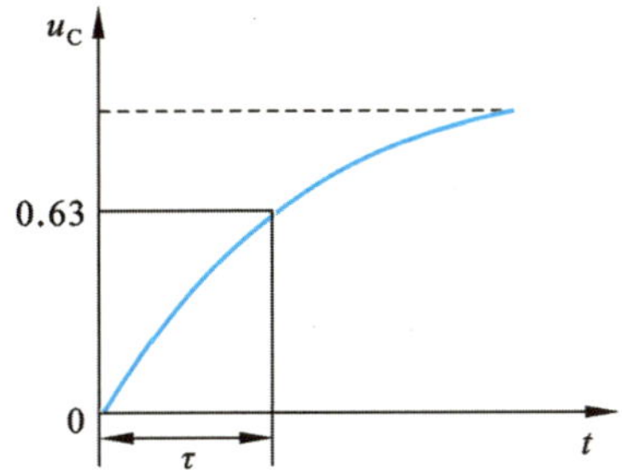

（a）充电

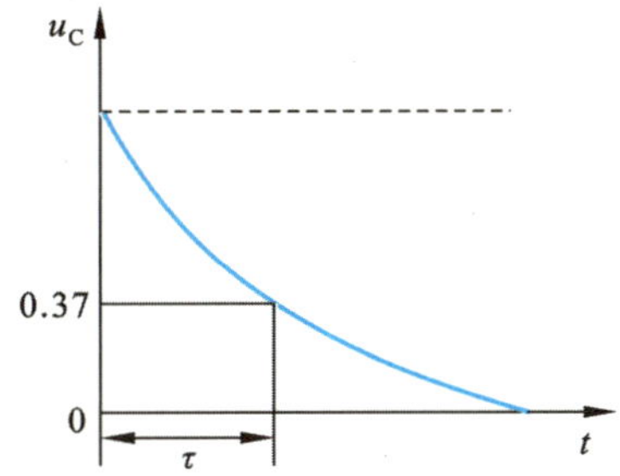

（b）放电

图 1.2.9　电容充放电的电压与时间关系

4. 电容的串并联等效

当多个电容并联时，如图 1.2.10 所示，其等效电容为

$$C_{eq} = C_1 + C_2 + C_3 + \cdots + C_N$$

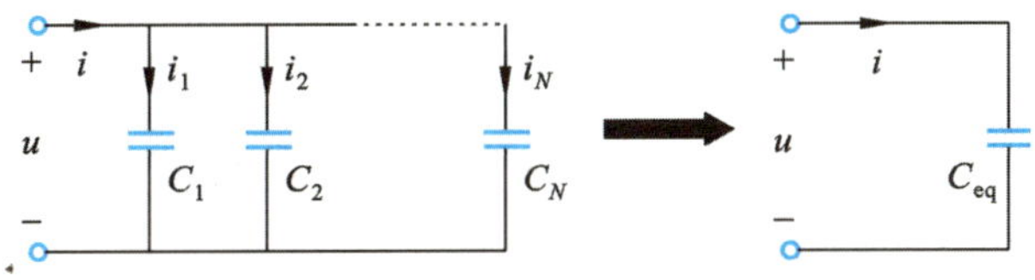

图 1.2.10　电容并联等效电路

当多个电容串联时，如图 1.2.11 所示，其等效电容为

$$\frac{1}{C_{eq}} = \frac{1}{C_1} + \frac{1}{C_2} + \frac{1}{C_3} + \cdots + \frac{1}{C_N}$$

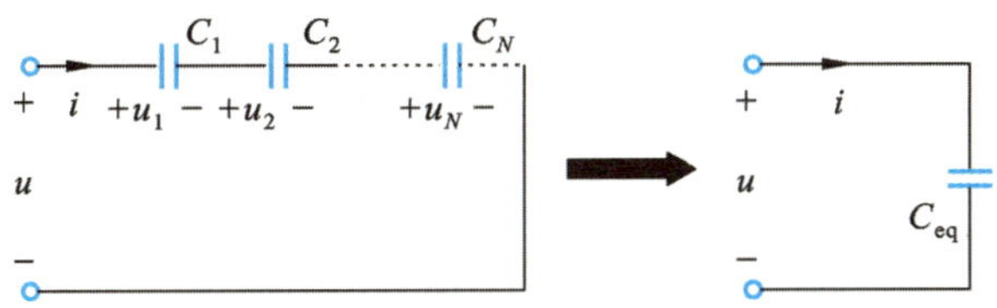

图 1.2.11　多个电容串联等效电路

5. 电容的质量检测方法

利用电容器的充放电现象，可以进行电容器的质量鉴别，还可以测量电容器的漏电电阻以及进行断路与击穿的判断。使用万用表的欧姆挡（视电容器的容量而定），当两表笔分别接触容器的两根引线时，表针首先朝顺时针方向（向右）摆动，然后又慢慢地向左回归至“∞”位置的附近，此过程为电容器的充放电过程。当表针静止时所指的电阻值，就是该电容器的漏电电阻。如果漏电电阻较大，即漏电电流较小，说明电容器质量良好。在测量中若表针距“∞”较远，表明电容器漏电严重，不能使用。有的电容器在测漏电电阻时，表针退回到“∞”位置时

又顺时针摆动，这表明电容器漏电更严重。一般要求漏电电阻 $R \geq 500\ k\Omega$，否则不能使用。

对于电容量小于 5 000 pF 的电容器，直接用万用表不能测出其漏电电阻。

使用实训架上的万用表设备，测量 M104 板卡板载的各类电容容值的连接示意如图 1.2.12 所示。测量电电容时需要注意方向。

图 1.2.12　连接示意

（1）将万用表的正极（红色表笔）连接到 C_5 的左端测试点；负极（黑色表笔）连接到 C_5 的右端测试点。

（2）使用万用表，将功能量程开关拨到电容测量挡位上。

（3）将红表笔插入"VΩ"插孔，黑表笔插入"COM"插孔，将两支表笔笔尖分别接触测电容的两个端点，如图 1.2.13 所示。

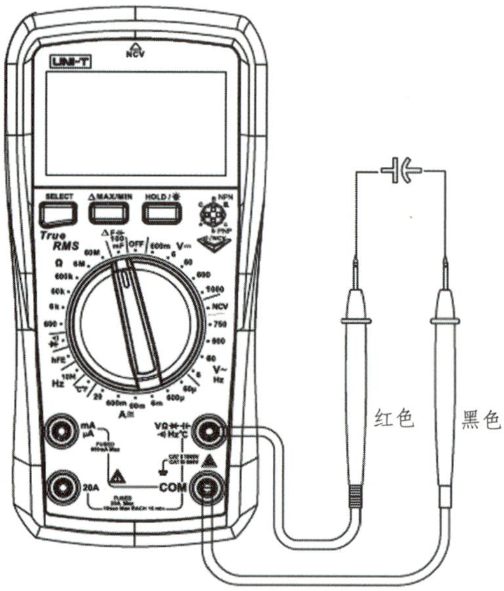

图 1.2.13　万用表连接方式

（4）从显示屏上读取测试结果。在无输入时仪表会显示一个固定读数，此数为仪表内部固有的电容值。对于小容量电容的测量，被测量值要减去此值以确保测量精度。同时，小容量电容的测量可使用相对测量功能"△"（REL）进行测量（仪表将自动减去内部固定值，方便测量读数）。

6. 电容特性测试结果

测量并将结果填入表 1.2.1。

表 1.2.1　测量结果

<table>
<tr><td>电容类型</td><td colspan="4">贴片 0402</td><td colspan="4">贴片 0603</td><td colspan="4">贴片 0805</td></tr>
<tr><td>标称值</td><td colspan="4">100 nF</td><td colspan="4">100 nF</td><td colspan="4">100 nF</td></tr>
<tr><td>测量值</td><td></td><td></td><td></td><td></td><td></td><td></td><td></td><td></td><td></td><td></td><td></td><td></td></tr>
<tr><td>平均值</td><td colspan="4"></td><td colspan="4"></td><td colspan="4"></td></tr>
<tr><td>电容类型</td><td colspan="4">贴片 1206</td><td colspan="4">插件 2.5 mm C_6</td><td colspan="4">贴片电解电容</td></tr>
<tr><td>标称值</td><td colspan="4">100nF</td><td colspan="4">100nF</td><td colspan="4">100 μF</td></tr>
<tr><td>测量值</td><td></td><td></td><td></td><td></td><td></td><td></td><td></td><td></td><td></td><td></td><td></td><td></td></tr>
<tr><td>平均值</td><td colspan="4"></td><td colspan="4"></td><td colspan="4"></td></tr>
<tr><td>电容类型</td><td colspan="4">插件电解电容</td><td colspan="4">钽电容 1206</td><td colspan="4">钽电容 3528</td></tr>
<tr><td>标称值</td><td colspan="4">100 μF</td><td colspan="4">10 μF</td><td colspan="4">10 μF</td></tr>
<tr><td>测量值</td><td></td><td></td><td></td><td></td><td></td><td></td><td></td><td></td><td></td><td></td><td></td><td></td></tr>
<tr><td>平均值</td><td colspan="4"></td><td colspan="4"></td><td colspan="4"></td></tr>
<tr><td>电容类型</td><td colspan="4">安规电容</td><td colspan="4">插件 2.5 mm C_{12}</td><td colspan="4"></td></tr>
<tr><td>标称值</td><td colspan="4">100 nF</td><td colspan="4">1 nF</td><td colspan="4"></td></tr>
<tr><td>测量值</td><td></td><td></td><td></td><td></td><td></td><td></td><td></td><td></td><td></td><td></td><td></td><td></td></tr>
<tr><td>平均值</td><td colspan="4"></td><td colspan="4"></td><td colspan="4"></td></tr>
</table>

任务 1.3　常用电感识别及特性检测

1.3.1　电感的定义、种类和品牌

1. 电感的定义

电感是指线圈在磁场中活动时，所能感应到的电流的强度。电感量的大小主要取决于线圈的匝数、绕制方式、有无铁心及磁芯的材料等。

（1）自感：当线圈中有电流通过时，线圈的周围就会产生磁场。当线圈中电流发生变化时，其周围的磁场也产生相应的变化，此变化的磁场可使线圈自身产生感应电动势，这就是自感。

（2）互感：两个电感线圈相互靠近时，一个电感线圈的磁场变化将影响另一个电感线圈，这种影响就是互感。互感的大小取决于电感线圈的自感与两个电感线圈耦合的程度。

电感通常用字母 *L* 表示，国际单位是亨利（H），常用的电感量单位为亨（H）、毫亨（mH）、微亨（μH）、纳亨（nH）。

电感的单位换算：1 H = 1 000 mH、1 mH = 1 000 μH、1 μH = 1 000 nH。

电感器由骨架、绕组、屏蔽罩、封装材料、磁芯或铁心等组成，其主要作用是对交流信号进行隔离、滤波或与电容器、电阻器等组成谐振电路。变压器是利用电感器的电磁感应原理制成的部件。

2. 电感的种类

（1）按电感形式分为：固定电感、可变电感。

（2）按导磁体性质分为：空芯线圈、铁氧体线圈、铁心线圈、铜芯线圈。

（3）按工作性质分为：天线线圈、振荡线圈、扼流线圈、陷波线圈、偏转线圈。

（4）按绕线结构分为：单层线圈、多层线圈、蜂房式线圈。

（5）按功率分为：大功率电感、小功率电感。

3. 电感的品牌

（1）国内厂商主要有：顺络、南宏、丰华、麦捷、美磊、奇立新、台庆、仲坤等。

（2）国外厂商主要有：TDK、村田、TAIYO、线艺等。

1.3.2　电感的主要参数

1. 电感量 *L*

电感量 *L* 表示线圈本身固有特性，与电流大小无关。除专门的电感线圈（色码电感）外，

电感量一般不专门标注在线圈上，而以特定的名称标注。

2. 感抗 XL

电感线圈对交流电流阻碍作用的大小称为感抗 XL，单位是欧姆。它与电感量 L 和交流电频率的关系为 $XL=2\pi fL$ 。

3. 允许偏差

允许偏差是指电感器上标称的电感量与实际电感的允许误差值。一般用于振荡或滤波等电路中的电感器精度要求较高，允许偏差为±（0.2%～0.5%）；而用于耦合、高频阻流等线圈的电感器精度要求不高，允许偏差为±（10%～15%）。

4. 品质因数 Q

品质因素是表示线圈质量的一个物理量，Q 为感抗 XL 与其等效电阻的比值，即 $Q=XL/R$。线圈的 Q 值越高，回路的损耗越小。线圈的 Q 值与导线的直流电阻、骨架的介质损耗、屏蔽罩或铁心引起的损耗、高频趋肤效应的影响等因素有关。线圈的 Q 值通常为几十到几百。

5. 分布电容

线圈的匝与匝间、线圈与屏蔽罩间、线圈与底板间存在的电容被称为分布电容。分布电容的存在使线圈的 Q 值减小，稳定性变差，因而线圈的分布电容越小越好。

6. 额定电流

额定电流是指电感器有正常工作时允许通过的最大电流值。若工作电流超过额定电流，电感器就会因发热而使性能参数发生改变，甚至会因过流而烧毁。

1.3.3　电感的封装

电感的按封装形式分为插件电感和贴片电感。常用插件封装电感如图 1.3.1 所示。

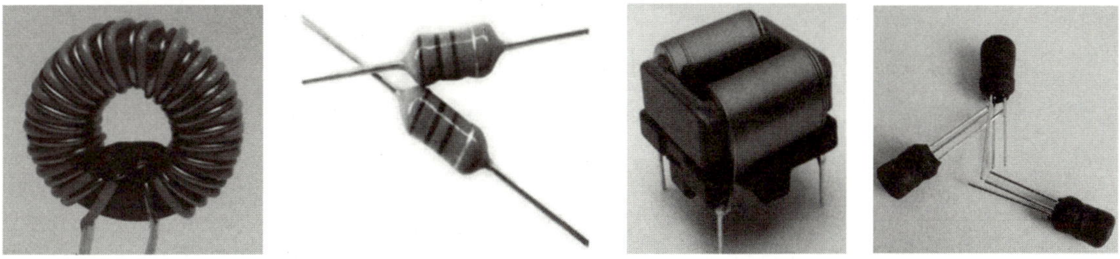

（a）绕线电感　（b）色环电感　（c）功率电感　（d）工字电感

图 1.3.1　插件电感

常见贴片封装电感如图 1.3.2 所示。

（a）绕线式贴片电感　　（b）叠层型贴片电感　　（c）功率贴片电感

图 1.3.2　贴片电感

色环电感一般有四道色环：第一道代表电感值的第一位数值；第二道代表电感值的第二位数值；第三道代表电感值的“0”的个数；第四道代表电感值的误差。

颜色代表：棕、红、橙、黄、绿、蓝、紫、灰、白、黑分别表示 1、2、3、4、5、6、7、8、9、0。

金、银、无色分别表示 5%、10%、20%。

贴片电感的尺寸表示如 0603、0805、0402、1206 等。

1.3.4　电感的特性测试

1. 电感线圈的原理

线圈中有电流 i 时，其周围即建立磁场，从而在线圈中形成与电流相交链的磁通 Φ，如图 1.3.3 所示。

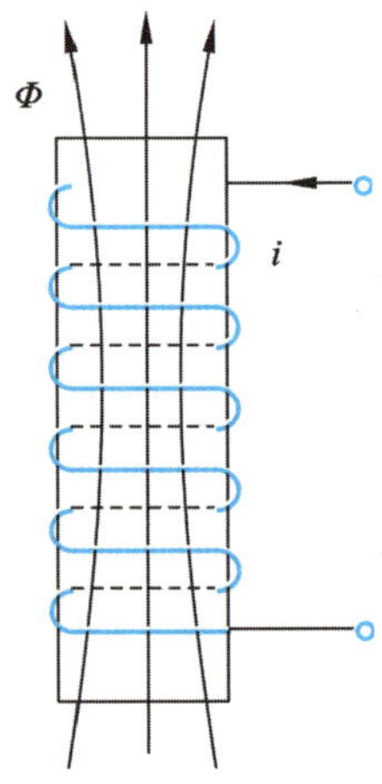

图 1.3.3　电感线圈

磁链 ψ 表示磁通和，单位：韦伯（Wb），计算公式为

$$\psi = N\Phi$$

2. 线性电感的韦安特性

一个二端元件，在任一时刻，它的磁链 Ψ 与电流 i 成正比：

$$\psi = Li$$

式中，L 为电感。

在电感的磁链与电流的参考方向符合右手螺旋法则时，线性电感的磁链与电流关系（韦安特性曲线）如图 1.3.4 所示。

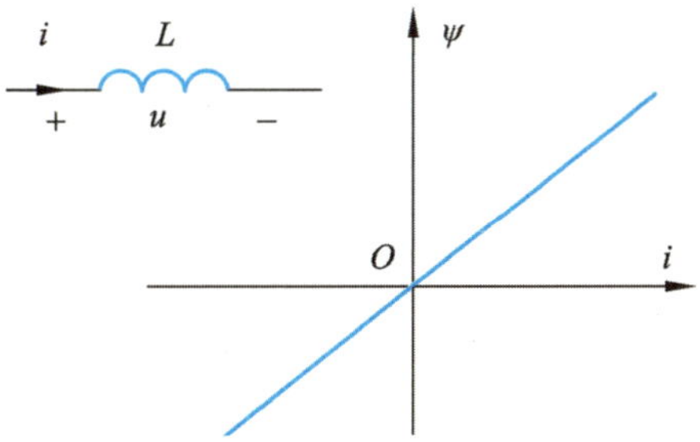

图 1.3.4　电感的磁链与电流关系

3. 线性电感的电压电流关系

图 1.3.5 为线性电感的电流电压示意。

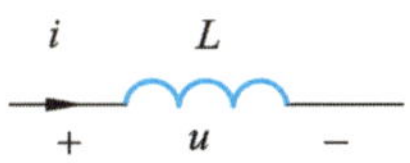

图 1.3.5　线性电感的电流电压示意

电感元件的方程为

$$u=\frac{\mathrm{d}\psi}{\mathrm{d}t}=L\frac{\mathrm{d}i}{\mathrm{d}t}$$

因此，线性电感的端口电压与端口电流的时间变化率成正比，所以电感也属动态元件。

用电压表示电流为

$$i(t)=\frac{1}{L}\int_{-\infty}^{t}u(\xi)\mathrm{d}\xi=i(t_0)+\frac{1}{L}\int_{t_0}^{t}u(\xi)\mathrm{d}\xi$$

上式表明，电感中某一瞬间的电流决定于此瞬间以前的全过程的电压，因此电感也属于记忆元件。

4. 电感的功率和能量

线性电感吸收的功率为

$$p=ui=Li\frac{\mathrm{d}i}{\mathrm{d}t}$$

截至 t 时刻电感吸收的能量为

$$\begin{aligned}W_{\mathrm{m}}&=\int_{-\infty}^{t}p(\xi)\mathrm{d}\xi=L\int_{i(-\infty)}^{i(t)}i(\xi)\mathrm{d}i(\xi)=\frac{1}{2}Li^2\Big|_{i(-\infty)}^{i(t)}\\&=\frac{1}{2}Li^2(t)-\frac{1}{2}Li^2(-\infty)=\frac{1}{2}Li^2(t)=\frac{\psi^2}{2L}\end{aligned}$$

上式说明电感吸收的总能量全部存储在磁场中，所以电感又是无损元件。

5. 电感的串并联等效

多个电感串联时，其等效电路如图 1.3.6 所示。

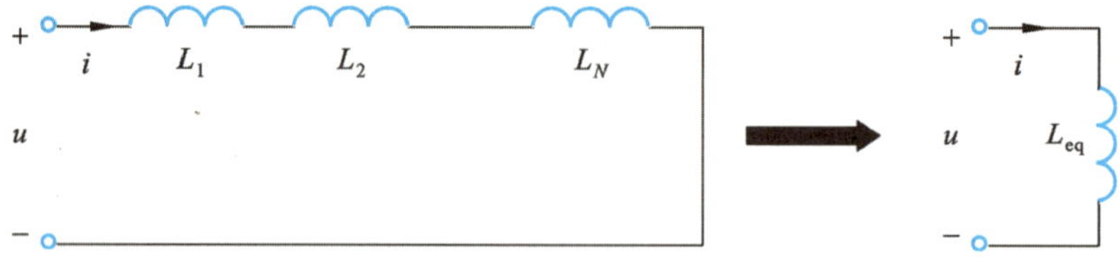

图 1.3.6　电感串联等效电路

等效电感等于各电感之和

$$L_{eq}=L_1+L_2+\cdots+L_N$$

多个电感并联时，其等效电路如图 1.3.7 所示。

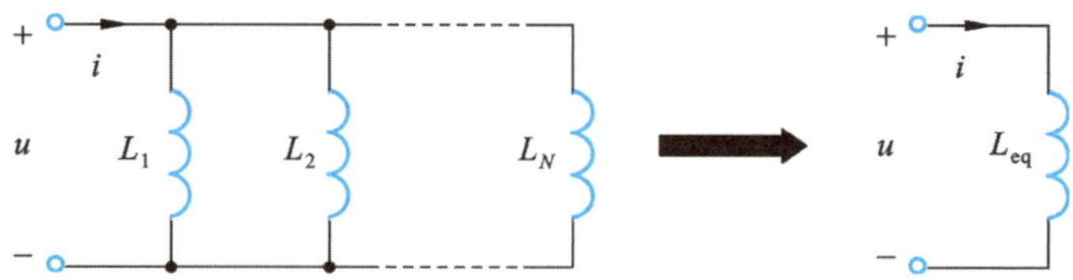

图 1.3.7　电感并联等效电路

等效电感的倒数等于各电感倒数之和

$$\frac{1}{L_{eq}}=\frac{1}{L_1}+\frac{1}{L_2}+\cdots+\frac{1}{L_N}$$

6. 电感的质量检测方法

封闭式电感器的检测方法为开路测量法，如图 1.3.8 所示。

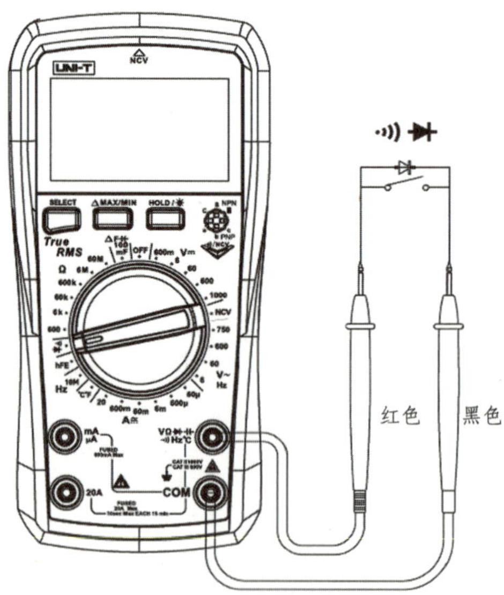

图 1.3.8　开路测量法

（1）将万用表功能量程开关拨到电路通断测量挡位上。

（2）将红表笔插入“VΩ”插孔，黑表笔插入“COM”插孔，并将两支表笔笔尖分别接触被测量的两个端点进行测量。

（3）如果被测两个端点之间电阻＞51 Ω，认为电路断路，蜂鸣器无声；如果被测两个端点之间电阻≤10 Ω，则认为电路导通性良好，蜂鸣器连续蜂鸣并伴有红色 LED 发光指示。

任务 1.4　常用元件的焊接技能培养

锡焊的原理是通过加热的烙铁将固态焊锡丝加热熔化，再借助于助焊剂的作用，使其流入被焊金属之间，待冷却后形成牢固可靠的焊接点。当焊料为锡铅合金、焊接面为铜时，焊料先对焊接表面润湿，伴随着润湿现象的发生，焊料逐渐向金属铜扩散，在焊料与金属铜的接触面形成附着层，使两者牢固地结合起来。所以焊锡是通过润湿、扩散和冶金结合这三个过程来完成的。

1.4.1　锡焊工具与材料

1. 电烙铁

典型电烙铁结构如图 1.4.1 所示，分为外热式与内热式电烙铁。

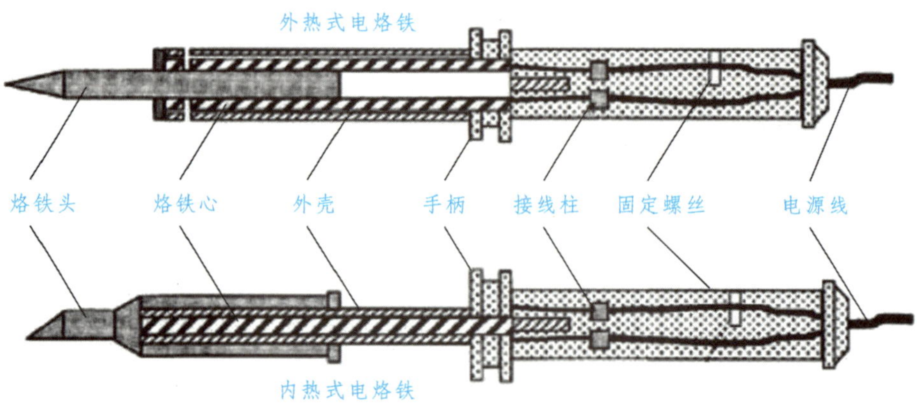

图 1.4.1　电烙铁结构

内热式电烙铁具有发热快、热利用率高的特点，因此在焊接工作中常用内热式电烙铁。内热式电烙铁的烙铁心安装在烙铁头里面，由手柄、连接杆、弹簧夹、烙铁心、烙铁头组成。常用规格为 20 W、50 W 等几种，这种电烙铁的热效率高，20 W 内热式电烙铁相当于 40 W 左右的外热式电烙铁。

内热式电烙铁的后端为空心，用于套接在连接杆上，且用弹簧夹固定，如图 1.4.2 所示。当需要更换烙铁头时，必须先将弹簧夹退出，同时用钳子夹住烙铁头的前端，慢慢地拔出。

烙铁头一般由紫铜制成，对于有镀层的烙铁头，一般不可挫削或打磨，这是因为电镀层的目的就是保护烙铁头不易被腐蚀。另有一种烙铁头由新型合金制成，其寿命较长，但需要配专门的烙铁。

普通烙铁头使用一段时间后，会出现表面凹凸不平、氧化严重的情况，这时需要对其修整。先将烙铁头拿下来，夹到台钳上粗锉，修整为所需的形状后再用细锉修平，最后用细砂纸进行打磨。打磨后的烙铁应立即镀锡，方法是将烙铁头装好通电，在木板上放些松香并放一段焊锡，烙铁沾上锡后在松香中来回摩擦，直到整个烙铁修整面均匀镀上一层锡为止。

注意：烙铁通电后一定要立刻蘸上松香，否则表面会生成难镀锡的氧化层。

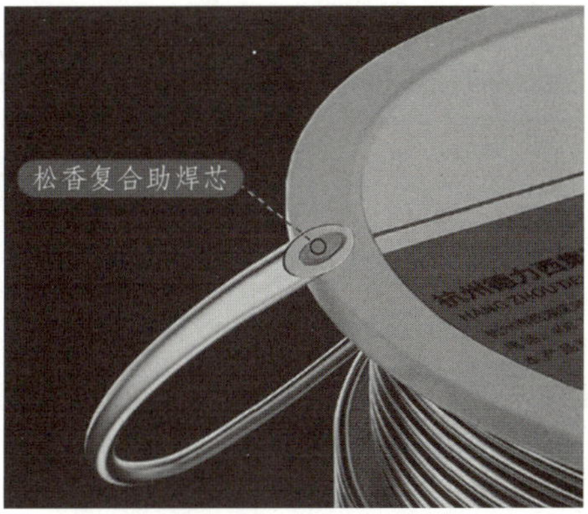

图 1.4.2　内热式电烙铁

2. 焊　料

焊料分为有铅 SnPb（63%Sn，37%Pb）的焊锡丝和无铅 SAC（96.5%Sn，3.0%Ag，0.5%Cu）焊锡丝，如图 1.4.3 所示。焊料是是空心的，这个设计是为了存储助焊剂（松香），便于在加焊锡的同时能均匀地加上助焊剂。

铅与锡熔化形成合金后，具有一系列铅和锡不具备的优点：铅锡合金熔点低于铅和锡的熔点，利于焊接；机械强度高，抗氧化；表面张力小，增大了液态流动性，有利于焊接时形成可靠接头。

图 1.4.3　焊料

3. 助焊剂

助焊剂如图 1.4.4 所示，主要功能体现在化学活性和热稳定性两方面。

1）化学活性（Chemical Activity）

被焊物必须要有一个完全无氧化层的表面，才可与焊锡结合，获得一个好的焊点。但金属一旦暴露于空气中就会生成氧化层，这种氧化层无法用传统溶剂清洗，必须依赖助焊剂与氧化层的化学作用来清除。

助焊剂与氧化物的化学反应有：① 相互化学作用形成第三种物质；② 氧化物直接被助焊剂剥离；③ 上述两种反应并存。

图 1.4.4　助焊剂

2）热稳定性（Thermal Stability）

当助焊剂在去除氧化物的同时，还必须形成一层保护膜，防止被焊物表面再度氧化，直到接触焊锡为止。所以助焊剂必须能承受高温，在焊锡作业的温度下不会分解或蒸发。如果分解则会形成溶剂不溶物，难以用溶剂清洗。

4. 吸锡器与吸锡带

1）吸锡器

吸锡器原理主要基于两个物理性质：表面张力和空气压力。

如图 1.4.5 所示，吸锡器的核心部件包括活塞、弹簧和密封装置。当按下吸锡器的滑杆时，弹簧被压缩并储能。释放开关后，弹簧迅速复原，推动活塞运动，在吸锡器内部形成瞬时真空。这种真空状态产生强大的负压，将熔化的焊锡通过吸嘴吸入吸锡器内部，从而完成吸锡操作。

图 1.4.5　吸锡器

使用吸锡器需要注意以下几点：

（1）使用前要确保锡头部分是干净的并且表面没有积累过多的焊锡。

（2）使用时要将吸锡器的嘴口对准目标位置，然后通过按钮或其他机械装置拉出焊锡。

（3）使用完毕后一定要清洗吸锡器以免旧的焊锡污染新的焊锡，并长期保存。

2）吸锡带

吸锡带的工作原理主要依赖于温度和毛细现象。吸锡带由极细的铜线编织而成，呈宽扁的带状。当需要去除电路板上的多余焊锡时，将吸锡带放置在需要除锡的焊垫上，然后使用电烙铁加热吸锡带，使其温度高于或至少等于焊垫的温度。这样，融化的焊锡会沿着吸锡带的编织缝隙前进，并被吸锡带有效吸附，从而达到高效除锡的目的。

不同类型的吸锡线可能由不同物料制作而成，因此选择吸锡带类型时，最好能够与吸锡过程匹配。如图 1.4.6 所示，常用的吸锡带有以下 4 种类型：

（1）松香的吸锡带：含松香助焊剂的吸锡带具有最快的吸锡作用，但仍会留下需要清洁的残留物。

（2）无须清洁的吸锡带：在不可或不便进行清洁的情况下，无须清洁的吸锡带是理想的选择。脱焊后，只留下一种清澈的非离子残留物。

（3）无铅的吸锡带：这款吸锡带不含清洁助焊剂，可以快速加热，因此可以防止在无铅温度较高时对元件造成热应力。

（4）无助焊剂的吸锡带：当需要使用指定助焊剂或水溶性助焊剂时，可以将指定的助焊剂添加到未经添加的吸锡带上，但这种吸锡带不能够去除任何焊锡。

图 1.4.6　吸锡带

在使用吸锡带前，先预备好表面干净的烙铁头。烙铁头的表面良好，可以更有效地将热量传递到吸锡带上，更加有效地将多余焊锡吸去。如果出现吸锡困难，可以考虑添加少许助焊膏。

通常采用吸锡带清理的方法是：把烙铁放在吸锡带上，然后在焊盘上缓缓拖动，等焊锡融化就会被锡吸带吸起，直到吸尽元器件管脚间多余的锡，这样清理的电路板便很干净。

注意：如果刻意施加太大的压力，可能会损坏焊盘本身。

5. 镊子与斜口钳

镊子宜选用端头较尖、硬度较高的不锈钢材质，其外形见图 1.4.7，其钳口需保持平整，且弹性应适中。此类镊子主要用于夹取细小的元器件与导线。在拆焊操作中，可用镊子夹住元器件的引线并将其拔出，在此过程中镊子还能起到散热作用；另外，也可用镊子尖挑起弯脚、线头等。若需夹持较大零件，则应换用头部带齿的大镊子。

图 1.4.7　不锈钢镊子

斜口钳又称断线钳、扁嘴钳或剪线钳，其外形如图 1.4.8 所示，用于剪断导线、元器件引脚或其他较小金属、塑料等。

图 1.4.8　斜口钳

1.4.2　手工焊接过程

手工焊接是借助电烙铁达成金属间牢固连接的一门工艺技术。从表象看，此项工艺似乎简单，然而，要确保高质量的焊接绝非易事。这是因为手工焊接质量受众多因素制约与影响，只有通过大量实践，持续积累经验，方能切实掌握这门工艺技术。

1. 握持电烙铁的方法

握持电烙铁的方法如图 1.4.9 所示，分为反握法、正握法和笔握法。

反握法适合于较大功率的电烙铁（>75 W）对大焊点的焊接操作。

正握法适用于中功率（30 ~ 75 W）的电烙铁及带弯头的电烙铁的操作。

笔握法适用于小功率（<30 W）的电烙铁焊接印制板上的元器件。

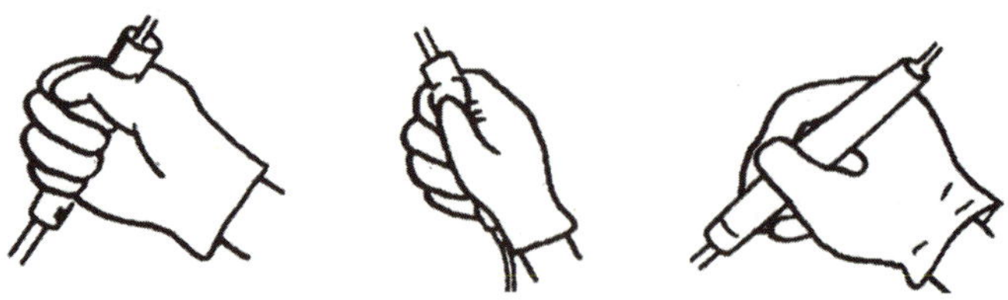

（a）反握法　　（b）正握法　　（c）笔握法

图 1.4.9　握持电烙铁的方法

2. 焊锡丝的拿法

拿焊锡丝的方法一般有两种：连续锡丝拿法和断续锡丝拿法，如图 1.4.10 所示。

（a）连续锡丝拿法　（b）断续锡丝拿法

图 1.4.10　焊锡丝的拿法

3. 焊接操作的注意事项

（1）鉴于焊丝成分中铅占有一定比例，而铅属于对人体有害的重金属，所以在操作过程中，应佩戴手套，或者在操作结束后及时洗手，以防铅通过食入途径进入人体。

（2）焊剂加热时会挥发出对人体有害的化学物质。若操作时鼻子距离烙铁头过近，便极易吸入这些有害气体。一般而言，鼻子与烙铁之间的距离不应小于 30 cm，通常保持在 40 cm 较为适宜。

（3）使用电烙铁时，需配备烙铁架，一般将其放置在工作台的右前方。每次使用完毕后，务必将电烙铁稳妥地放置在烙铁架上，同时要留意导线等物品，切勿触碰烙铁头。

4. 手工焊接的要求

（1）焊接点要保证良好的导电性能。

如图 1.4.11 所示，虚焊是指焊料与被焊物表面没有形成合金结构，只是简单地依附在被焊金属的表面上。

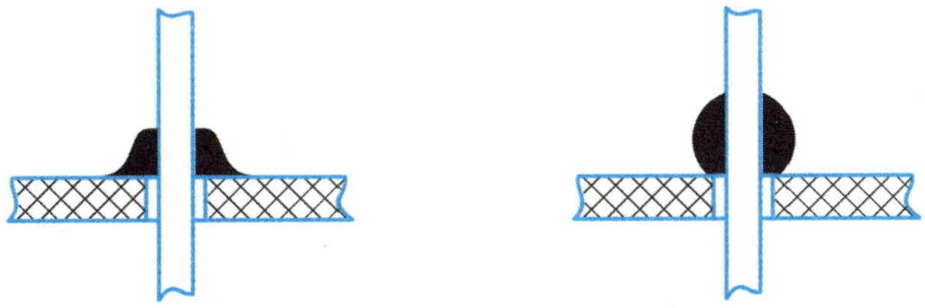

（a）正常焊点　（b）虚焊焊点

图 1.4.11　焊点

（2）焊接点要有足够的机械强度。

为提高焊接强度，引线穿过焊盘后可进行相应的处理，一般采用 3 种方式，如图 1.4.12 所示，分别表示直插式、45°弯折与 90°弯折。

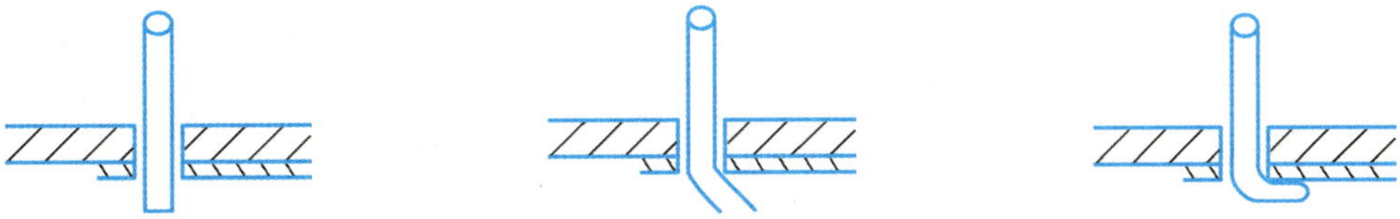

（a）直插式　（b）45°弯折　（c）90°弯折

图 1.4.12　引线处理

（3）焊点表面要光滑、清洁。

为使焊点表面光滑、清洁、整齐，不但要有熟练的焊接技能，而且还要选择合适的焊料和焊剂。焊点不光洁表现为焊点出现粗糙、拉尖、棱角等现象。

（4）焊点不能出现搭接、短路现象。

5. 一般操作方法

手工焊接五步操作法如图 1.4.13 所示。

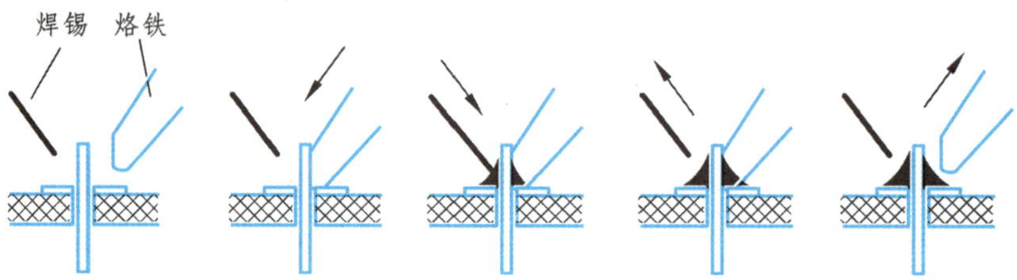

图 1.4.13　手工焊接

（1）准备工作：首先把被焊件、锡丝和烙铁准备好，处于随时可焊的状态。

（2）加热被焊件：把烙铁头放在接线端子和引线上进行加热。

（3）放上焊锡丝：被焊件经加热达到一定温度后，立即将手中的锡丝触到被焊件上使之熔化。

（4）移开焊锡丝：当锡丝熔化一定量后（焊料不能太多），迅速移开锡丝。

（5）移开电烙铁：当焊料的扩散范围达到要求后移开电烙铁。

在实际生产操作中，倘若烙铁头并非先与被焊件相接触，而是率先触碰焊锡丝，致使熔化的焊锡滴落在还未经过预热的被焊部位，那么这种情况极易导致焊点出现虚焊现象。所以，在焊接过程中，烙铁头务必首先与被焊件接触，对被焊件进行预热，这是预防虚焊产生的关键举措。

6. 焊接要领

1）烙铁头与被焊件的接触方式

接触位置方面，烙铁头需同时与相互连接的两个被焊件（例如焊脚与焊盘）相接触。通常情况下，烙铁倾斜 45° 为宜，要避免仅与其中一个被焊件接触。当两个被焊件的热容量差异较大时，应适时调整烙铁的倾斜角度。具体而言，烙铁与焊接面的倾斜角越小，热容量较大的被焊件与烙铁的接触面积就越大，进而热传导能力也会增强。

接触压力方面，当烙铁头与被焊件接触时，应适度施加压力。热传导的强弱和所施加压力的大小呈正比关系，但需遵循一个重要原则，即不能对被焊件的表面造成损伤。

2）焊丝的供给方法

焊丝的供给应掌握 3 方面的要领：供给时间、供给位置和供给数量。

（1）供给时间：原则上是被焊件升温达到焊料的熔化温度时立即送上焊锡丝。

（2）供给位置：应是在烙铁与被焊件之间并尽量靠近焊盘。

（3）供给数量：应看被焊件与焊盘的大小，焊锡盖住焊盘后焊锡高于焊盘直径的 1/3。

3）焊接时间及温度设置

温度设定需依据实际使用情况而定。经实践验证，焊接一个锡点，4 s 时长最为适宜，最长不宜超过 8 s。日常操作中，可通过观察烙铁头状态判断温度是否合适，若烙铁头发紫，则表明温度设置过高。

对于一般直插式电子元件，建议将烙铁头实际温度设定在 350 ~ 370 ℃之间；而针对表面贴装物料（SMC），烙铁头实际温度宜设置为 330 ~ 350 ℃。

遇到特殊物料，需对烙铁温度进行特殊设定。例如，FPC、LCD 连接器等元件的焊接，需使用含银锡线，此时烙铁温度通常应保持在 290 ~ 310 ℃之间。

当焊接较大元件引脚时，温度不宜超过 380 ℃，若需加快焊接速度，可适当增大烙铁功率。

4）焊接注意事项

焊接前应观察各个焊点（铜皮）是否光洁、氧化等。

在焊接物品时，要看准焊接点，以免线路焊接不良引起的短路。

1.4.3　锡点质量的评定

1. 标准的锡点

标准的锡点（见图 1.4.14）特点为：

（1）锡点呈内弧形。

（2）锡点要圆满、光滑、无针孔、无松香渍。

（3）要有线脚，而且线脚的长度要在 1 ~ 1.2 mm 之间。

（4）零件脚外形可见锡的流散性好。

（5）锡将整个上锡位及零件脚包围。

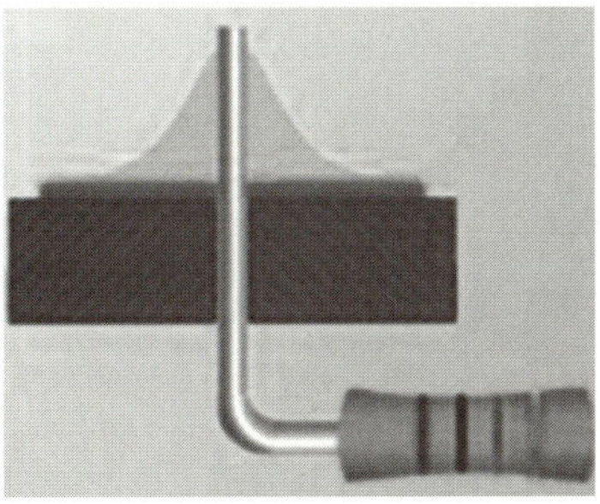

图 1.4.14　标准的锡点

2. 不标准锡点的判定

不标准的锡点判定方法如下：

（1）虚焊：焊点看似已连接，但实际并未焊牢。其主要成因包括焊盘与引脚存在脏污，或是助焊剂使用量不足、加热时长不够。

（2）短路：对于有引脚的零件，一种情况是引脚之间被多余焊锡连接而短路；另一种情况是检验人员在操作过程中，因使用镊子、竹签等工具不当，致使引脚相互碰触造成短路；此外，残余锡渣也可能导致引脚间短路。

（3）偏位：器件在焊接前定位不准确，或者在焊接过程中操作失误，使得引脚未处于规定的焊盘区域内。

（4）少锡：指锡点过薄，未能充分覆盖零件铜皮，从而影响了连接的稳固性与固定作用。

（5）多锡：零件引脚完全被焊锡覆盖，并形成外弧形，致使零件外形与焊盘位置无法看清，难以判断零件与焊盘是否良好上锡。

（6）错件：若零件放置的规格或种类与作业规定、BOM（物料清单）、ECN（工程变更通知）不相符，即判定为错件。

（7）缺件：在应放置零件的位置，由于非正常原因出现空缺，此情况称为缺件。

（8）锡球、锡渣：PCB 板表面附着多余的焊锡球、锡渣，可能会引发细小管脚短路问题。

（9）极性反向：若元件的极性方位与加工要求不一致，即为极性错误。

常见不标准锡点如图 1.4.15 所示。

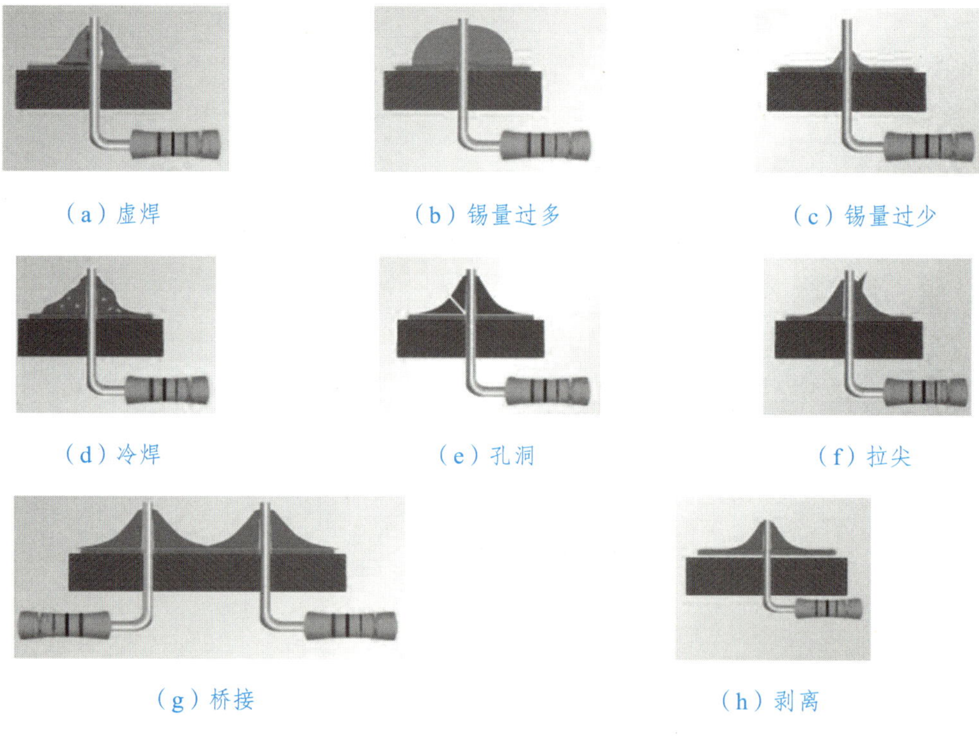

（a）虚焊　（b）锡量过多　（c）锡量过少

（d）冷焊　（e）孔洞　（f）拉尖

（g）桥接　（h）剥离

图 1.4.15　不标准锡点

3. 不良焊点可能产生的原因

（1）形成锡球，锡不能散布到整个焊盘：烙铁温度过低，或烙铁头太小；焊盘氧化。

（2）拿开烙铁时形成锡尖：烙铁温度不够，助焊剂没熔化，不起作用。烙铁头温度过高，助焊剂挥发掉，焊接时间太长。

（3）锡表面不光滑，起皱：烙铁温度过高，焊接时间过长。

（4）松香散布面积大：烙铁头拿得太平。

（5）锡珠：锡线直接从烙铁头上加入、加锡过多、烙铁头氧化、敲打烙铁。
（6）PCB 离层：烙铁温度过高，烙铁头碰在板上。
（7）黑色松香：温度过高。

1.4.4　常见 PCB 工艺焊点标准

1. 贴片方形元器件 *X* 偏移

标准：无侧面偏移 A=0（见图 1.4.16）。

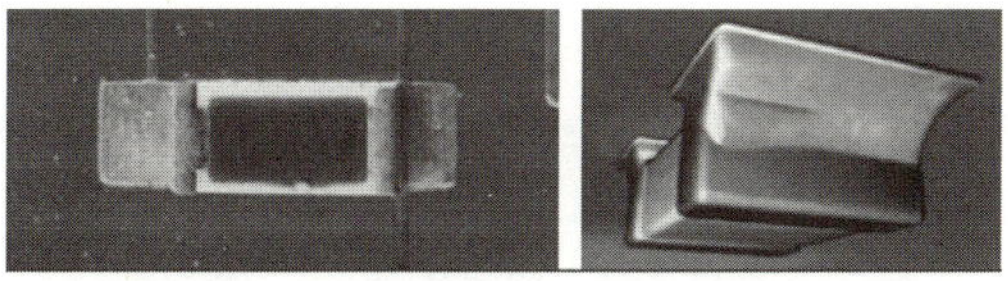

图 1.4.16　无侧面偏移

可接受：侧面偏移 A<1/2 元件可焊端宽度 W，且侧面偏移 A<1/2 元件焊盘宽度 P（见图 1.4.17）。

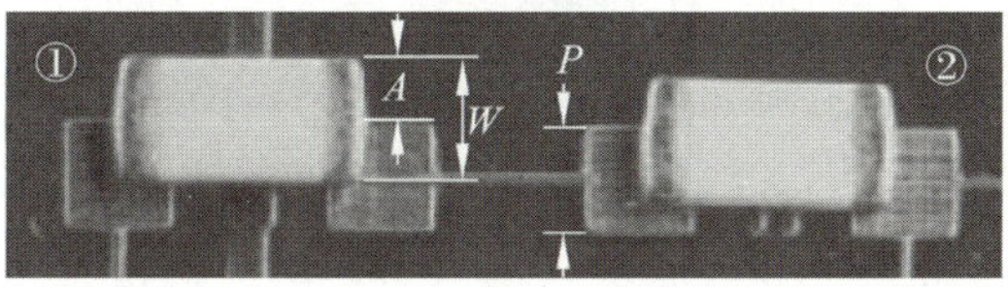

图 1.4.17　可接受 *X* 偏移

不可接受：侧面偏移 A≥1/2 元件可焊端宽度 W；侧面偏移 A≥1/2 元件焊盘宽度 P（见图 1.4.18）。

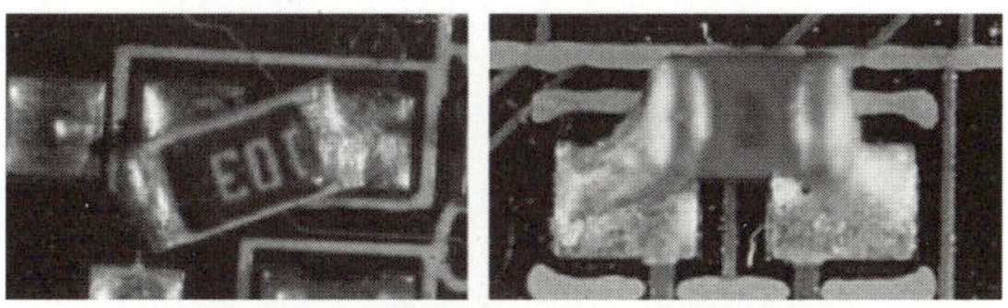

图 1.4.18　不可接受 *X* 偏移

2. 贴片方形元器件 *Y* 偏移

可接受：侧面剩余≥1/5 器件宽度 W（见图 1.4.19）。

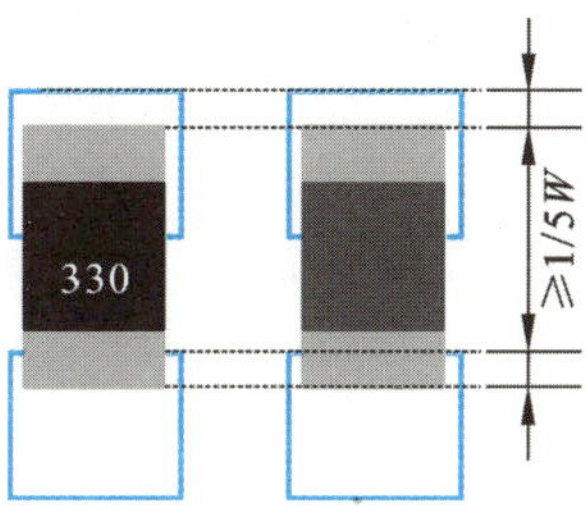

图 1.4.19　可接受 *Y* 偏移

不可接受：可焊端偏移超出焊盘，焊盘上锡角度不可靠（见图 1.4.20）。

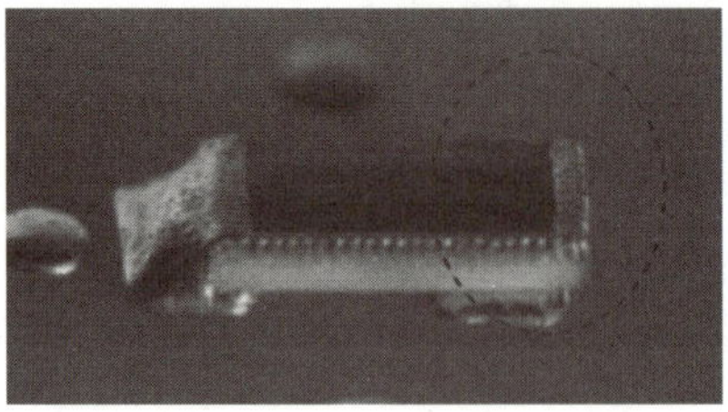

图 1.4.20　不可接受 *Y* 偏移

3. 贴片方形元器件焊锡高度

标准：最大焊点高度 = 焊锡厚度 + 元件可焊端高度（见图 1.4.21）。

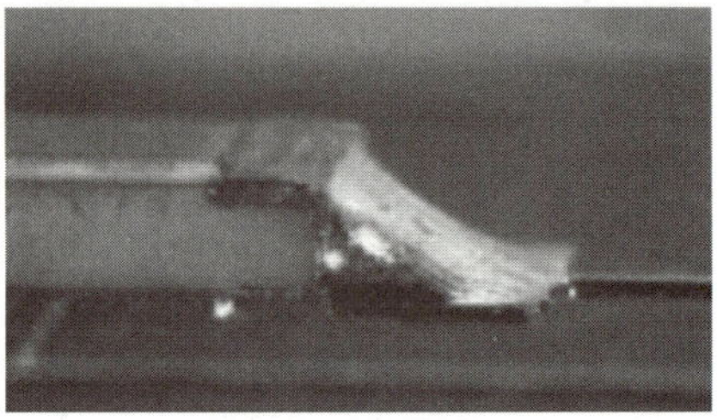

图 1.4.21　焊锡高度

可接受：最大焊点高度可超出元件厚度，但不可接触元件体；正常润湿；最小焊点高度为焊锡厚度 + 1/4 元件厚度；焊点高度>焊锡厚度 + 1/2 器件高度（见图 1.4.22）。

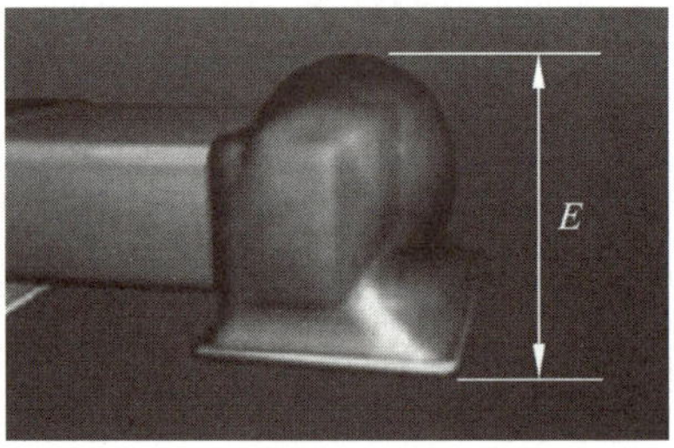

图 1.4.22　最大焊点高度

可接受：可焊端与焊盘有明显的重叠部分 *J*；重叠部分>1/2 元件可焊端宽度（见图 1.4.23）。

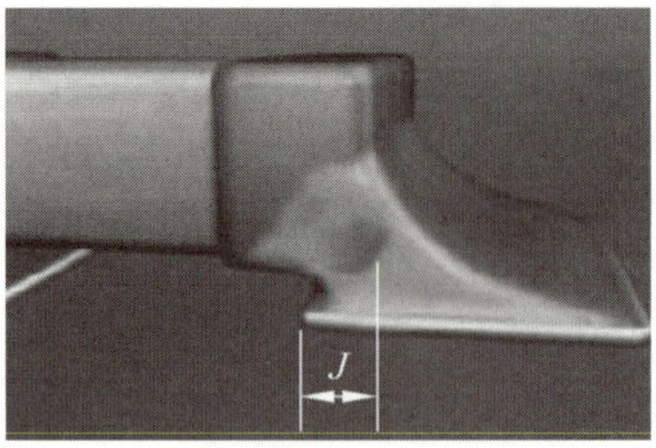

图 1.4.23　明显的重叠部分

不可接受：焊锡接触元件体；小于最小焊点高度；未能正常润湿；焊锡不足（见图 1.4.24）。

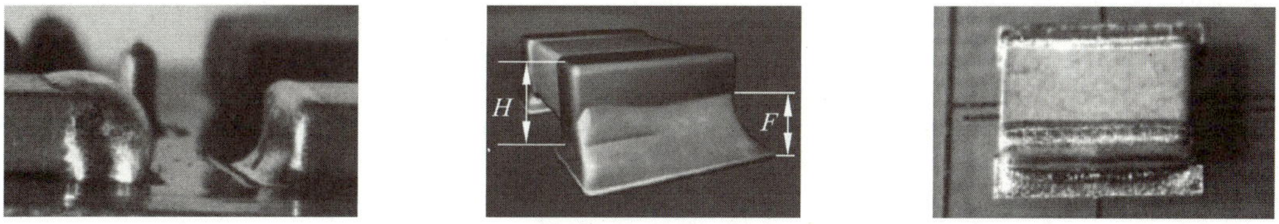

（a）焊锡接触元件体　　（b）小于最小焊点高度　　（c）未能正常润湿，焊锡不足

图 1.4.24　不可接受情况

不可接受：没有明显的重叠部分（见图 1.4.25）。

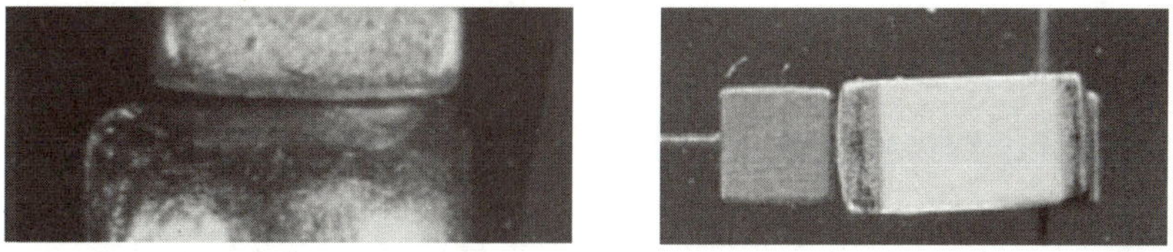

图 1.4.25　没有明显的重叠部分

4. 贴片圆柱体元器件侧面偏移

标准：无侧面偏移（见图 1.4.26）。

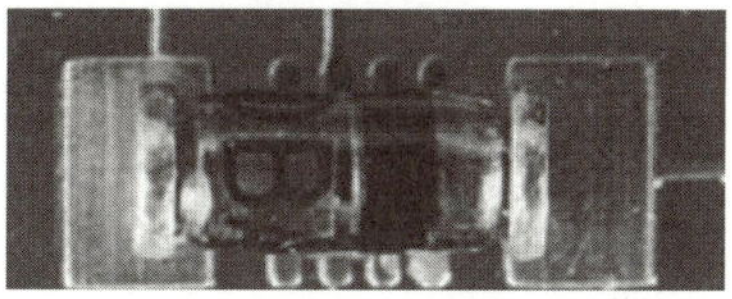

图 1.4.26　无侧面偏移

可接受：侧面偏移 $A<1/4$ 元件直径 W，且侧面偏移 $A<1/4$ 焊盘宽度 P（见图 1.4.27）。

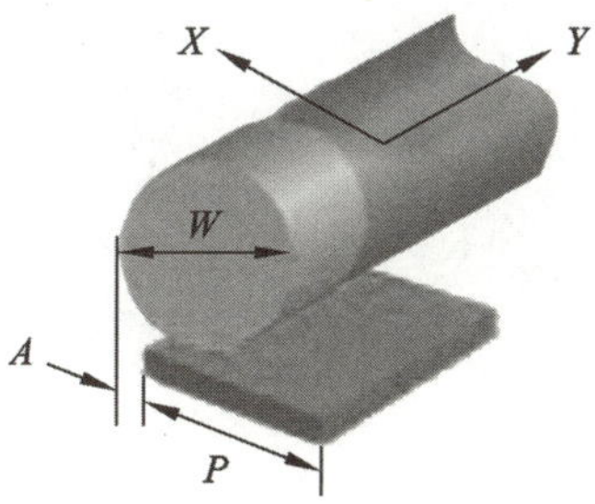

图 1.4.27　可接受

不可接受：侧面偏移 $A>1/4$ 元件直径 W；侧面偏移$>1/4$ 焊盘宽度 P（见图 1.4.28）。

图 1.4.28　侧面偏移不可接受

5. 贴片圆柱体元器件上下偏移

标准：可焊端无偏移（见图 1.4.29）。

不可接受：可焊端上下偏移 $B > 0$。

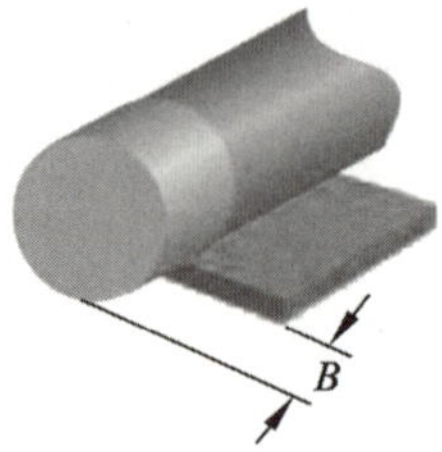

图 1.4.29　可焊端上下偏移

6. 贴片圆柱体元器件焊锡状态

标准：可焊端焊点状态 $C \geqslant 1/2$ 元件直径 W；可焊端焊点状态 $C \geqslant 1/2$ 焊盘宽度 P（见图 1.4.30）。

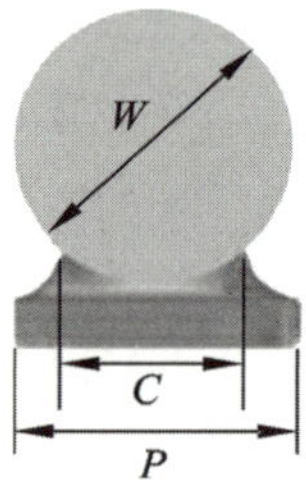

图 1.4.30　焊锡标准状态

不可接受：未正常润湿；可焊端焊点状态 $C<1/2$ 元件直径 W；可焊端焊点状态 $C<1/2$ 焊盘宽度 P（见图 1.4.31）。

图 1.4.31　不可接受焊锡状态 1

不可接受：未正常润湿；侧面焊点长度 $D<3/4$ 可焊端长度 T；侧面焊点长度 $D<3/4$ 焊盘长度（见图 1.4.32）。

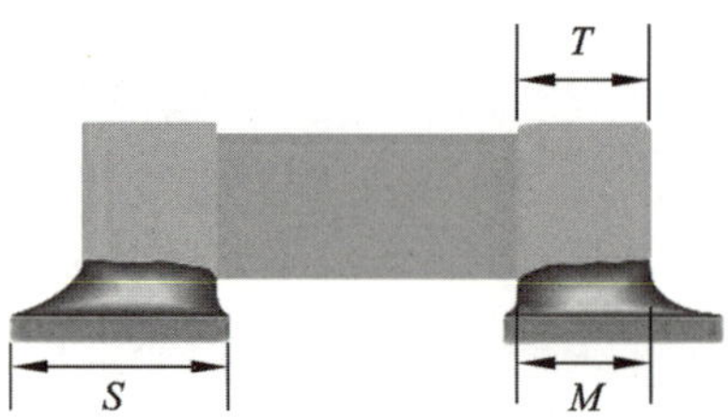

图 1.4.32　不可接受焊锡状态 2

7. 集成电路芯片侧面偏移 *A*

标准：无偏移；焊点宽度≥引脚宽度（见图 1.4.33）。

图 1.4.33　芯片侧面无偏移

可接受：最大偏移 A<1/2 引脚宽度 W；正常 1/3 引脚宽度；焊点宽度>1/2 引脚宽度（见图 1.4.34）。

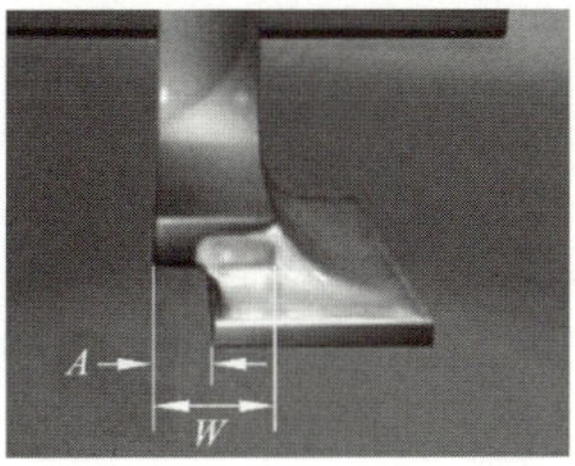

图 1.4.34　芯片侧面可接受偏移

不可接受：侧面偏移>1/2 引脚宽度；焊锡宽度<1/2 引脚宽度（见图 1.4.35）。

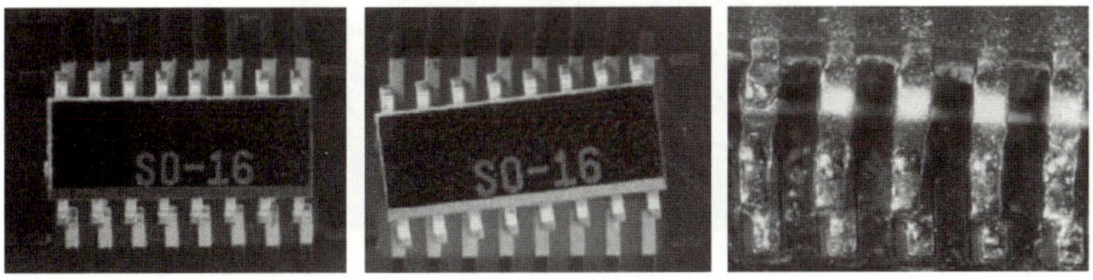

图 1.4.37　芯片侧面不可接受偏移

8. 集成电路芯片侧面偏移

标准：引脚正常润湿（见图 1.4.36）。

图 1.4.36　引脚正常润湿

可接受：焊锡长度 D>3/4 引脚端长度 L；焊锡侧面长度 D>引脚端宽度 W（见图 1.4.37）。

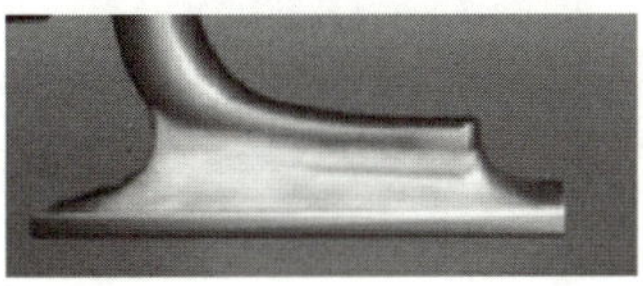

图 1.4.37　可接受芯片侧面偏移

不可接受：焊锡长度 $D<3/4$ 引脚端长度 L；焊锡侧面长度 $D<$ 引脚端宽度 W（见图 1.4.38）。

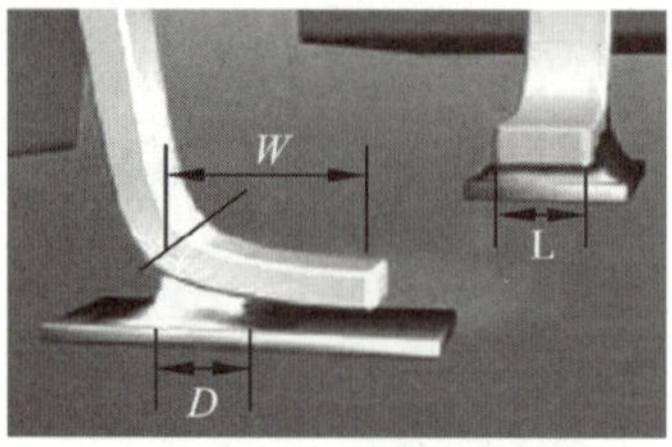

图 1.4.38　不可接受芯片侧面偏移

不可接受：焊点接触高于引脚元件体或封装（见图 1.4.39）。

图 1.4.39　不可接受情况

不可接受：润湿度不够；焊点焊锡高度 $<1/2$ 引脚厚度 + 焊锡厚度（见图 1.4.40）。

图 1.4.40　润湿度不够

9. 常见方形元件焊接缺陷

常见方形元件焊接缺陷如图 1.4.41 所示。

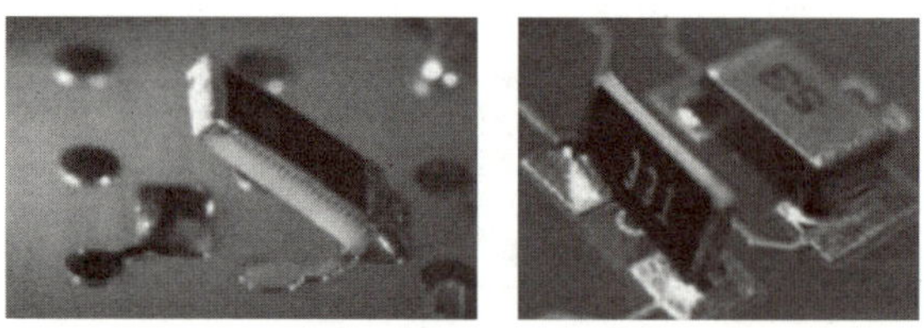

（a）侧贴、立碑

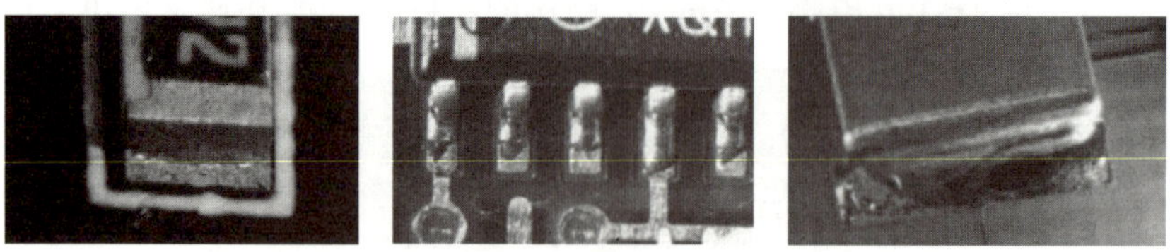

（b）半润湿、少锡

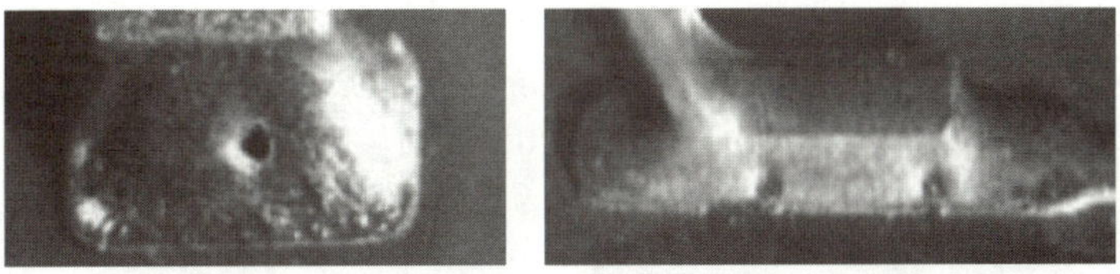

（c）针孔（按焊盘大小区分）

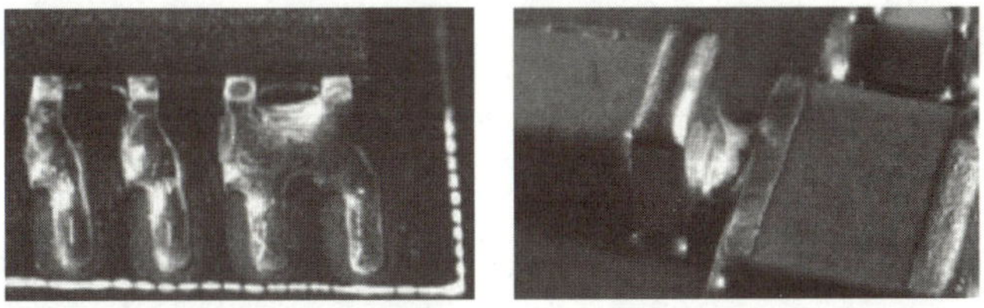

（d）桥连

（e）锡渣、锡球

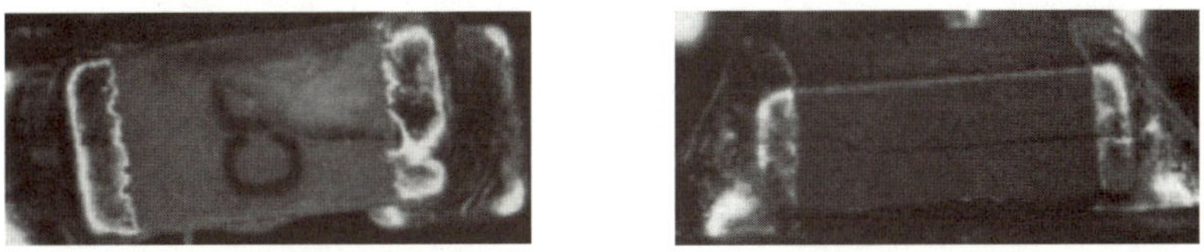

（f）撞件、损料

（g）倒贴

（h）反向

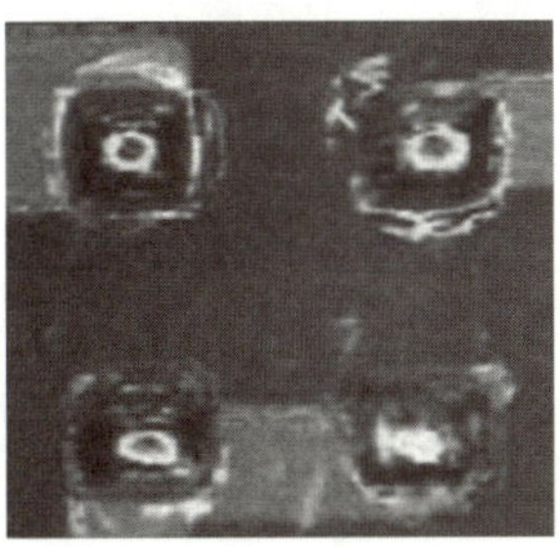

（i）漏件

（j）多料

（k）焊锡不良、润适度不够

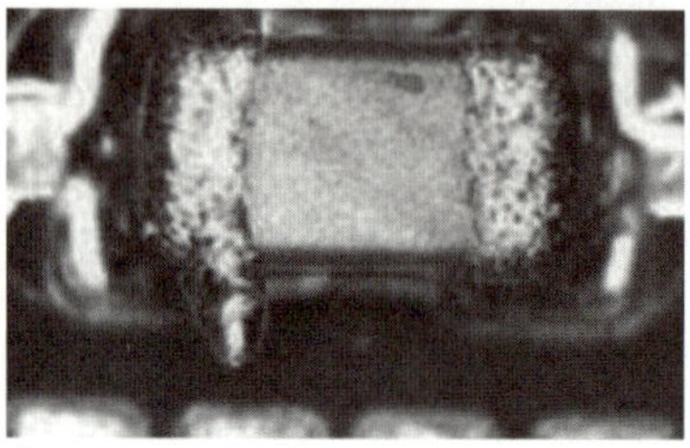

（l）拉尖

（m）外部损伤

图 1.4.41 常见方形元件焊接缺陷

1.4.5 焊接技能培养

使用 M105 板卡，准备焊接工具与焊接材料，进行常用元器件的焊接训练。

M105 板卡包含对 0603 封装、0805 封装、1206 封装、AXIAL-0.3 封装电阻的焊接练习，如图 1.4.42 所示。

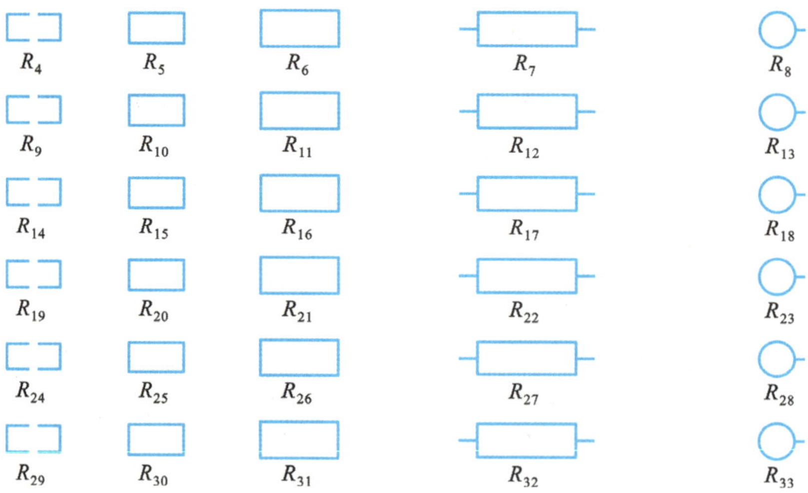

图 1.4.42　封装电阻的焊接练习

同时包含 0603 封装、0805 封装、1206 封装、SMD 封装、COM2.5 封装电容的焊接练习，如图 1.4.43 所示。

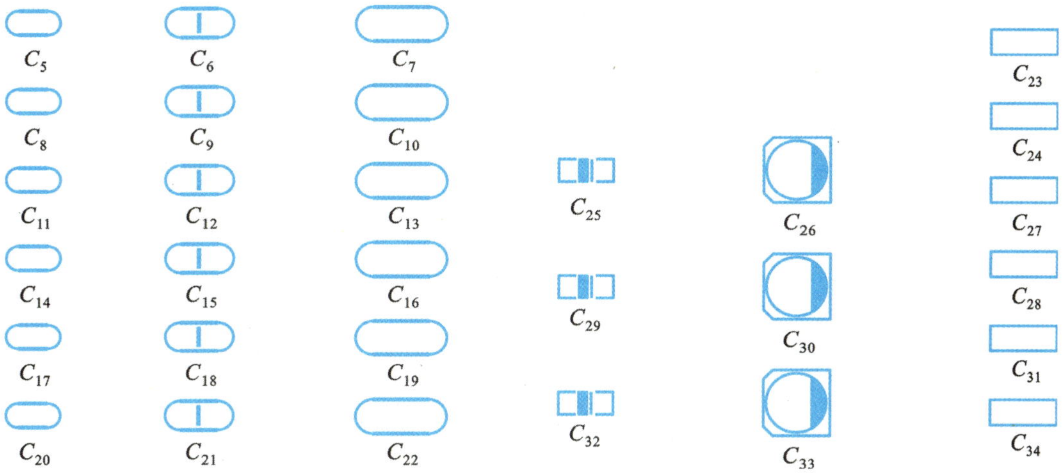

图 1.4.43　封装电容的焊接练习

另外还有贴片二极管、直插二极管、直插集成电路芯片、贴片集成电路芯片等供焊接练习，如图 1.4.44 所示。

完成各类封装、各类器件的焊接练习，检查并评估焊点及器件的焊接质量，完成表 1.4.1。

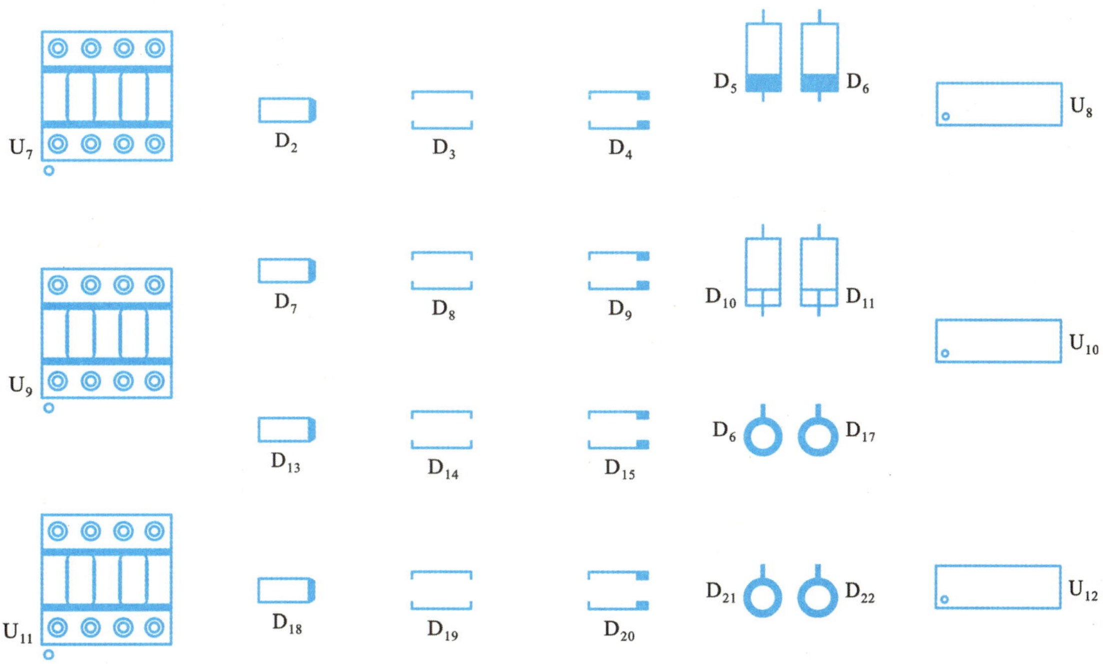

图 1.4.44　焊接练习

表 1.4.1 测量结果

序号	器件类型及封装	焊点情况	器件状态	缺陷原因	备注

项目二　常用二极管与三极管的识别与特性检测

任务 2.1　半导体的基本知识

现代电子器件是由性能介于导体与绝缘体之间的半导体材料制造而成的。

常用的半导体材料有：元素半导体，如硅（Si）、锗（Ge）等；化合物半导体，如砷化镓（GaAs）等；掺杂或制成其他化合物半导体的材料，如硼（B）、磷（P）、铟（In）和锑（Sb）等。硅是最常用的半导体材料。

半导体除了在导电能力方面区别于导体和绝缘体之外，还具备一些独特性质。例如，当半导体受到外界光或热的刺激时，其导电能力会产生显著变化；向纯净的半导体中掺入微量杂质，同样会使其导电能力大幅增强。

2.1.1　半导体的共价键结构

硅和锗都是四价元素，最外层原子轨道上有 4 个电子，称为价电子，如图 2.1.1 所示。由于原子呈中性，故原子核用带圆圈的“＋4”符号表示。物质的化学性质由价电子决定，半导体的导电性质与价电子有关。

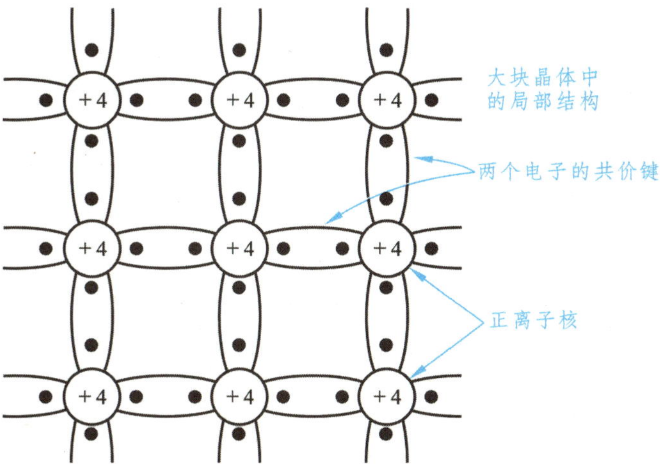

图 2.1.1　半导体的共价键结构

2.1.2 本征半导体

本征半导体是一种结构完整且纯净的半导体晶体。电导率作为半导体的关键物理特性，与材料单位体积内所含电荷载流子的数量密切相关。电荷载流子的浓度越高，半导体的电导率也就越高。

半导体内载流子的浓度受诸多因素影响，涵盖材料的固有属性、温度以及所含杂质等。

在绝对零度且无外界激发的条件下，由于每个原子的外围电子均被共价键紧紧束缚，因此这些电子对半导体内部的传导电流并无贡献。

半导体共价键中的价电子，其被束缚的程度不像绝缘体中的价电子那般紧密。在室温环境中，价电子能够获取足够的随机热振动能量，从而挣脱共价键的束缚，成为自由电子，这种现象被称作本征激发。

2.1.3 空穴

当电子挣脱共价键的束缚成为自由电子后，共价键中就留下一个空位，这个空位叫作空穴，如图 2.1.2 所示。空穴是半导体区别于导体的一个重要特点。

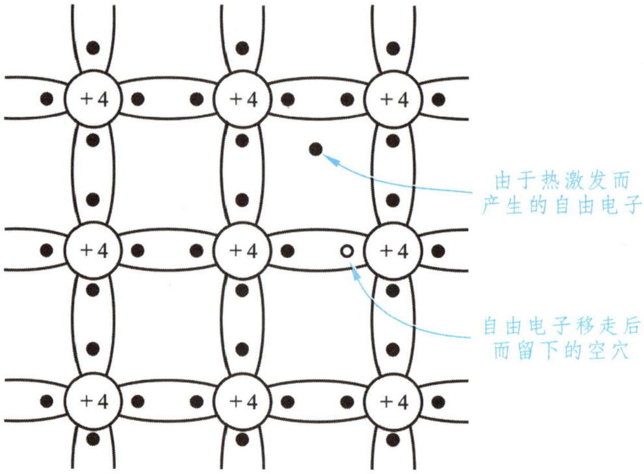

图 2.1.2 空穴

空穴导电原理如下：当共价键中出现空穴后，在外加电场作用下，相邻的价电子会填补到该空位，进而在这个电子原来所处位置又产生新的空位，其他电子便能够转移至这个新空穴处。如此一来，共价键中就发生了电荷迁移现象。

共价键中空穴或束缚电子移动之所以能产生电流，其根本原因正是共价键中出现了空穴。我们可将空穴视作一个带正电的粒子，它所带电量与电子相同，但符号相反。在外加电场作用下，空穴能够在晶体中自由移动，进而如同自由电子一般参与导电。所以，空穴属于一种载流子。空穴数量越多，半导体中的载流子总数也就越多，相应形成的电流也就越大。

2.1.4 杂质半导体

在本征半导体中掺入微量的杂质，就会使半导体的导电性能发生显著的改变。

因掺入杂质的性质不同，杂质半导体可分为空穴（P）型半导体和电子（N）型半导体两大类。

1. P 型半导体

在硅或锗的晶体内部掺入少量三价元素杂质，如硼（或铟），由于硼原子仅含有三个价电子，当其与周围的硅原子形成共价键时，会缺失一个电子，于是在晶体结构中便产生了一个空位。

当相邻共价键上的电子因热振动或其他激发方式获得足够能量时，就有可能填充这个空位，从而使硼原子转变为无法移动的负离子；而原本硅原子的共价键，由于缺少一个电子，便形成了空穴。

P 型半导体的共价键结构详见图 2.1.3。鉴于硼原子在硅晶体中具有接受电子的能力，所以将硼称作受主杂质或 P 型杂质。除硼之外，铟和铝同样属于受主杂质。在砷化镓中，作为受主原子的元素包括元素周期表中的Ⅱ族元素（作为镓原子的受主）或Ⅳ族元素（作为砷原子的受主）。

P 型半导体在产生空穴的过程中，并不会产生新的自由电子。通过精准控制掺入杂质的含量，就能够对空穴数量进行调控。在 P 型半导体里，空穴数量远远多于自由电子数量。在这类半导体中，主要依靠空穴来实现导电，因此空穴被视为多数载流子，而自由电子则属于少数载流子。

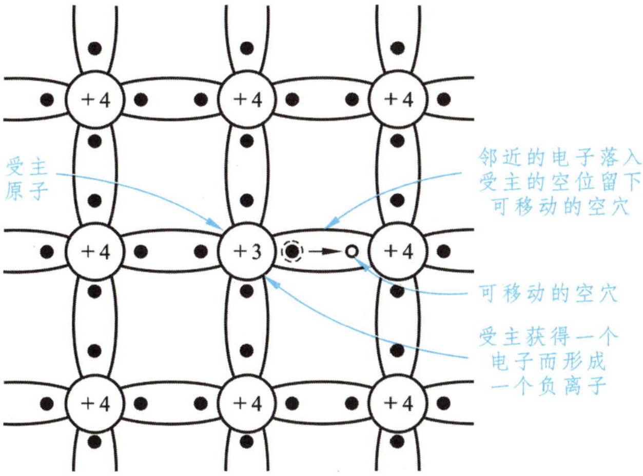

图 2.1.3　P 型半导体的共价键结构

2. N 型半导体

为在半导体内生成多余电子，可向硅（或锗）晶体内掺入一种被称为施主杂质或 N 型杂质的物质。

施主原子在掺杂半导体的共价键结构里会多出一个电子。常见的施主原子包含磷、砷以及锑。在砷化镓工艺中，施主原子涵盖元素周期表中的Ⅵ族元素（作为砷原子的施主）或Ⅳ族元素（作为镓原子的施主）。

当一个施主原子掺入半导体后，其多出的电子极易因受热激发，成为自由电子参与传导电流。该电子移动后，会在施主原子所处位置留下一个固定且无法移动的正离子。

在此过程中，仅产生自由电子，并不会生成相应的空穴。这种半导体被称作电子型半导体或 N 型半导体。在 N 型半导体里，电子是多数载流子，空穴则是少数载流子。

N 型半导体的共价键结构如图 2.1.4 所示。掺入杂质后，载流子的数量会有显著增加。倘若每个施主杂质都能产生一个自由电子，或者每个受主杂质都能产生一个空穴，即便杂质含量极少，它们对半导体导电能力的影响也极为显著。

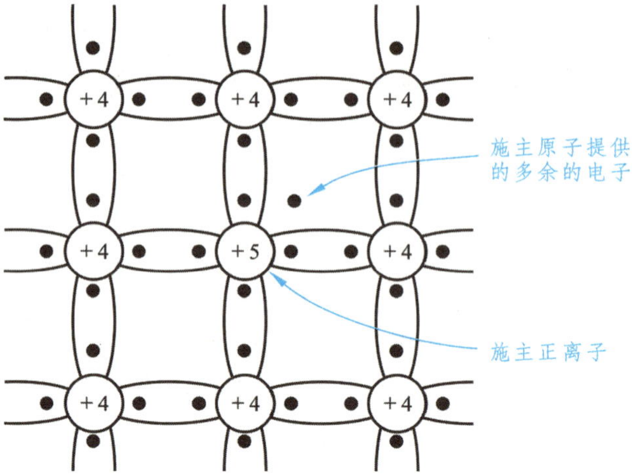

图 2.1.4　N 型半导体的共价键结构

2.1.5　PN 结的形成及特性

P 型半导体中含有的受主杂质电离为带正电的空穴和带负电的受主离子。N 型半导体中含有的施主杂质电离为带负电的电子和带正电的施主离子。

在室温下，P 型和 N 型半导体中还有少数受本征激发产生的电子和空穴，通常本征激发产生的载流子要比掺杂产生的少得多。

半导体中的正负电荷数是相等的，它们的作用互相抵消，因此保持电中性。

1. PN 结的形成

P 型半导体和 N 型半导体结合后，在它们的交界处就出现了电子和空穴的浓度差别，N 型区内电子多而空穴少，P 型区内则相反，空穴多而电子少。

电子和空穴都要从浓度高的地方向着浓度低的地方扩散。电子要从 N 型区向 P 型区扩散，空穴要从 P 型区向 N 型区扩散，如图 2.1.5 所示。

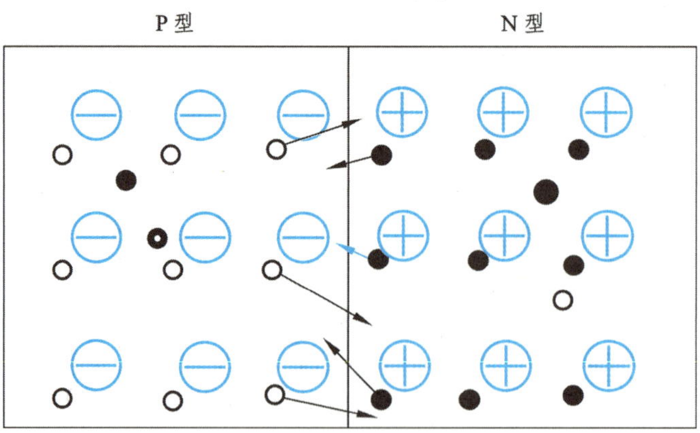

图 2.1.5　PN 结的形成

电子和空穴都是带电的，它们扩散的结果就使 P 区和 N 区中原来保持的电中性被破坏了。

1）耗尽区

P 区一边失去空穴，留下了带负电的杂质离子；N 区一边失去电子，留下了带正电的杂质离子。半导体中的离子虽然带电，但由于物质结构的关系，它们不能任意移动，因此不参与导电。这些不能移动的带电粒子通常称为空间电荷，集中在 P 区和 N 区交界面附近，形成了一个很薄的空间电荷区，这就是 PN 结。在这个区域内，多数载流子已扩散到对方并复合掉了，或者说消耗尽了，因此空间电荷区有时又称为耗尽区。扩散越强，空间电荷区越宽。

2）扩散运动

如图 2.1.6 所示，出现空间电荷区以后，由于正负电荷之间的相互作用，在空间电荷区中就形成了一个电场，其方向是从带正电的 N 区指向带负电的 P 区。该电场是由载流子扩散运动形成的，称为内电场。显然，这个内电场的方向是阻止扩散的，这是因为这个电场的方向与载流子扩散运动的方向相反。

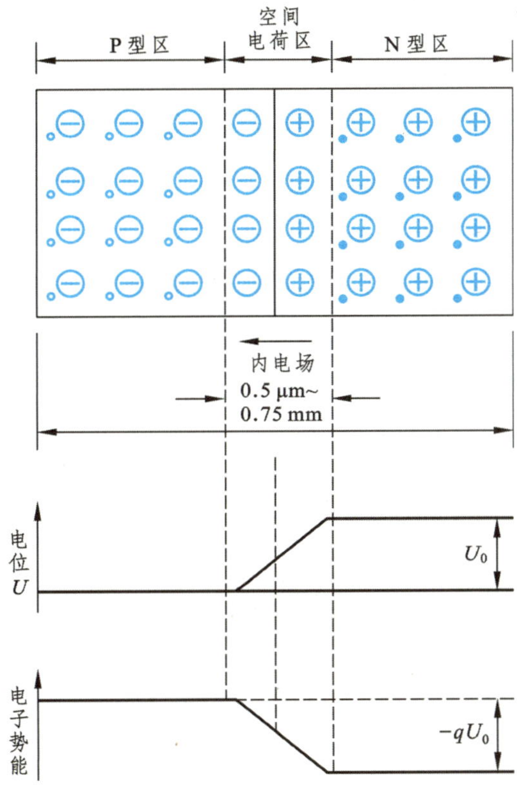

图 2.1.6　扩散运动

3）漂移运动

另一方面，根据电场的方向和电子、空穴的带电极性，这个电场将使 N 区的少数载流子空穴向 P 区漂移，使 P 区的少数载流子电子向 N 区漂移，漂移运动的方向正好与扩散运动的方向相反。

从 N 区漂移到 P 区的空穴补充了原来交界面上 P 区失去的空穴，从 P 区漂移到 N 区的电子补充了原来交界面上 N 区所失去的电子，这就使空间电荷减少。漂移运动的结果是使空间电荷区变窄，其作用正好与扩散运动相反。当漂移运动达到和扩散运动相等时，便处于动态平衡状态。

4）势垒区

PN 结的空间电荷区存在电场，电场的方向是从 N 区指向 P 区的，这说明 N 区的电位要比 P 区高，高出的数值用 U_0 表示，这个电位差称为接触电位差，一般为零点几伏。

在 PN 结空间电荷区内，电子势能（$-qU_0$）发生了变化，电子要从 N 区到 P 区必须越过一个能量高坡，一般称为势垒，因此又把空间电荷区称为势垒区。

2. PN 结的单向导电性

1）外加正向电压

如图 2.1.7 所示，当外加电压 U_F 的正端接 P 区，负端接 N 区时，外加电场与 PN 结内电场方向相反。

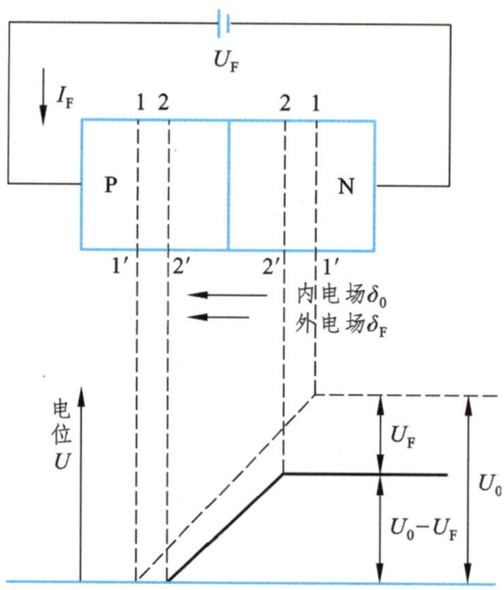

图 2.1.7　外加正向电压

在外电场作用下，PN 结的平衡状态被打破，P 区的多数载流子空穴和 N 区的多数载流子电子都要向 PN 结移动。

当空穴进入 PN 结后，就要和一部分负离子中和，使 P 区的空间电荷量减少；当电子进入 PN 结时，中和了部分正离子，使 N 区的空间电荷量减少，结果使 PN 结变窄。

耗尽区厚度变薄，耗尽区中载流子增加，因而电阻减小，所以这个方向的外加电压称为正向偏置电压。

半导体的内电阻和 PN 结电阻相比是很小的，外加电压将集中在 PN 结上。外加电压将使

PN 结的电场由 E_0 减小到 E_0-E_F，电子的电势能将由 $-qU_0$ 变为 $-q(U_0-U_F)$，势垒降低了，P 区和 N 区中能越过势垒的多数载流子大大增加，形成扩散电流。

扩散运动将大于漂移运动，N 区电子不断扩散到 P 区，P 区空穴不断扩散到 N 区。PN 结内的电流便由其支配地位的扩散电流所决定，在外电路上形成一个流入 P 区的电流，称为正向电流 I_F。外加电压只要稍有变化，便能引起电流的显著变化。

正向的 PN 结表现为一个很小的电阻。

2）外加反向电压

如图 2.1.8 所示，当外加电压 U_R 的正端接 N 区，负端接 P 区时，外加电场方向与 PN 结内电场方向相同。在这种外电场作用下，P 区中的空穴和 N 区中的电子都将进一步离开 PN 结，使耗尽区厚度加宽，这时 PN 结处于反向偏置。

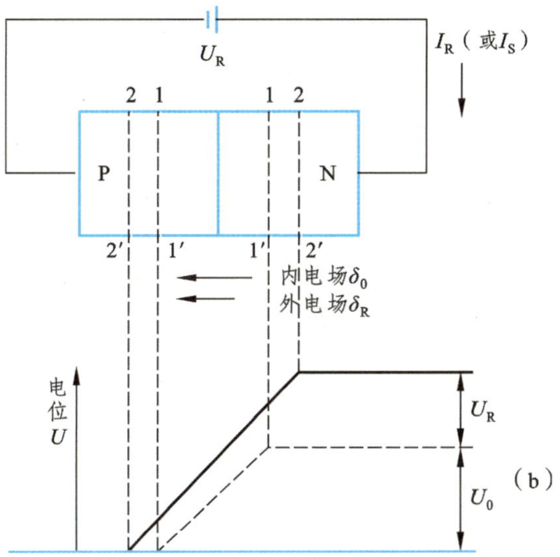

图 2.1.8　外加反向电压

外加电压将使 PN 结电场由 U_0 增加到 U_0+U_R，电子的电势能将由 $-qU_0$ 变为 $-q(U_0+U_R)$，使 P 区和 N 区中的多数载流子很难越过势垒，因此扩散电流趋近于零。

由于结电场的增加，使 N 区和 P 区中的少数载流子更容易产生漂移运动，PN 结内的电流由漂移电流决定。

漂移电流的方向与扩散电流相反，表现在外电路上有一个流入 N 区的反向电流 I_R，由少数载流子的漂移运动形成。由于少数载流子浓度很小，所以 I_R 很微弱，一般为微安数量级。

少数载流子由本征激发产生，其数值决定于温度，几乎与外加电压 U_R 无关。在一定温度下，由于热激发而产生的少数载流子的数量是一定的，电流的值趋于恒定，反向电流 I_R 就是反向饱和电流，用 I_S 表示。

由于 I_S 很小，所以 PN 结在反向偏置时，呈现出一个很大的电阻，可认为它是不导电的。

PN 结的正向电阻很小，反向电阻很大，这就是它的单向导电性，如图 2.1.9 所示。PN 结的单向导电性关键在于耗尽区的存在，且其宽度随外加电压而变化。

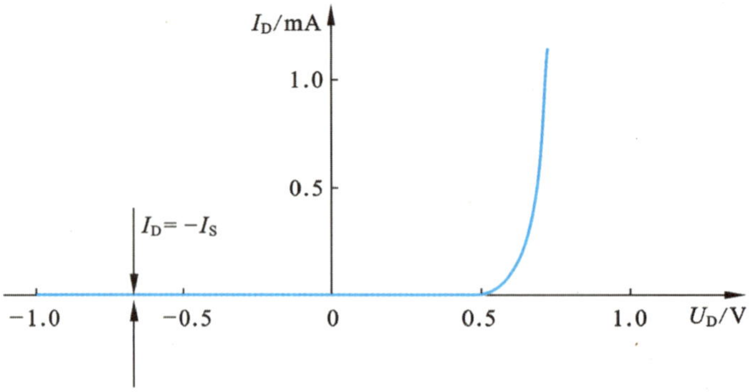

图 2.1.9 单向导电性

3. PN 结的反向击穿

如图 2.1.10 所示，如果加到 PN 结两端的反向电压增大到一定数值 U_{BR} 时，反向电流突然增加，这个现象就称为 PN 结的反向击穿。发生击穿所需的反向电压称为反向击穿电压。

PN 结电击穿后电流很大，电压又很高，因而消耗在 PN 结上的功率是很大的，容易使 PN 结发热超过它的耗散功率。

在强电场作用下，大大地增加了自由电子和空穴的数目，引起反向电流的急剧增加，这种现象的产生分为雪崩击穿和齐纳击穿两种类型。

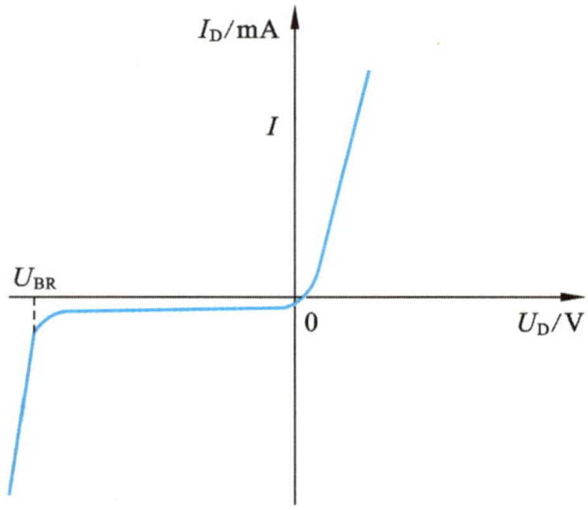

图 2.1.10 PN 结的反向击穿

1）雪崩击穿

雪崩击穿的物理过程为：当 PN 结反向电压增加时，空间电荷区中的电场增强，空间电荷区的电子和空穴在电场作用下获得的能量增大，当与晶体原子发生碰撞，可使共价键中的电子激发形成自由电子-空穴对，这种现象称为碰撞电离。

新产生的电子和空穴与原有的电子和空穴一样，在电场作用下，既获得能量，又可通过碰撞再产生电子-空穴对，产生倍增效应。当反向电压增大到某一数值后，载流子的倍增情况就像积雪山坡上发生雪崩一样，载流子急剧增加，使反向电流急剧增大，于是 PN 结就发生雪崩击穿。

2）齐纳击穿

在加有较高的反向电压下，PN 结空间电荷区中存在一个强电场，它能够破坏共价键将束缚电子分离出来造成电子-空穴对，形成较大的反向电流。

发生齐纳击穿需要的电场强度约为 2×10^5 V/cm，只有在杂质浓度特别大的 PN 结中才能达到，这是因为杂质浓度大，空间电荷区内电荷密度也大，空间电荷区很窄，电场强度就可能很高。

两种电击穿过程是可逆的，当加在 PN 结两端的反向电压降低后，PN 结可以恢复原来的状态。但要求反向电流和反向电压的乘积不超过 PN 结容许的耗散功率，超过了就会因热量散不出去而使 PN 结温度上升，直到过热而烧毁，这种现象就是热击穿。

任务 2.2 二极管特性及其基本电路

2.2.1 半导体二极管

1. 半导体二极管的分类

半导体二极管的结构：半导体二极管按其结构的不同可分为点接触型、面接触型和平面型三类。如图 2.2.1 所示。

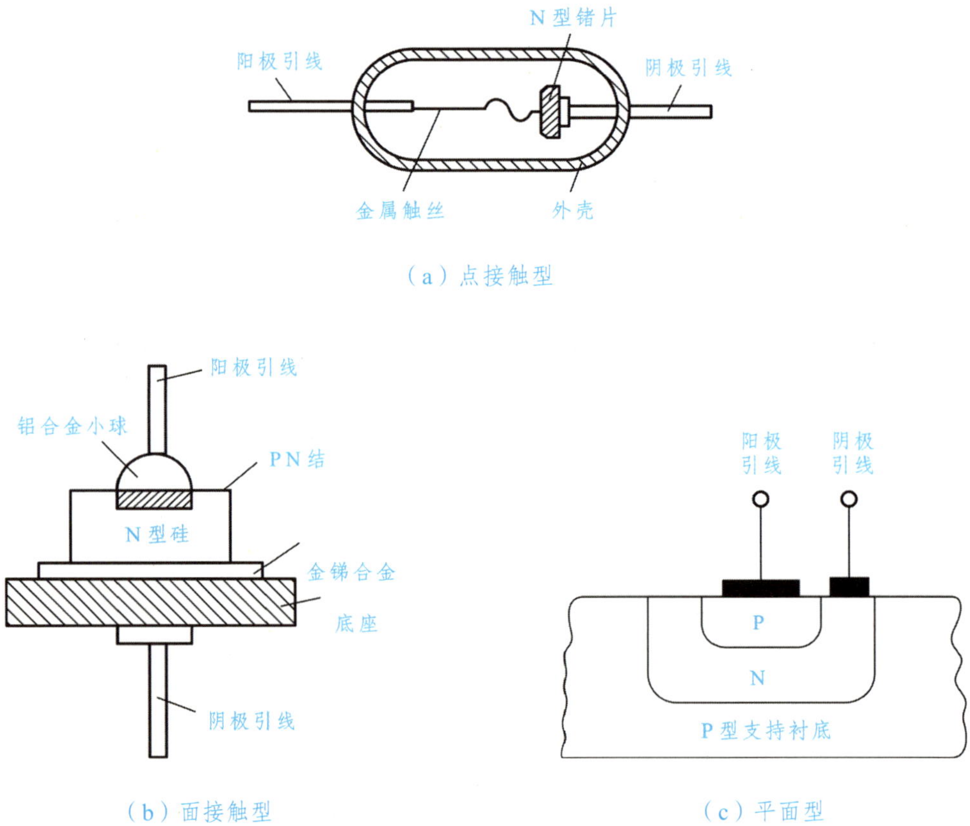

（a）点接触型

（b）面接触型

（c）平面型

图 2.2.1 半导体二极管不同结构

2.. 二极管的伏安特性

二极管的伏安特性和 PN 结的伏安特性基本相同。图 2.2.2（a）和（b）分别是硅材料二极管和锗材料二极管的伏安特性，两者在局部细节上有一些差别。

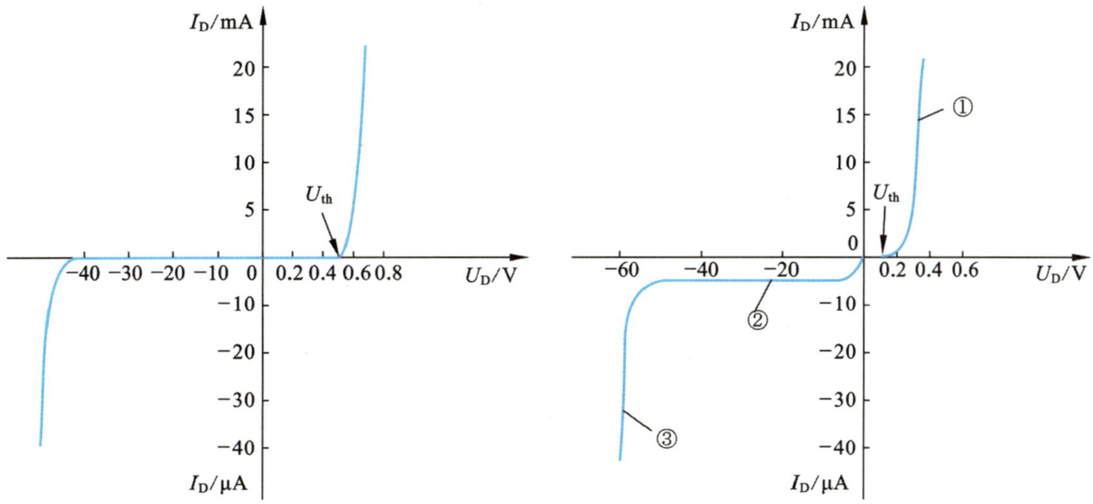

（a）硅二极管 2CP10　　（b）锗二极管 2AP15

图 2.2.2　二极管的伏安特性

1）二极管的正向特性

如图 2.2.2（b）中第 ① 段所示，加于二极管的正向电压只有零点几伏，但流过管子的电流却很大，因此管子呈现的正向电阻很小。

在起始部分，由于正向电压较小，外电场还不足以克服 PN 结的内电场，这时的正向电流几乎为 0。

硅管的门坎电压 U_{th} 约为 0.5 V，锗管的 U_{th} 约为 0.1 V。当正向电压大于 U_{th} 时，内电场大为削弱，电流迅速增长。

2）二极管的反向特性

如图 2.2.2（b）中第 ② 段所示，P 型半导体中的少数载流子（电子）和 N 型半导体中的少数载流子（空穴），在反向电压作用下很容易通过 PN 结，形成反向饱和电流。

由于少数载流子的数目较少，所以反向电流很小，硅管的反向电流比锗管小得多。

温度升高时，由于少数载流子增加，反向电流将随之急剧增加。

3）二极管的反向击穿特性

如图 2.2.2（b）中第 ③ 段所示，当增加反向电压时，在一定温度条件下，因少数载流子数目有限，故起始一段反向电流没有多大变化。

当反向电压增加到一定大小时，反向电流剧增，这叫作二极管的反向击穿，其原因和 PN 结击穿相同。

3. 二极管的参数

最大整流电流 I_F：长期运行时，允许通过的最大正向平均电流。

反向击穿电压 U_{BR}：反向击穿时的电压值。一般手册上给出的最高反向工作电压约为击穿电压的一半。

反向电流 I_R：未击穿时的反向电流，值愈小，单向导电性愈好。

极间电容：包括势垒电容 C_B、扩散电容 C_D。

4. 二极管的种类

二极管根据制造工艺分类如图 2.2.3 所示。

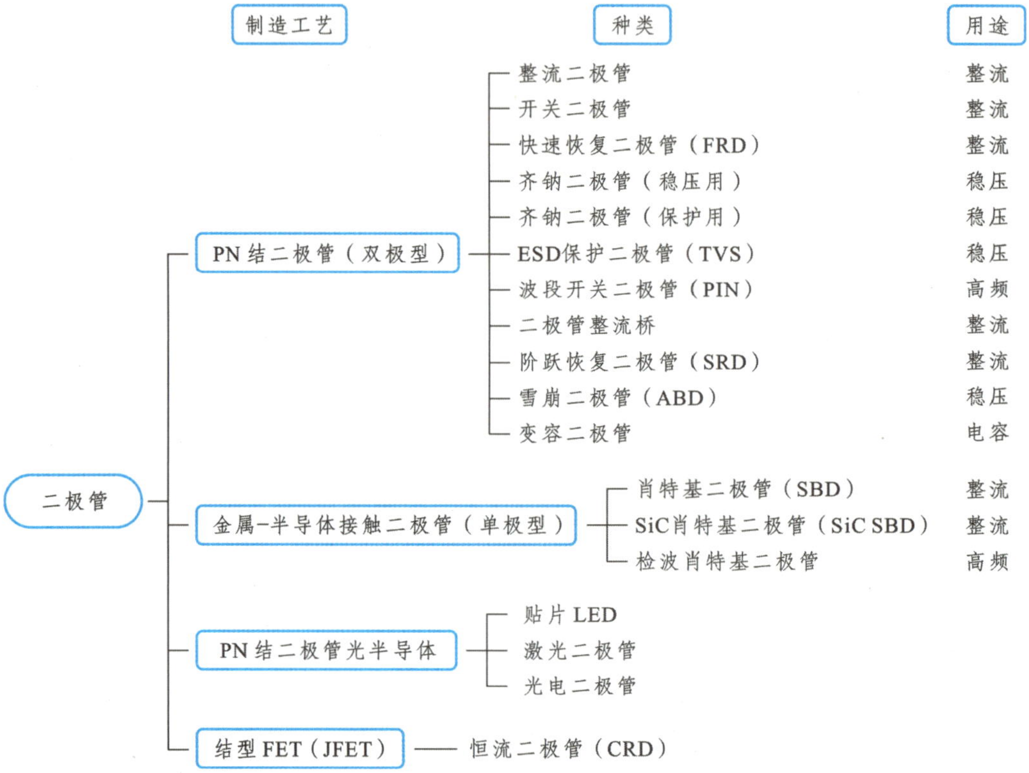

图 2.2.3　二极管的种类

二极管根据封装类型分为通孔插件型和贴片型，如图 2.2.4 所示：

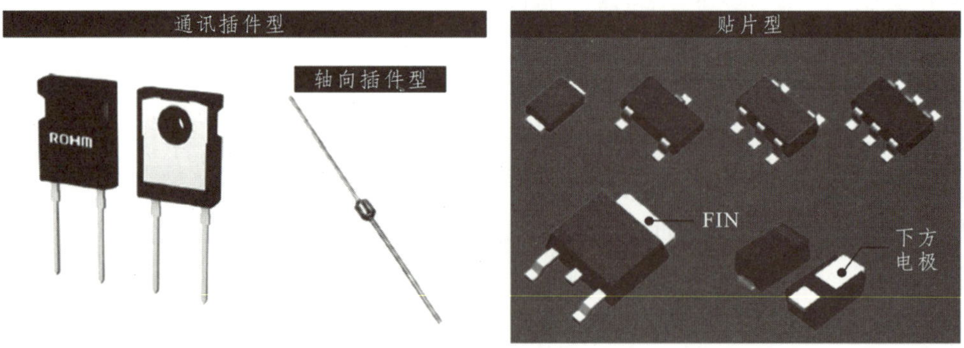

图 2.2.4　通孔插件型和贴片型

5. 常用二极管介绍

接下来对常用二极管的概要予以说明。

1）一般整流二极管

整流二极管能将交流电源 AC 整流后转换为直流电源 DC，便于实现 400 V 和 600 V 的高耐压和 1 A 以上的高电流。

图 2.2.5 表示将交流电源全波整流转换为 DC 的电路和电压波形。输入的正弦波用二极管转换为单向电压，用电容器平滑得到 DC。

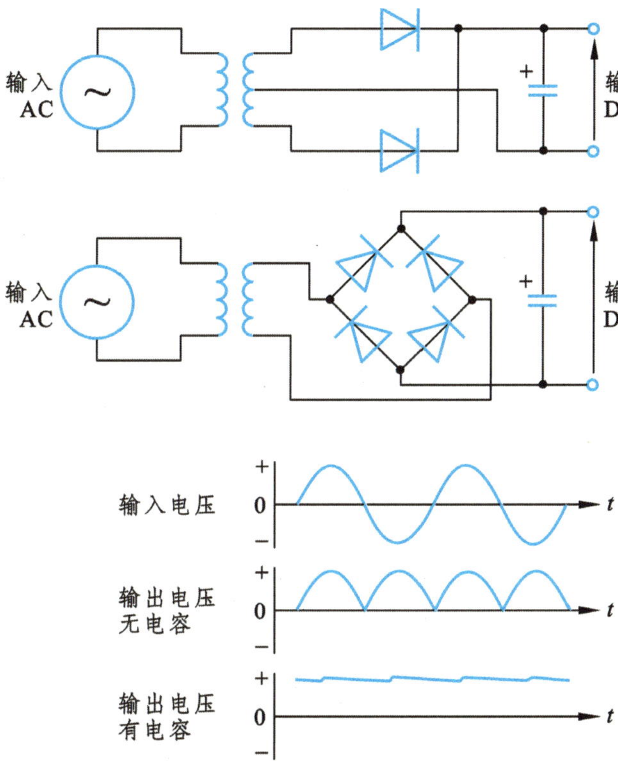

图 2.2.5　一般整流二极管

2）开关二极管

开关二极管在小信号电路中应用十分广泛。目前，市面上存在诸如正向电压低的肖特基势垒二极管、用于保护的二极管以及高频二极管等多种具备特定特性的二极管。正因如此，开关二极管可应用于单纯的开关（逻辑）电路，还能用于控制电路的逆流防止、晶体管放大器的偏压设置以及简易的电压控制电路等。

图 2.2.6 展示的是在简单控制电路中常采用的“或”（OR）连接方式，该连接方式同时兼具防止逆流的功能。

图 2.2.7 是用于保护 IC 等电子设备不受静电影响的简易电压限制电路。

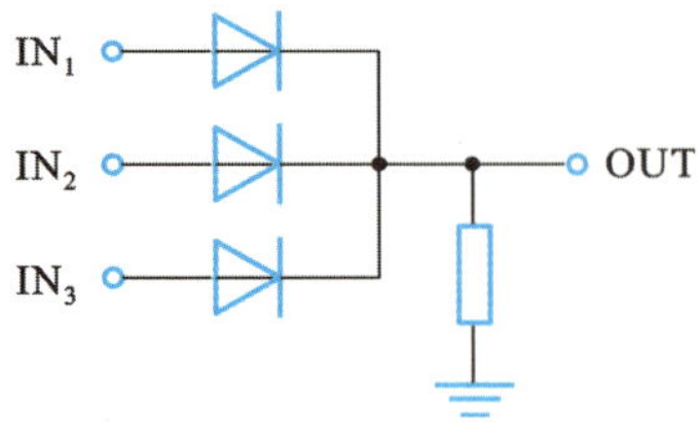

图 2.2.6　或连接

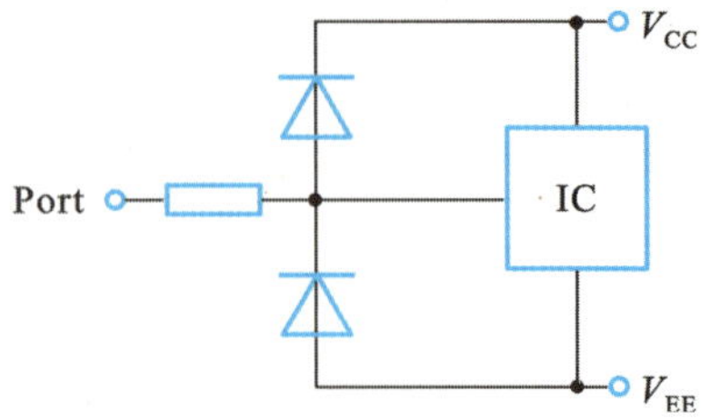

图 2.2.7　简易电压限制电路

3）快恢复二极管（FRD）

在电源频率高于 50 Hz 或 60 Hz 时，若使用普通整流二极管会降低转换效率，此时需选用用反向恢复时间更短的快恢复二极管。

一般的整流二极管，从正偏压切换到反偏压时，N 区域的空穴会返回 P 区域，然而由于回流速度慢，在这期间电流会向反方向流动，进而产生损耗。

FRD 具有反向恢复时间短、正向电压 U_F 高和耐压高的特点，适用于高电压的开关电源。

图 2.2.8 是最简单的升压转换器功率因数校正（PFC）电路，使用 FRD 进行整流。图 2.2.9 为是三相全桥逆变器电路，在诱导性负载开始的环流电流所流经的回路使用 FRD。

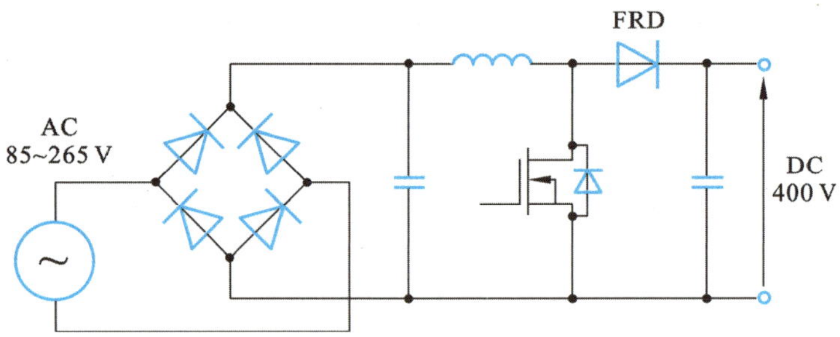

图 2.2.8　升压转换器 PFC 电路

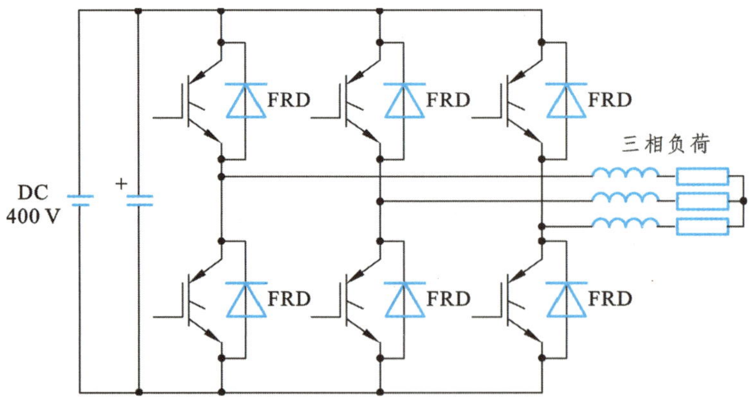

图 2.2.9　三相全桥逆变器电路

4）齐纳二极管

齐纳二极管即使电流变化，两端电压也大致恒定，利用该特征可用于恒压电路，以保护电子器件不受浪涌电流和静电破坏。

一般二极管利用的是其正向特性，而齐纳二极管使用反向特性，如图 2.2.10 所示。

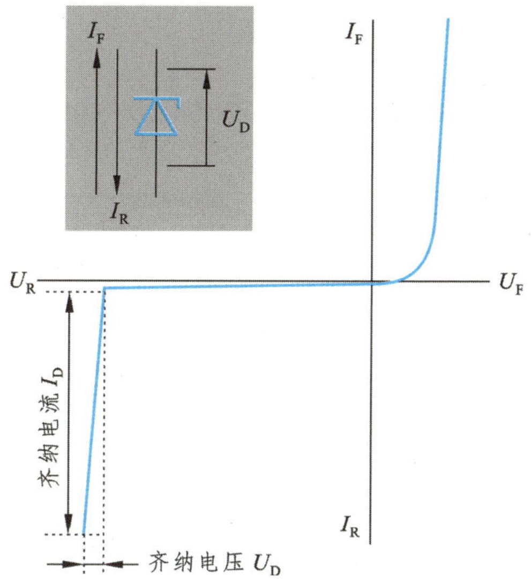

图 2.2.10　齐纳二极管使用反向特性

图 2.2.11 是由运算放大器构成的基准电压发生电路。运算放大器非反相输入的基准电压使用齐纳二极管。由于齐纳二极管具有噪声大的特点，因此不能用于对噪声敏感的电路。而且齐纳电压以 5 V 为目标，在 5 V 以上会进入雪崩击穿区域。与低电压品相比噪声更为显著。另外，该区域二极管的电源阻抗变低，因此即使并联电容器，对噪声的改善效果也微乎其微。

图 2.2.12 呈现的是齐纳二极管作为保护元件，防止电子设备遭受浪涌影响的应用实例。在此电路中，浪涌电压会被钳制在齐纳电压。然而，齐纳二极管无法对波形短促的浪涌脉冲以及大功率浪涌起到有效的保护作用，这种情况下，则需使用 TVS 二极管。

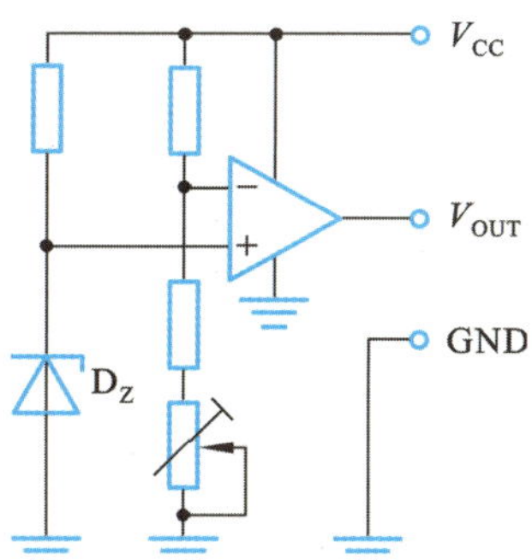

图 2.2.11　基准电压发生电路

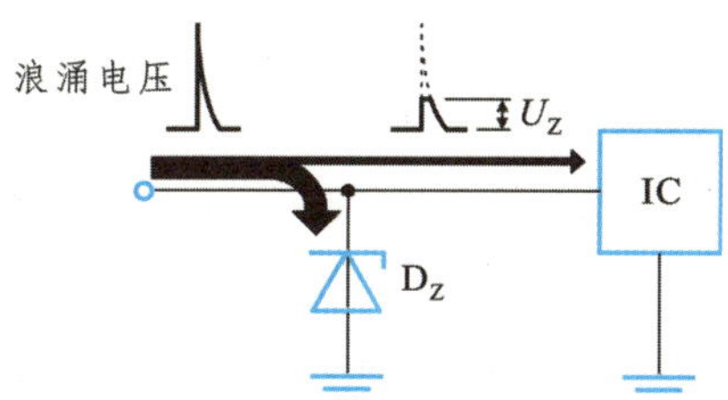

图 2.2.12　保护电子设备电路

5）TVS 二极管

TVS（Transient Voltage Suppresor）二极管是一种用于保护电子器件不受静电和意外浪涌电压影响的二极管。工作原理与齐纳二极管相同，具备耐量保证（Electro-Static Discharge，ESD）耐量保证、高额定电流、低端子间电容等专门用于保护的特性。

如图 2.2.13 所示，将 TVS 二极管与想要保护的电子元件并联配置。电路正常工作时，二极管处于 OFF 状态；施加浪涌等过电压时，将变为 ON 状态，通过将脉冲电流消耗到 TVS，钳制住过电压，保护电路后段。

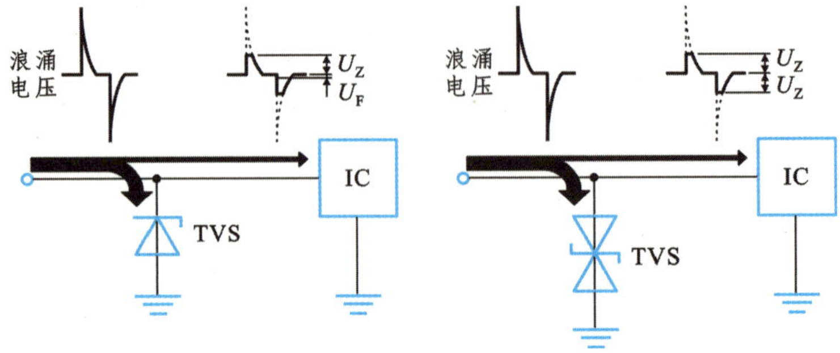

图 2.2.13　TVS 二极管

TVS 二极管分为单向型和双向型，必须根据信号极性选择需要的类型。对于只有正极性（或负极性）的直流电源线路，或者只有 Low 或 High 正极的数字信号，单向型、双向型都可以使用。如果信号具有正负两极，例如非偏置的模拟信号或控制区域网络（Controller Area Network，CAN）通信，则使用双向型。

图 2.2.14 是在各种通信线路上配置 TVS 的示例。由于 TVS 在端子间具有寄生电容，若该电容的容量大，会影响波形，使通信质量下降，因此必须选择适合通信线路频率的电容元件。

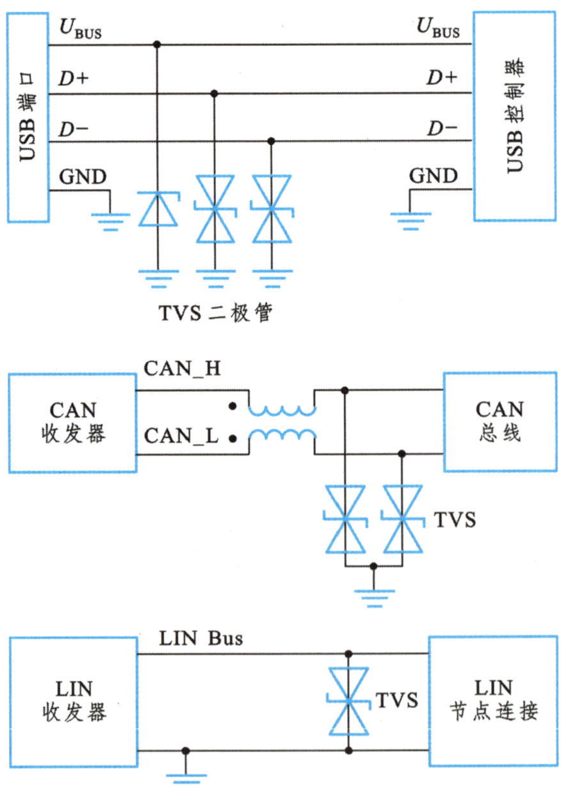

图 2.2.14　各种通信线路上配置 TVS

6）PIN 二极管

PIN 二极管正向时的导通电阻小，根据电流不同，电阻值可以像可变电阻一样变化；反向时则类似低容量电容器。由于其端子间电容小，适用于高频电路。

图 2.2.15 是 Π 型衰减器电路，通过改变二极管电流，电阻值会发生变化，衰减量也会发生变化。

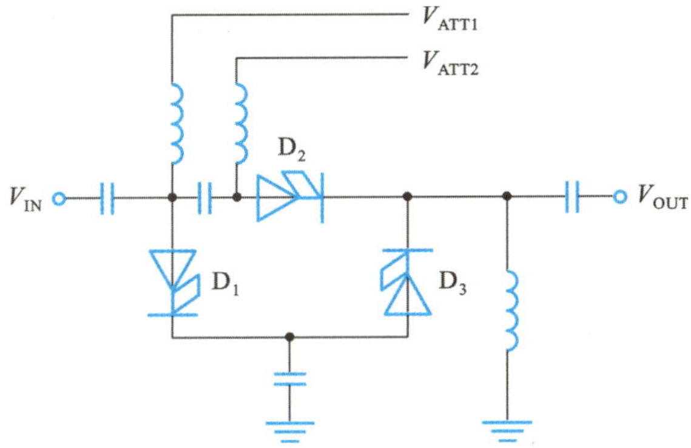

图 2.2.15　Π 型衰减器电路

图 2.2.16 是科耳皮兹振荡器的电路，使用 PIN 二极管作为切换振荡频率的开关。

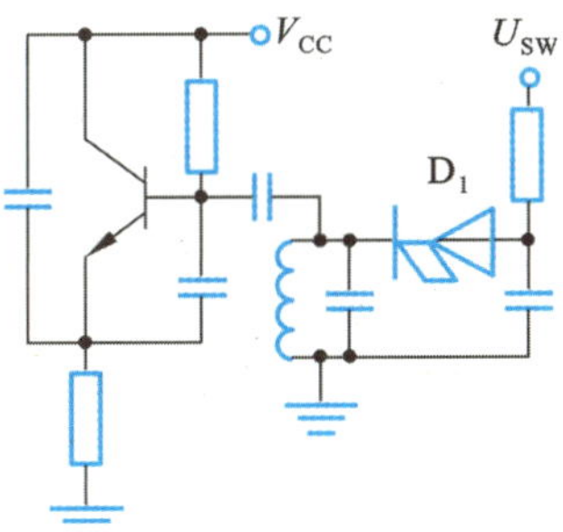

图 2.2.16　科耳皮兹振荡器电路

7. 肖特基势垒二极管（SBD）

一般的二极管通过 PN 结获得二极管特性，而 SBD 利用的则是金属和半导体的接合产生的肖特基势垒来实现其特征。

与一般 PN 结二极管相比，SBD 具有正向电压 U_F 低、反向恢复时间 t_{rr} 短的特点。另一方面，它的反向电流 I_R 很大，在某些条件下可能引发热失控现象，使用时务必加以注意。

由于 SBD 的 U_F 低，所以适用于对效率要求高的 DC-DC 转换器和 AC-DC 转换器，典型应用包括 IC 端子保护等。但是，因其耐压比 FRD 低，所以主要应用于电路的二次侧。

SBD 的特性根据势垒金属的种类不同而有所差异。表 2.2.1 展示了 3 种金属（A、B、C）制成的 SBD 的特征和适用的场景。

使用金属 A 制成的 SBD，其显著特点是 U_F 非常低，但 I_R 比其他金属制成的 SBD 更大。这导致其发热量大，其周围环境较高时，极易引起热失控，因此不适合在高温环境下使用。然而，由于其 U_F 低，导通损耗少，电压降也比较小，因此适用于电池为电源的设备。

使用金属 B 制成的 SBD，U_F 和 I_R 特性较为平衡，常用于 DC-DC 转换器等开关电路。

使用金属 C 制成的 SBD，其 I_R 非常小，发热很少，所以适合在高温环境下使用。

表 2.2.1 每种金属的特征和适用的应用

金属	特 征	特 性				适用的场景
		U_F	I_R	t_{rr}	高温	
A	超低 U_F	★★★★	★	★★★	★	电池-电源机器
B	低 U_F 低 I_R 平衡型	★★★	★★	★★★	★★	DC-DC 转换器 AC-DC 转换器
C	超低 I_R	★★	★★★	★★★	★★★	高温环境
一般整流二极管		★	★★★★	★	★★★★	通用
备注：U_F—正向电压；I_R—反向电流；t_{rr}—反向恢复时间； ★是定性的指标，数量越多表示性能越好						

PN 结的普通整流二极管 I_R 小，大部分情况下是可以忽略的值。与此相对，SBD 存在不可忽视的 I_R，这是使用 SBD 的要点。

图 2.2.17 是以电池为电源的升压 DC-DC 转换器电路，使用 SBD 作为异步续流二极管。

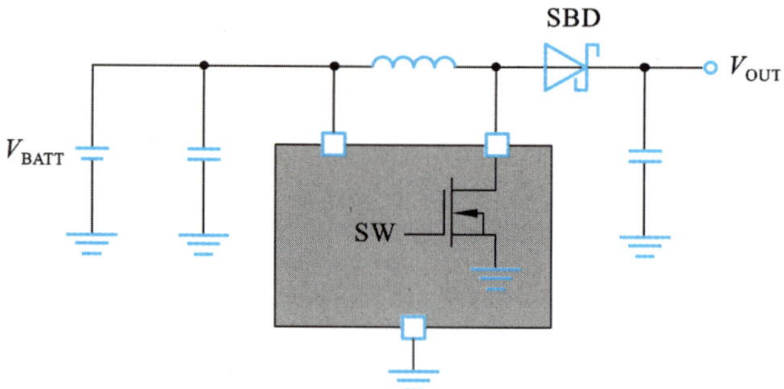

图 2.2.17 升压 DC-DC 转换器电路

图 2.2.18 是异步降压 DC-DC 转换器电路，使用 SBD 作为续流二极管。

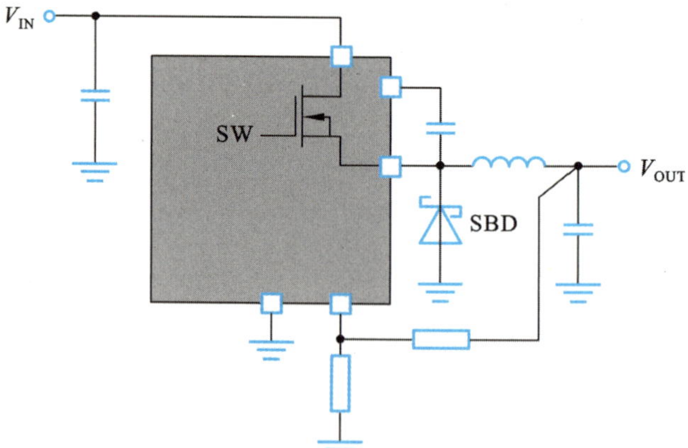

图 2.2.18 异步降压 DC-DC 转换器电路

图 2.2.19 是反激式 AC-DC 转换器，二次侧整流二极管使用 SBD。

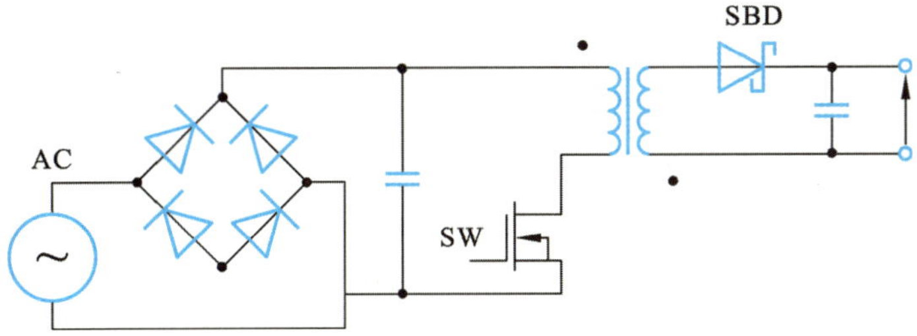

图 2.2.19　反激式 AC-DC 转换器

8. 检波用肖特基势垒二极管

若要检测高频的微弱信号，就需要降低端子间电容和正向电压 U_F。然而，要降低端子间电容必须减小芯片尺寸，而降低 U_F 需要增大芯片尺寸，这两者之间存在权衡折中的关系。检波用 SBD 便是针对这些条件进行优化的产品。

一般情况下，普通 SBD 的端子间电容在 10 pF 以上，而检波用 SBD 的端子间电容则大致在 1 pF 以下。并且，由于该二极管用于检波，所以规定其正向电流为 1 mA 这样的小数值，最大电流也仅在 10 mA 左右。另外，较低的 U_F 意味着其反向电流 I_R 较大。

图 2.2.20 是高频检波电路，由 SBD 和后段的 R、C 进行峰值检波。

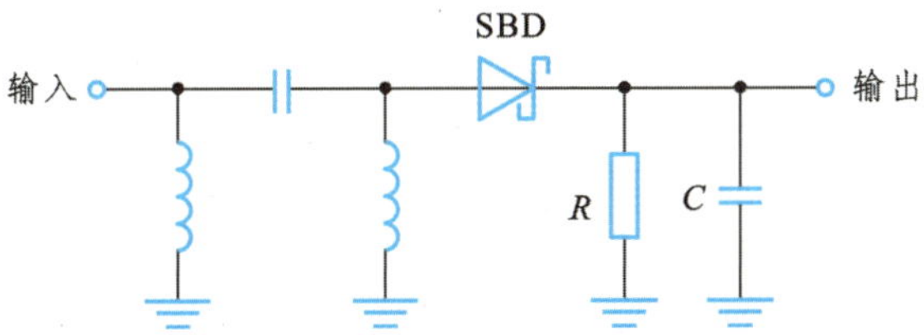

图 2.2.20　高频检波电路

9. SiC 肖特基势垒二极管（SiC SBD）

作为高速型的肖特基势垒二极管（SBD），传统的硅（Si）基 SBD 通常最大耐压仅约 200 V，与之相比，碳化硅（SiC）基 SBD 实现了 1 200 V 的高耐压。当前，在高速、高耐压二极管领域，以 PN 结结构的快速恢复二极管（FRD）为主流产品。不过，若将其替换为 SiC SBD，能够显著降低开关动作时的恢复损耗。

图 2.2.21 展示的是由升压转换器构建的最简功率因数校正（PFC）电路，该电路中的整流环节采用的是 SiC SBD。

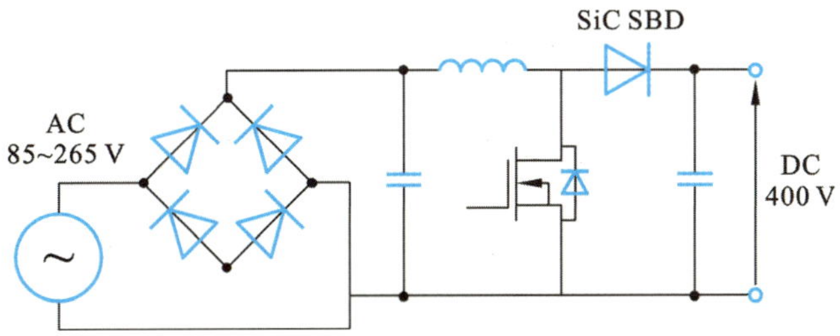

图 2.2.21　简单的 PFC 电路

10. 发光二极管（LED）

LED（Light Emitting Diode）是一种有电流流动时会发光的光半导体器件。由于它能将电能直接转化为光能，因此具有光能转换效率高的特点。通过不同半导体化合物的组合，可以制造出多种多样的 LED，这使得它在众多领域都有广泛应用。

图 2.2.22 所示为 LED 驱动电路。左边是最为简单的通过电阻来确定电流的电路，右边则是恒流驱动电路。

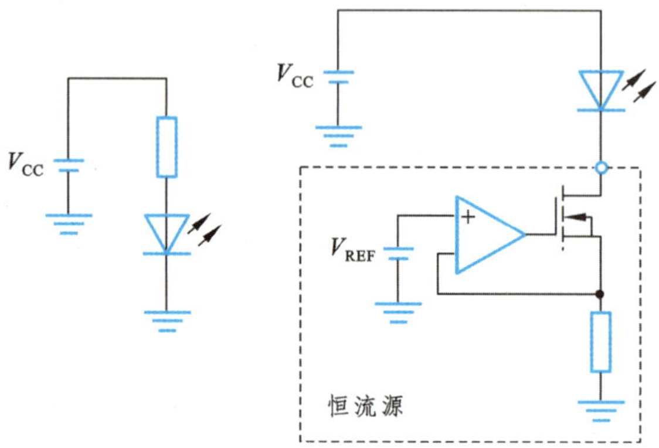

图 2.2.22　LED 驱动电路

11. 半导体激光器（激光二极管）

半导体激光器，也就是人们常说的激光二极管，属于光半导体器件。“LASER”是“Light Amplification by Stimulated Emission of Radiation（受激辐射光放大）”的英文首字母缩写。它基于流经电流所发出的光的受激辐射原理，能够产生相位一致的强光。相较于同类型发光元件的发光二极管（LED），半导体激光器具有波长光谱宽度窄、相位一致以及指向性极强的特性。

在实际应用方面，半导体激光器广泛应用于诸多领域，例如自动驾驶和机器人吸尘器所搭载的激光雷达（LiDAR，Light Detection And Ranging）、激光打印机、运动传感器、3D 扫描仪、CD/DVD 播放器、条形码读取器以及 PM2.5 检测传感器等。

图 2.2.23 展示的是电流共振型驱动电路，该电路具备适配激光雷达（LiDAR），实现短脉冲高输出的特点。

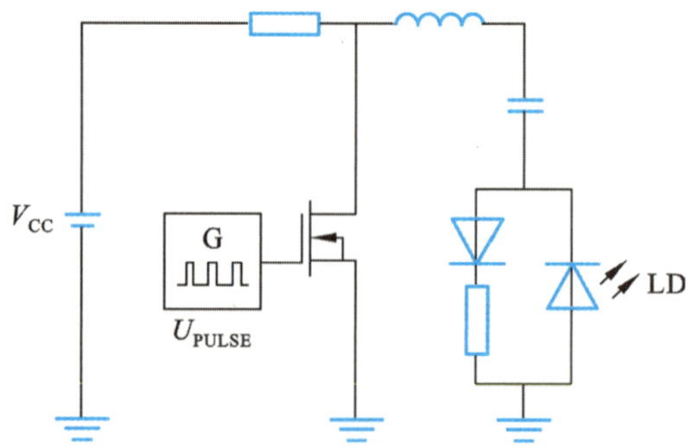

图 2.2.23　电流共振型的驱动电路

图 2.2.24 是电流保持固定的 ACC（Automatic Current Control）型驱动电路。

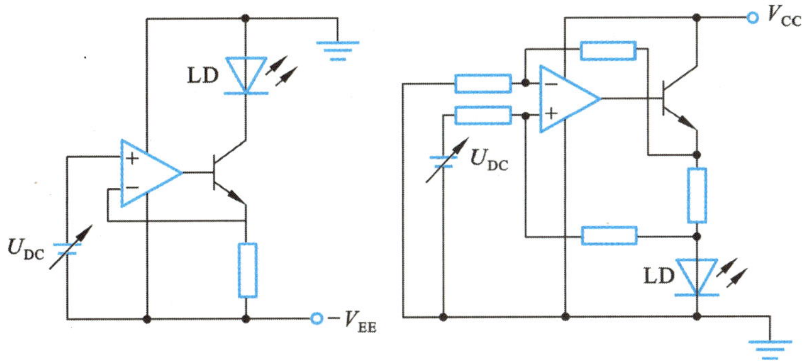

图 2.2.24　电流保持固定的 ACC 型驱动电路

7. 二极管特性测试

M104 板卡上集成了大部分各类型二极管，包括通用一般二极管、开关二极管、肖特基二极管、齐纳二极管、整流二极管、高频二极管、硅光二极管、发光二极管等。首先对二极管有初步印象及认识，然后使用万用表进行测量，测量示意如图 2.2.25 所示。

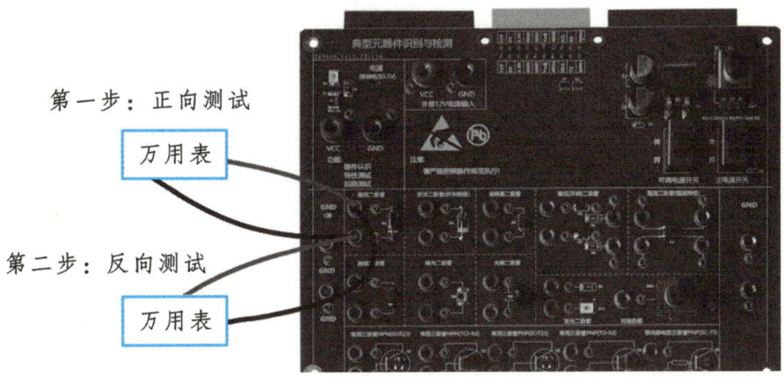

图 2.2.25　连线示意

（1）线路连接：

正向测试时，将万用表红色表笔（正极）连接到二极管 D_5 的上方测试点，黑色表笔（负极）连接到下方测试点。

反向测试时，将万用表黑色表笔（负极）连接到二极管 D_5 的上方测试点；红色表笔（正极）连接到下方测试点。

（2）将功能量程开关拨到二极管测量挡位。

（3）将红表笔插入“VΩ”插孔，黑表笔插入“COM”插孔，并将两支表笔笔尖分别接触 PN 结的两个端点，如图 2.2.26 所示。

（4）如果被测二极管开路或极性反接时，将会显示“OL”。对硅 PN 结而言，正常情况下测量得到的数值大约在 0.5 ~ 0.8 V。当读数显示时，瞬间会听到蜂鸣器发出“滴”的一声响，表笔短路时，这会发出长鸣声响。

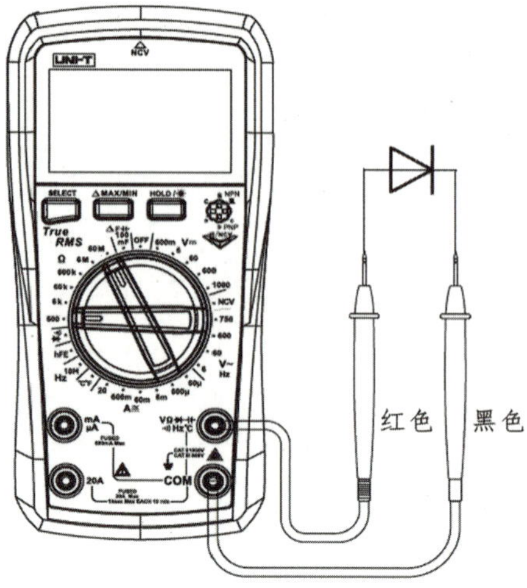

图 2.2.26　测量二极管

将测量结果填入表 2.2.2。

表 2.2.2　测量结果

二极管类型	通用二极管	开关二极管	肖特基二极管	齐纳二极管	整流二极管	高频二极管	硅光二极管	光敏二极管	发光二极管
正向测量仪表显示									
反向测量仪表显示									
二极管好坏（√或 ×）									

2.2.2　二极管基本分析方法

二极管作为一种非线性器件，通常需要运用非线性电路的分析方法来处理二极管电路。

理想模型如图 2.2.27 所示，当二极管处于正向偏置状态时，可将其管压降视为 0 V；而当二极管处于反向偏置状态时，可认为其电阻无穷大，此时电流为零。图中的虚线代表实际二极管的伏安（*U*-*I*）特性。

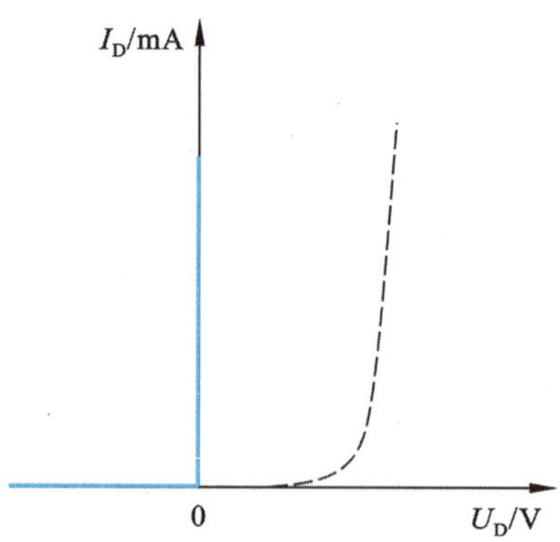

图 2.2.27　二极管的理想模型

在实际电路中，若电源电压远大于二极管的管压降，那么采用这种近似方法进行分析是切实可行的。

1. 恒压降模型

基本思路是当二极管导通后，其管压降认为是恒定的，且不随电流而变，典型值为 0.7 V。不过，这只有当二极管的电流 I_D 近似等于或大于 1 mA 时才是正确的。

该模型如图 2.2.28 所示，提供了合理的近似，因此应用也较广。

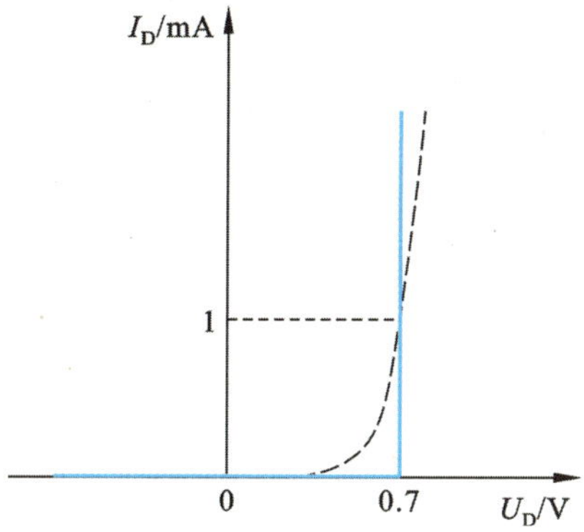

图 2.2.28　恒压降模型

2. 小信号模型

如果二极管在它的伏安特性的某一小范围内工作，如在静态工作点 Q（即伏安特性上的一个点，$U_D=\Delta U_D$，$I_D=\Delta I_D$）附近工作，则可把伏安特性看成一条直线，如图 2.2.29 所示，其斜率的倒数就是所要求的小信号模型的微变电阻 R_D。

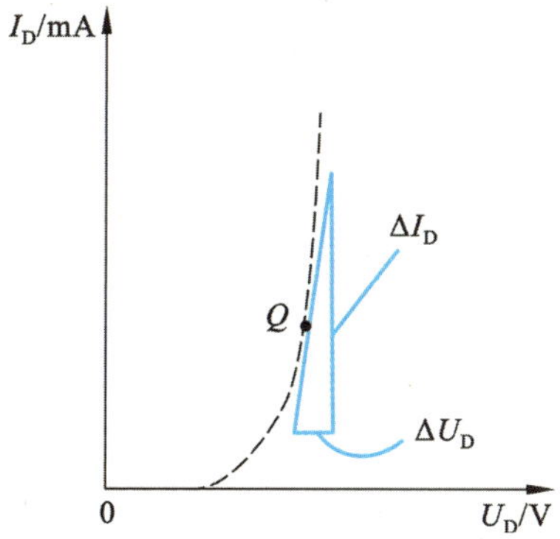

图 2.2.29　小信号模型

3. 折线模型

为了较真实地描述二极管伏安特性，认为二极管的管压降不是恒定的，而是随着流过二极管电流的增加而增加，所以在模型中用一个电池和一个电阻 R_D 来作进一步的近似，如图 2.2.30 所示。

电池的电压选定为二极管的门槛电压 U_{th}，约为 0.5 V。当二极管的导通电流为 1 mA 时，管

压降为 0.7 V，则 R_D 的值为

$$R_D = \frac{0.7\ \text{V} - 0.5\ \text{V}}{1\ \text{mA}} = 200\ \Omega$$

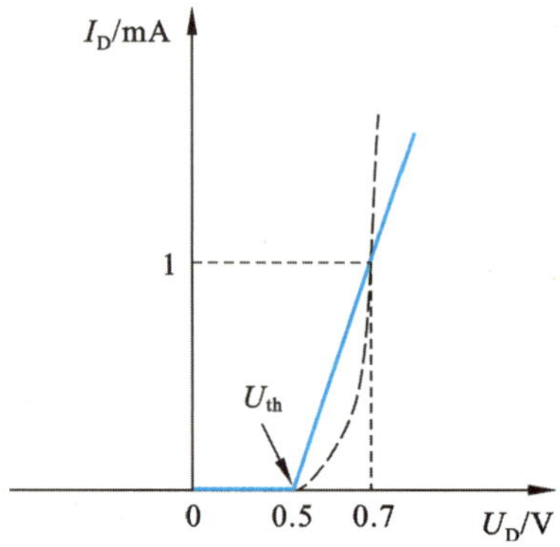

图 2.2.30　折线模型

2.2.3　二极管电路测试

1. 二极管保护电路

M201 板卡上的二极管保护电路如图 2.2.31 所示，其中 D_2 为保护二极管，D_{30} 为发光二极管，R_4 为限流电阻。

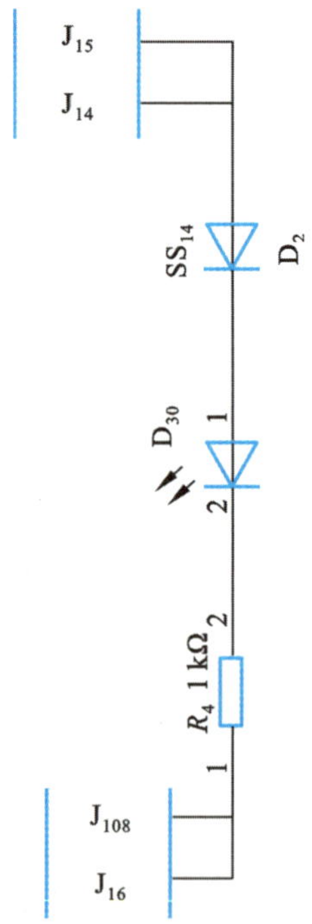

图 2.2.31　二极管保护电路

当该电路施加正向电压时，由二极管的单向导通性可知，D_2 二极管导通，D_{30} 发光二极

管导通发光；当该电路施加反向电压时，D_2二极管及D_{30}发光二极管均截止，发光二极管熄灭。利用二极管的单向导通性可以很好地防止输入电源反接等情况，达到电路保护的目的。

按照上述描述，使用导线连接V_{CC}、GND到该电路中，观察现象。

2. 二极管逻辑电路

1）二极管逻辑或门

M201板卡上的二极管逻辑或门电路原理如图2.2.32所示。

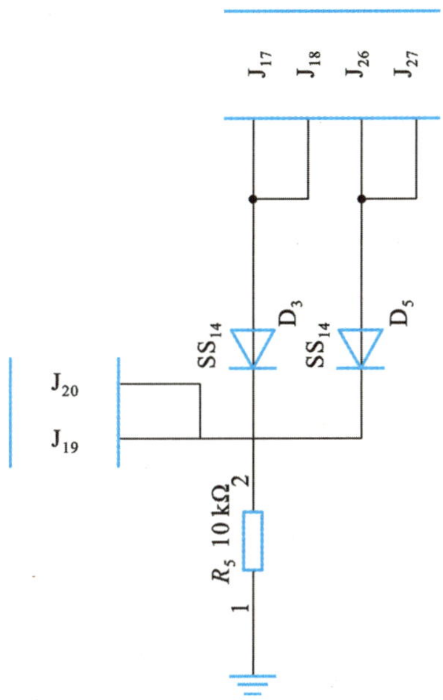

图 2.2.32　二极管逻辑或门电路

二极管的单向导通性可知，当J_{17}/J_{18}输入高电平时D_4二极管导通，J_{19}/J_{20}为高电平，或当J_{26}/J_{27}输入高电平时D_5二极管导通，J_{19}/J_{20}为高电平，或J_{17}/J_{18}、J_{26}/J_{27}均输入高电平时，J_{19}/J_{20}亦为高电平。反之，当J_{17}/J_{18}与J_{26}/J_{27}均输入低电平时，二极管截止，R_5上电压为0 V，J_{19}/J_{20}为低电平。

由此可得或门真值表2.2.3。

表 2.2.3　或门真值表

A	*B*	*Y*
0	0	0
0	1	1
1	0	1
1	1	1

按照上述描述，分别对J_{17}/J_{18}、J_{26}/J_{27}连接板载V_{CC}或GND，模拟输入高、低电平，使用万用表测量J_{19}/J_{20}处电压，观察现象。

2）二极管与门电路

M201 板卡上的二极管逻辑与门电路原理如图 2.2.33 所示。当电路的两个输入 J_{21}/J_{22}、J_{28}/J_{29} 输入都是高电平时，由二极管的单向导通性可知，两个二极管均截止，因此电阻 R_6 上没有电流，压降为 0 V，输出 J_{23}/J_{24} 为 5 V_ADJ，即高电平。

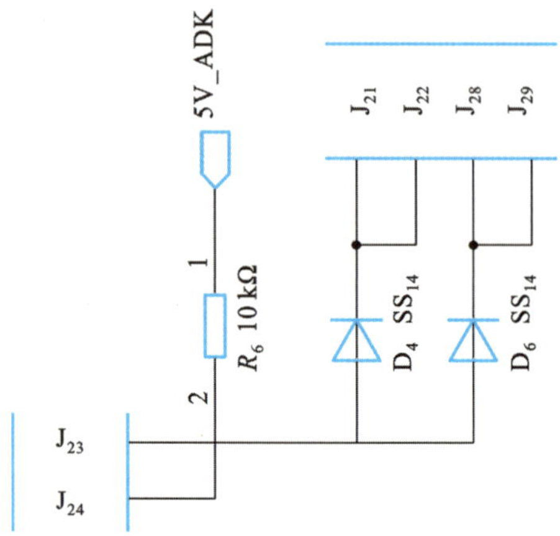

图 2.2.33　二极管逻辑与门电路

当电路的两个输入 J_{21}/J_{22}、J_{28}/J_{29} 有任意一个为低电平时，电路中总有一个二极管导通，则相当于输出 J_{23}/J_{24} 经二极管接地，因此输出为低电平。

由此可得与门真值表 2.2.4。

表 2.2.4　与门真值表

A	*B*	*Y*
0	**0**	**0**
0	**1**	**0**
1	**0**	**0**
1	**1**	**1**

按照上述描述，分别对 J_{21}/J_{22}、J_{28}/J_{29} 连接板载 V_{CC} 或 GND，模拟输入高低电平，使用万用表测量 J_{23}/J_{24} 处电压，观察现象。

3. 二极管整流电路

1）半波整流电路

M201 板卡上的半波整流电路如图 2.2.34 所示。其中 J_{46}/J_{47} 与 J_{60} 构成输入信号通道，J_{49}/J_{48} 与 J_{61} 构成输出信号通道，R_{22} 为负载电阻，实际电路中该负载有可能为二级电子电路。

使用信号发生器产生频率为 50 Hz、高电平为 2.5 V、低电平为-2.5 V 的正弦信号，并连接到本电路的输入端，使用双踪示波器通道 1 连接本电路的输入端，通道 2 连接本电路的输出端。

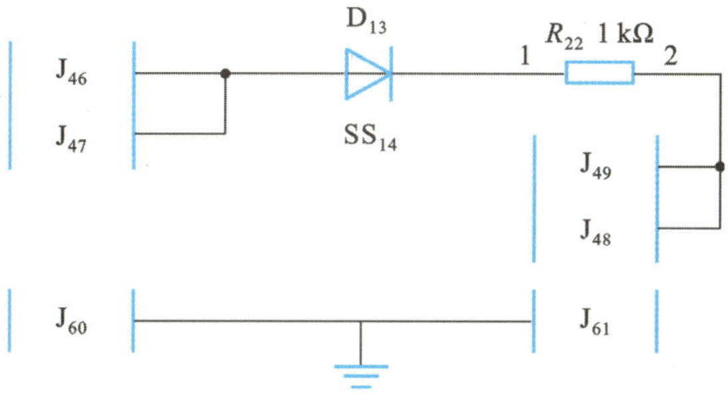

图 2.2.34　半波整流电路

信号发生器设置如图 2.2.35 所示。

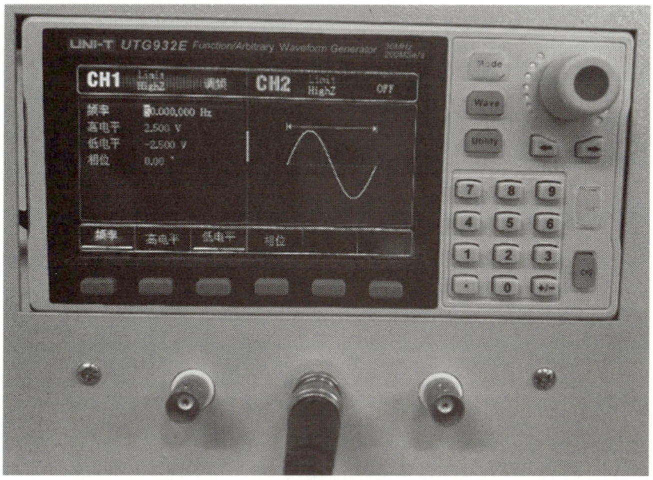

图 2.2.35　信号发生器设置

可在示波器上看到输入信号与输出信号，如图 2.2.36 所示。

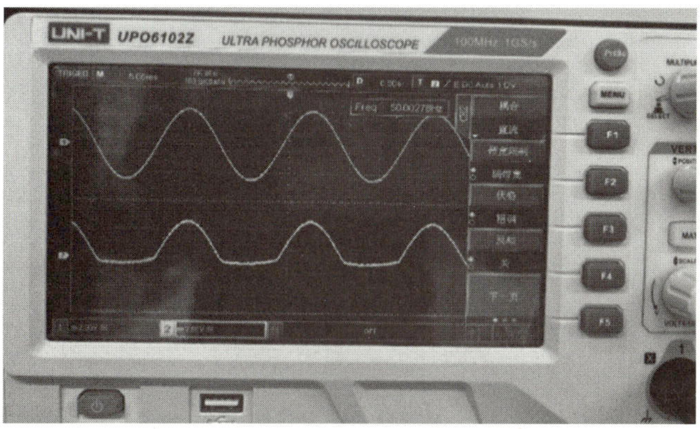

图 2.2.36　输入信号与输出信号

半波整流电路工作过程如图 2.2.37 所示，下面对其进行分析。

在正半周时，交流输入电压使二极管正极上的电压高于地线的电压，二极管的负极通过 R 与地端相连，这样二极管正极电压高于负极电压，由于交流输入电压足够大，二极管处于正向偏置状态，二极管导通。

二极管导通后，电路中有电流流过二极管和负载电阻 R，其电流回路是：二极管正极→二极管负极→电阻 R→地线，通过交流电压源内部构成回路。

交流输入电压变化到负半周之后，交流输入电压使二极管正极电压低于它的负极电压（二极管正极电压为负，负极接地电压为零，负比零更小），所以二极管在负半周电压的作用下处于反向偏置状态，此时二极管截止，相当于开路，电路中无电流流动，R 上也无压降。这样，在输入电压为负半周期间，整流电路的输出电压为零。

交流输入电压下一个周期期间，第二个正半周电压到来时，整流二极管再次导通，负半周电压到来时，二极管再度截止，如此不断导通、截止。

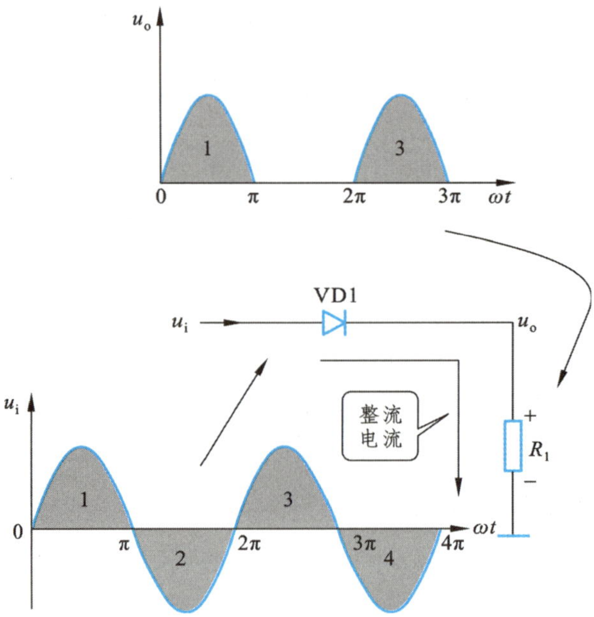

图 2.2.37　半波整流电路分析

2）全波整流电路

M201 板卡上的全波桥式整流电路如图 2.2.38 所示。

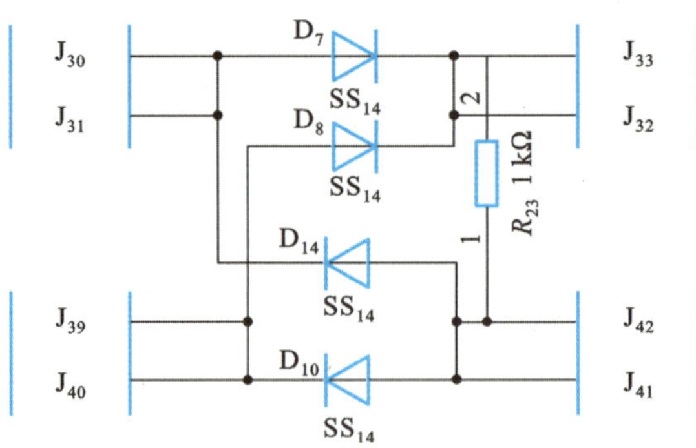

图 2.2.38　全波桥式整流电路

整流电路工作过程如图 2.2.55 所示，给输入端输入交流信号，如正弦信号，那么：

（1）在电源正半周时，IN + 为正，IN –为负，整流二极管 D_1 和 D_4 导通，电流回路为：IN + →D_1→R_1→D_4→IN–。

（2）在电源负半周时，IN + 为负，IN–为正，整流二极管 D_2 和 D_3 导通，电流回路为：IN– →D_3→R_1→D_2→IN + 。

（3）R_1 两端的电压始终是上正下负。

因此，得到整流电路的输入波形与输出波形，如图 2.2.39 所示。

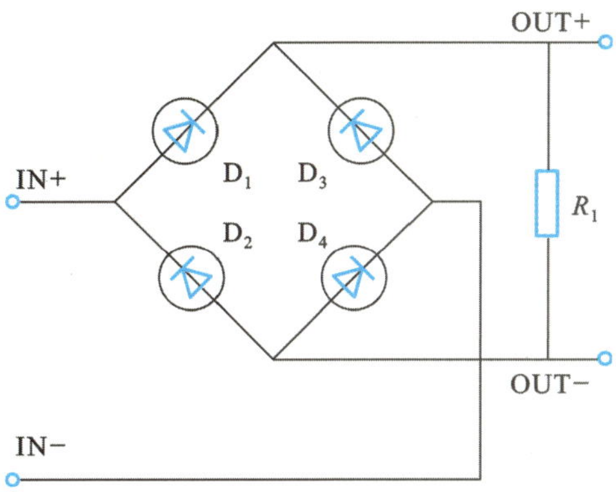

图 2.2.38　全波整流电路图

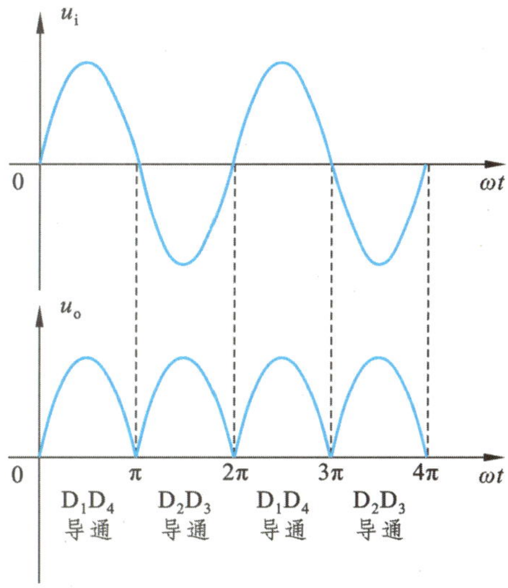

图 2.2.39　输入波形与输出波形

使用信号发生器产生频率为 50 Hz、高电平为 2.5 V、低电平为–2.5 V 的正弦信号，并连接到本电路的输入端，使用示波器通道 1 连接本电路的输出端。

信号发生器设置如图 2.2.40 所示。

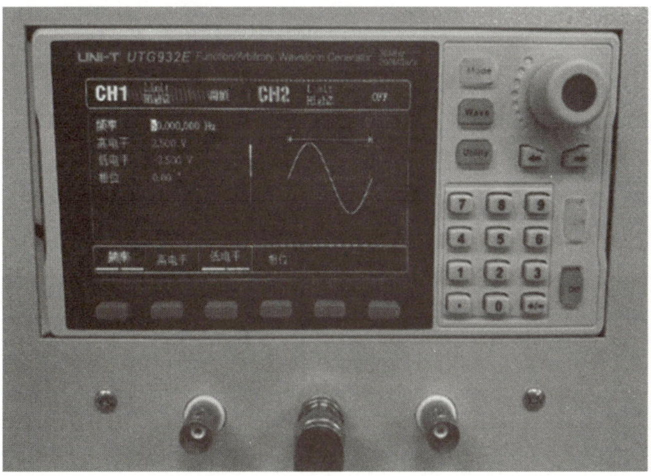

图 2.2.40　信号发生器设置

如图 2.2.41 所示，示波器可见输出信号与预期一致，其负半周的信号翻转到正半周，实现了全波整流。

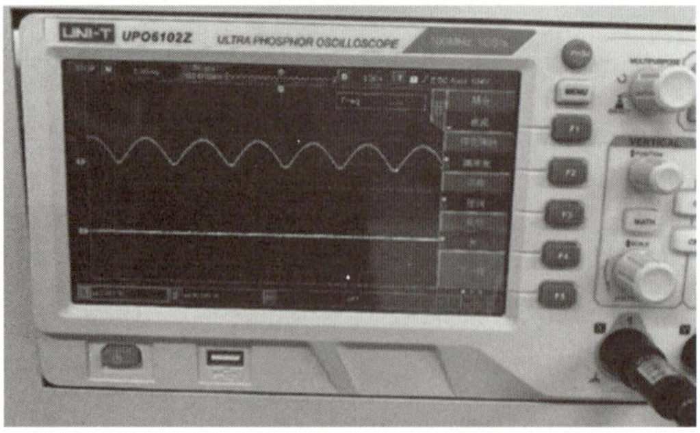

图 2.2.41　输出波形

4. 二极管限幅电路

M201 板卡上的二极管限幅电路如图 2.2.42 所示。其中 J_{53}/J_{54} 与 J_{64}/J_{66} 为电路输入端，J_{55} 与 J_{65} 为电路输出端。

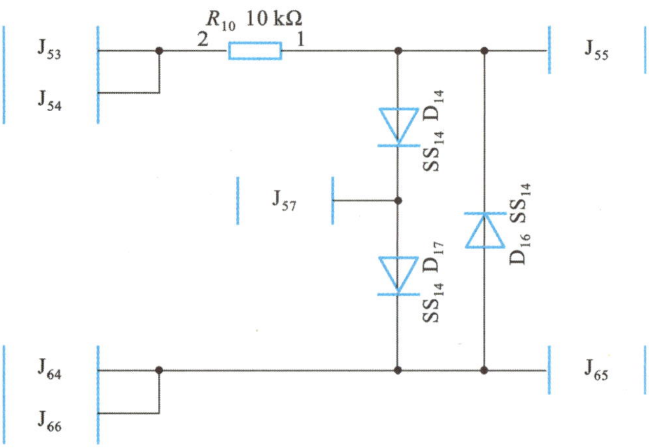

图 2.2.42　二极管限幅电路

二极管限幅电路工作过程如图 2.2.43 所示，使用交流信号输入电路，使用的二极管为 SS14 锗二极管，正向压降为 0.2 ~ 0.3 V。由二极管单向导通性可知，当信号为正半周且电压值大于二极管正向导通电压时，D_{14} 与 D_{17} 二极管正向导通，D_{16} 二极管截止，D_{14}、D_{17} 两个二极管串联，输出信号电压值被限制在 2 倍二极管压降。当信号为负半周且电压值大于二极管正向导通电压时，D_{14}、D_{17} 两个二极管截止，D_{16} 二极管导通，则输出信号被限制在 1 倍二极管压降。

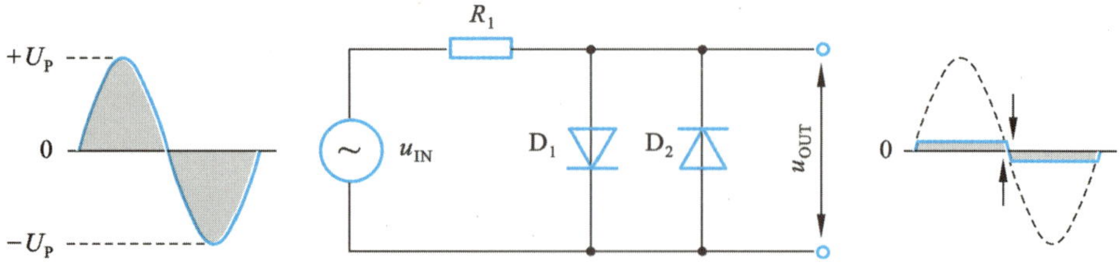

图 2.2.43　二极管限幅电路分析

使用信号发生器产生频率为 50 Hz、高电平为 2.5 V、低电平为−2.5 V 的正弦信号，并连接到本电路的输入端，使用双踪示波器通道 1 连接本电路的输入端，通道 2 连接本电路的输出端。

信号发生器设置如图 2.2.44 所示。

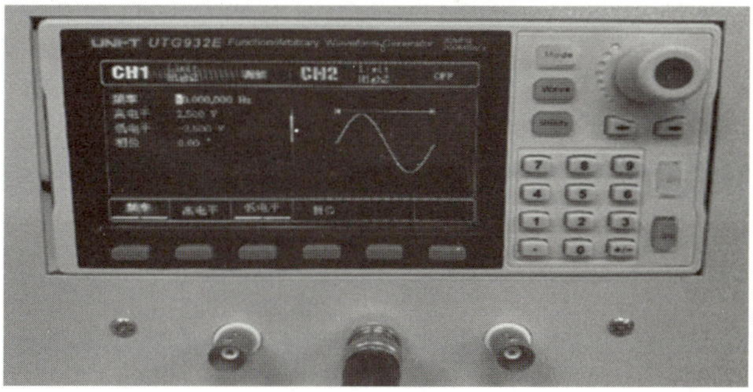

图 2.2.44　信号发生器设置

示波器显示界面如图 2.2.45 所示，输出信号被限制在–0.25 ~ 0.5 V 范围内，与预期一致。

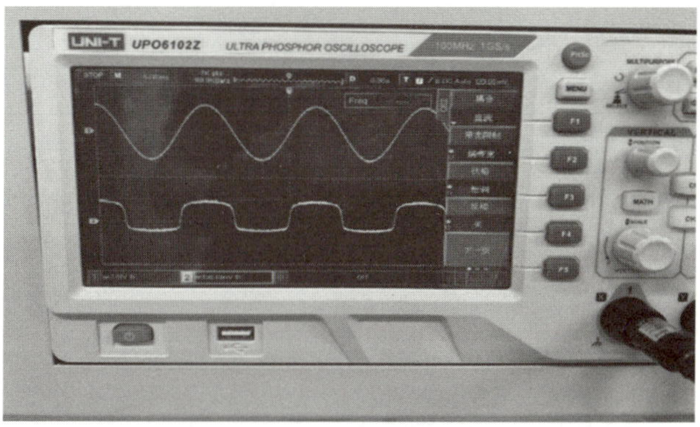

图 2.2.45　示波器显示界面

5. 二极管钳位电路

所谓钳位，指的是通过特定手段，将信号强制性地限制在某一电位水平，从而实现抬高或降低信号基准电位的目的，且在此过程中，原信号的波形不会发生改变。

M201 板卡上的二极管钳位电路如图 2.2.46 所示，J_{67}/J_{68} 与 J_{80}/J_{82} 构成电路的输入端，J_{69} 与 J_{81} 构成电路的输出端。

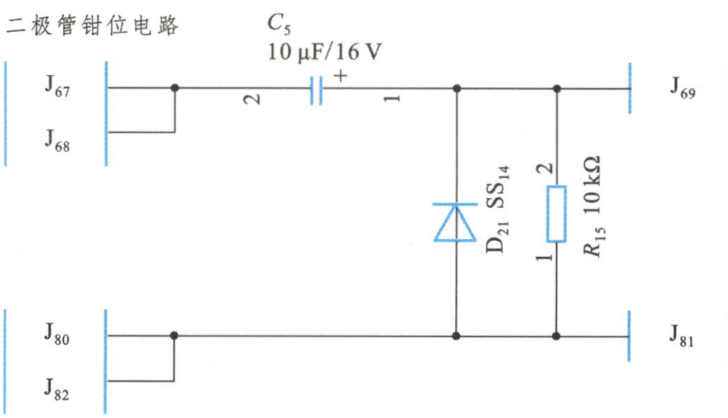

图 2.2.46　二极管钳位电路

正向钳位电路工作过程如图 2.2.47 所示：

当输入信号在负半周时，信号极性为下正上负，二极管导通，电流路径如线路②所示。电容 C 很快被充电至和输入电压一致，电压极性为左负右正，因二极管钳位，理想状态下输出电压为 0，但实际输出会有一个约为 0.7 V 的管压降。

当输入信号在正半周时，信号极性为上正下负，电流路径如线路①所示。电容 C 的电压极性为左负右正，所以电容电压会和输入电压叠加后（类似电池串联），加到二极管的正极，此时二极管截止，所以输出电压等于输入电压的半周加上电容上的电压。

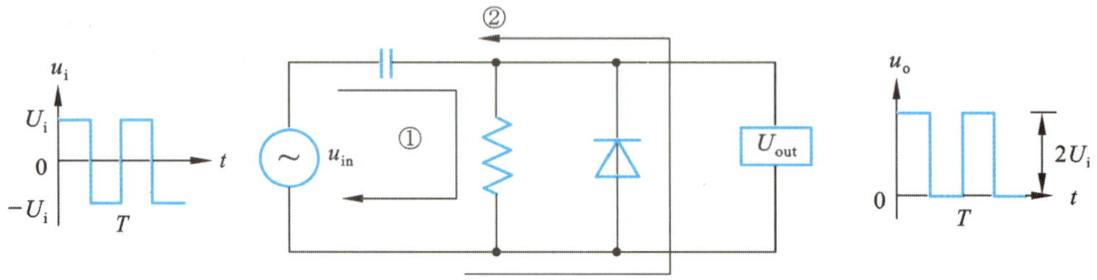

图 2.2.47　二极管钳位电路分析

使用信号发生器产生频率为 50 Hz、高电平为 2.5 V、低电平为–2.5 V 的正弦信号，并连接到本电路的输入端，使用双踪示波器通道 1 连接本电路的输入端，通道 2 连接本电路的输出端。

信号发生器设置如图 2.2.48 所示。

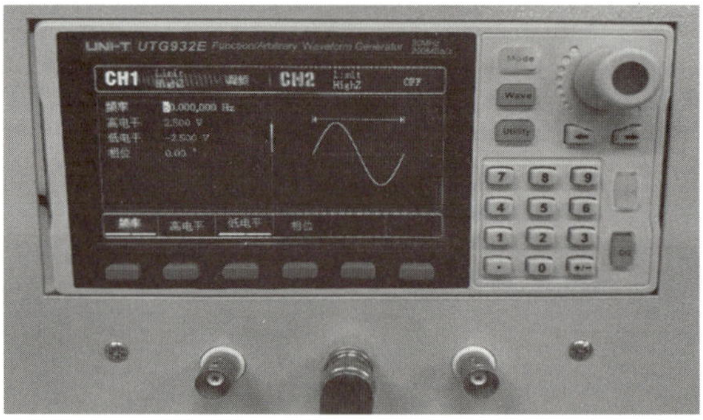

图 2.2.48　信号发生器设置

示波器显示界面如图 2.2.49 所示，可见波形被全部钳位在正半周，且波形不变，与预期一致。

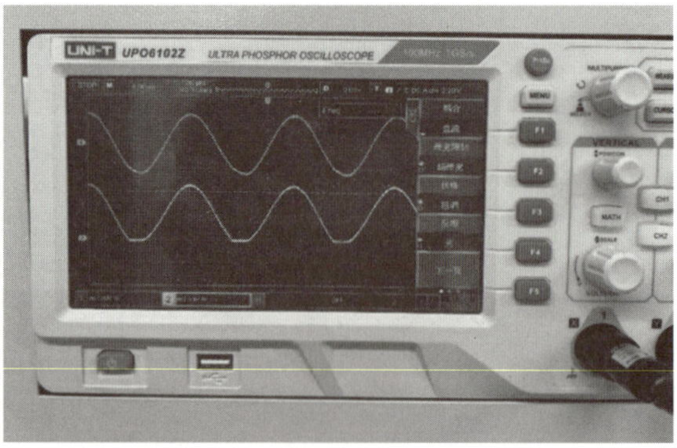

图 2.2.49　示波器显示界面

6. 二极管倍压电路

M201 板卡上的二极管倍压电路如图 2.2.50 所示。J_{70}/J_{71} 与 J_{83}/J_{85} 构成电路的输入端，J_{74}/J_{73} 与 J_{86}/J_{84} 构成电路的输出端。

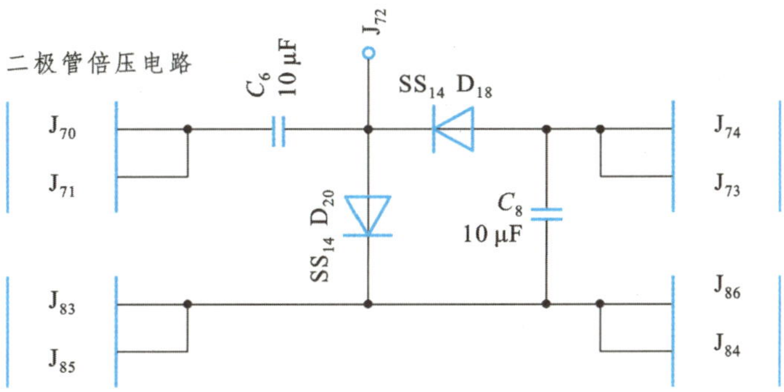

图 2.2.50　二极管倍压电路

给电路输入交流信号，分析如下：

当信号为正半周时，电容 C_6 充电，左正右负，D_{20} 二极管导通，D_{18} 二极管截止，充电完成后，C_6 电容两端的电压值为 U_I。

当信号从正半周变到负半周时，二极管 D_{20} 截止，D_{18} 导通，此时电容 C_6（左正右负）与输入信号均向电容 C_8 充电（电容 C_6 与输入信号类似电池串联），C_6 电容的电能转移到 C_8 电容，此时 C_8 电容两端（即输出电压）为 $2U_I$。

当信号从负半周回到正半周时，二极管 D_{20} 导通，C_6 电容被充电（补充电能），D_{18} 二极管截止，电容 C_8 上的电压不变，仍为 $2U_I$，后续继续循环上述步骤，输出电压被维持在 $2U_I$。

使用信号发生器产生频率为 50 Hz、高电平为 2.5 V、低电平为−2.5 V 的方波信号，并连接到本电路的输入端，使用示波器通道 1 连接本电路的输出端。

输入信号设置及输出波形如图 2.2.51 所示。

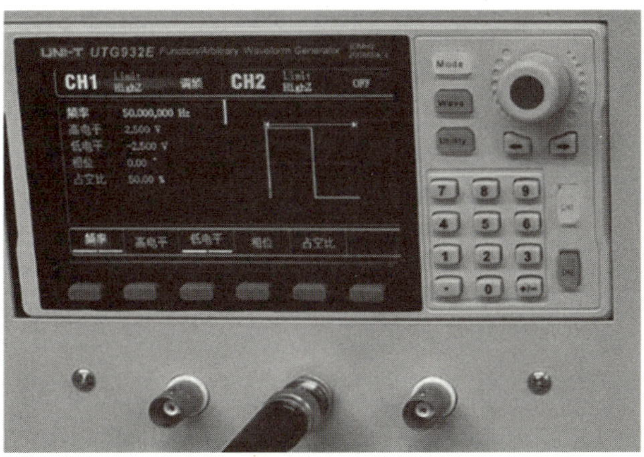

图 2.2.51　输入信号设置及输出波形

电路的输出端信号波形如图 2.2.52 所示，可见其幅值为 5 V 左右，是输入信号幅值（2.5 V）的 2 倍，与预期一致。

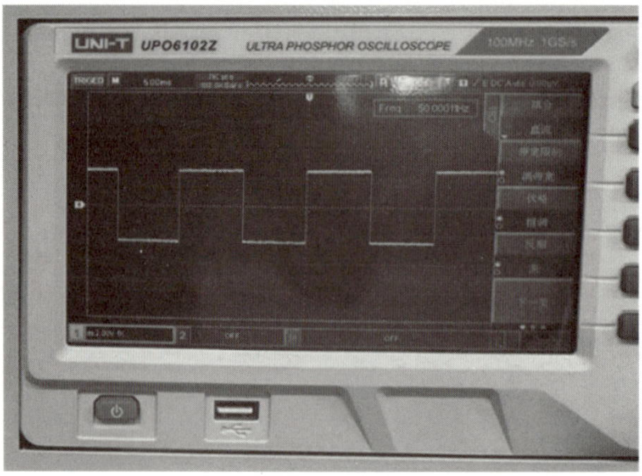

图 2.2.52　输出波形

任务 2.3 三极管特性及其基本电路

2.3.1 三极管的基本知识

双极型三极管（Bipolar Junction Transistor，BJT）俗称半导体三极管，又称为晶体三极管，简称三极管或晶体管，属于半导体器件。晶体管被誉为"20 世纪最伟大的发明"，它的出现为集成电路、微处理器以及计算机内存的产生奠定了基础。因为晶体管的发明，威廉·肖克利（William Shockley）、约翰·巴丁（John Bardeen）和沃尔特·布拉顿（Walter Brattain）共同获得了 1956 年的诺贝尔物理学奖。在晶体管问世之前，放大电信号主要依靠电子管（真空三极管）。然而，电子管存在制作工艺复杂、体积庞大、能耗高以及使用寿命短等诸多弊端，因此人们一直迫切期望能用固态器件取而代之。二十世纪五六十年代，肖克利在积极推动晶体管商业化的进程中，助力打造了如今电子工业密集的加州硅谷地区。晶体管的发明，是物理理论研究、半导体材料技术以及科学研究取得重大突破后的必然成果。时至今日，从音乐播放、语音合成、数据存储、数码摄影、GPS 定位，到互联网海量数据的传输与处理，各类基于晶体管技术的器件和芯片，已然成为我们日常生活中不可或缺的一部分。

1. 双极型三极管的基本结构

晶体管由两个 P-N 结共用一个基区组成的，如图 2.3.1 所示。在两个结中，一个叫发射结，一个叫集电结。中间区域就叫基区，而另两个区与结相对应的被称作发射区和集电区。器件具有三个电极端子，分别称作发射极 E、基极 B 和集电极 C。

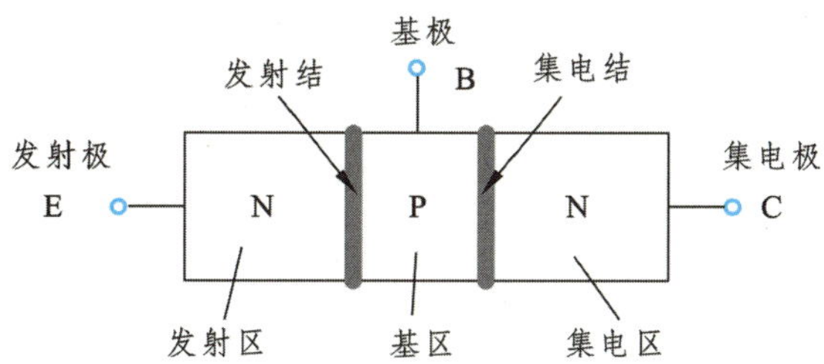

图 2.3.1 三极管的基本结构

注意：发射区高掺杂，多数载流子浓度大；集电区区域大，所以承受的功率也大；基区很薄，作为过渡区，其掺杂浓度最低。

三极管按照 PN 结的结构，主要分为 NPN 与 PNP 型晶体管，如图 2.3.2 所示。

通过发射极所标识的箭头，能够清晰地辨别出发射极与集电极。不仅如此，依据箭头的指向，还可区分 NPN 型三极管与 PNP 型三极管。其中，箭头的方向代表着发射极正偏时的方向，同时，该方向也是三极管处于线性工作状态下的电流方向。

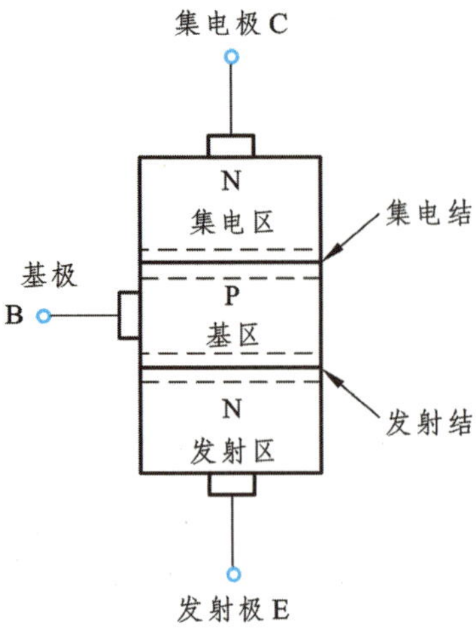

(a) NPN 型管结构

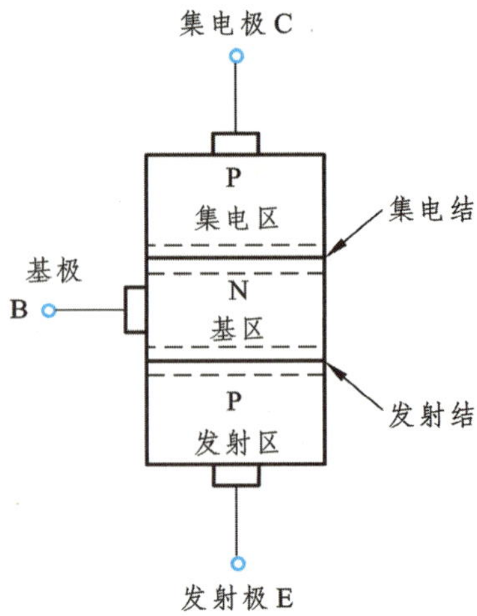

(b) PNP 型管结构

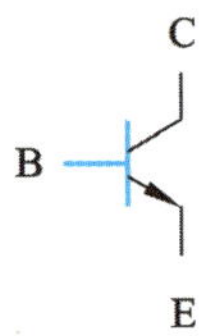

(c) NPN 型管的电路符号

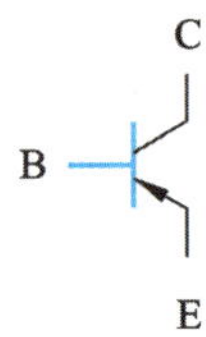

(d) PNP 型管的电路符号

图 2.3.2　两种类型晶体管的结构与电路符号

2. 三极管的主要参数

三极管的主要参数有电流放大系数、集电极最大耗散功率、集电极最大电流、最大方向电压和反向电流等。

1）电流放大系数

电流放大系数也称电流放大倍数，用来表示三极管的电流放大能力。根据三极管工作状态的不同，放大系数可以分为直流电流放大系数和交流电流放大系数。

2）集电极最大耗散功率

集电极耗散功率实质上是集电结的耗散功率，它等于集电结的电压与流过集电结电流的乘积。集电结所消耗的最大功率，称为集电极最大耗散功率。当三极管的集电极耗散功率大于最大耗散功率时，三极管就会因温度过高而烧坏。

3）集电极最大电流

集电极最大电流是指三极管集电极所允许通过的最大电流。当三极管的集电极电流超过最大电流时，三极管的放大倍数等参数会发生明显改变，影响其正常工作。

4）最大反向电压

最大反向电压是指三极管在工作时，所允许施加的最高工作电压。它包括集电极-发射极反向击穿电压、集电极-基极反向击穿电压和发射极-基极反向击穿电压。

5）反向电流

反向电流包括集电极-基极之间的反向电流和集电极-发射极之间的反向击穿电流。

3. 三极管的分类

三极管的分类方法很多，不同的方法可以分出不同的类型。

（1）按照所用的材料可分为锗管和硅管。

（2）按照 PN 结的结构可分为 NPN 管和 PNP 管。

（3）按照电流容量可分为小功率、中功率、大功率三极管。

（4）按照工作频率可分为低频、高频、超高频三极管。

（5）按照封装结构可分为金属封装、塑料封装、玻璃壳封装、陶瓷封装等。

（6）按用途可分为普通三极管、复合三极管、其他特殊用途三极管。

常用三极管特点如表 2.3.1 所示。

表 2.3.1　常用三极管特点

三极管种类	三极管特点
低频小功率三极管	截止频率一般在 3 MHz 以下，输出功率小于 1 W，体积小，一般用在低频电路中充当放大管或控制管等
高频小功率三极管	截止频率大于 3 MHz，输出功率小于 1 W，在很多电路中，可用高频小功率管替代低频小功率管
开关三极管	工作于开关状态（饱和或截止）。有小功率和大功率之分，小功率管输出功率小于 1 W，常用于脉冲振荡、脉冲放大等电路中；大功率开关三极管的功率大于 1 W，常用于开关电源
低频大功率三极管	输出功率大，输出电流大，带负载能力强

4. 三极管的封装

（1）SOT143|TO253 封装参数如图 2.3.3 所示。

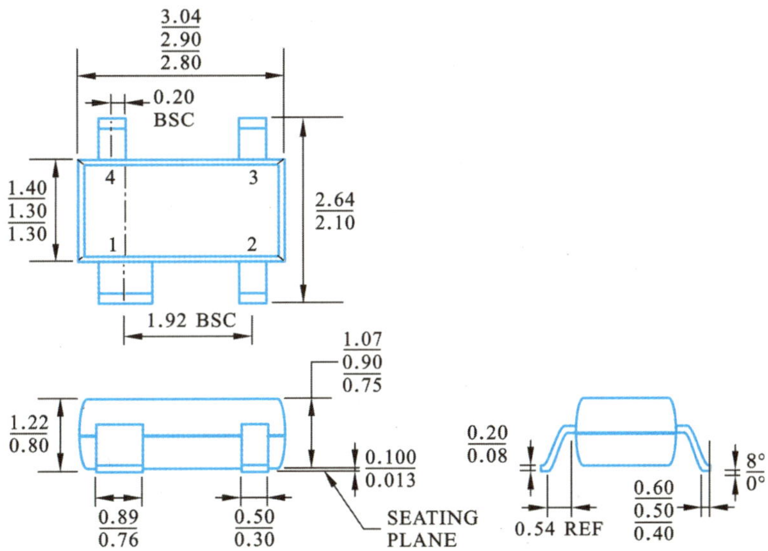

图 2.3.3　SOT143|TO253 封装

（2）SOT-223|TO-261AA SMD 封装参数如图 2.3.4 所示。

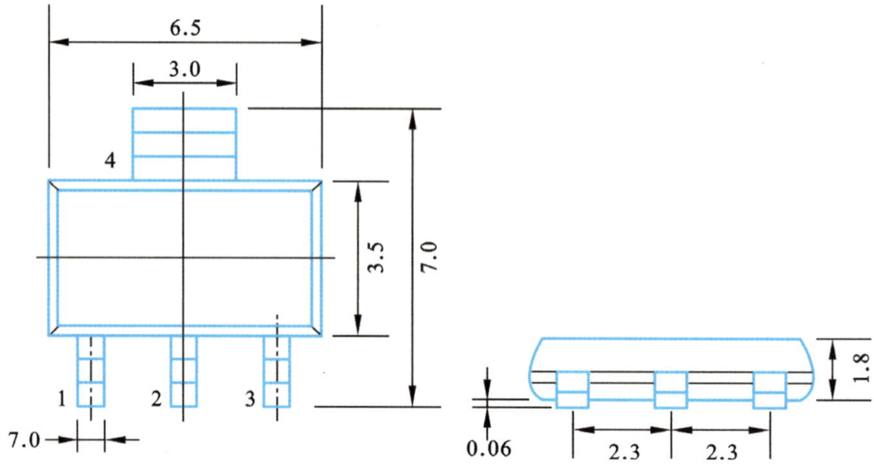

图 2.3.4　SOT-223|TO-261AA SMD 封装

（3）SOT23 封装参数如图 2.3.5 所示。

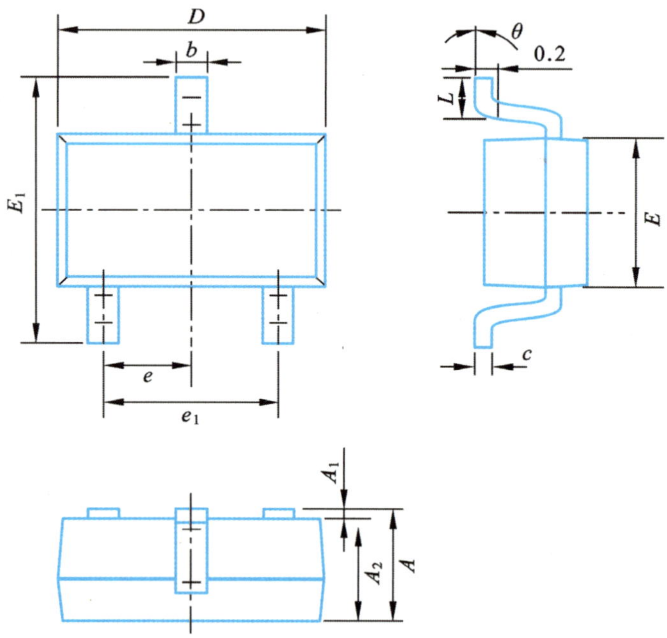

SYMBOL	MILLIMETER	
	MIN	MAX
A	1.050	1.250
A_1	0.000	0.100
A_2	1.050	1.150
b	0.250	0.450
c	0.100	0.200
D	2.820	3.020
E	1.500	1.700
E_1	2.650	2.950
e	0.950(BSC)	
e_1	1.800	2.000
L	0.300	0.500
θ	0°	8°

图 2.3.5　SOT23 封装

（4）SOT23-3L 封装参数如图 2.3.6 所示。

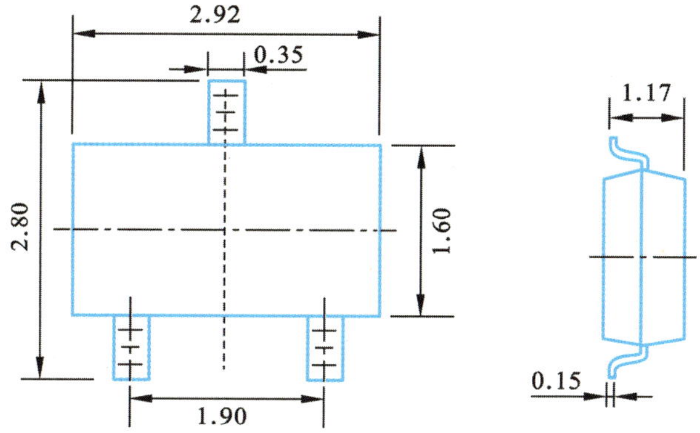

图 2.3.6　SOT23-3L 封装

（5）SOT23-5L 封装参数如图 2.3.7 所示。

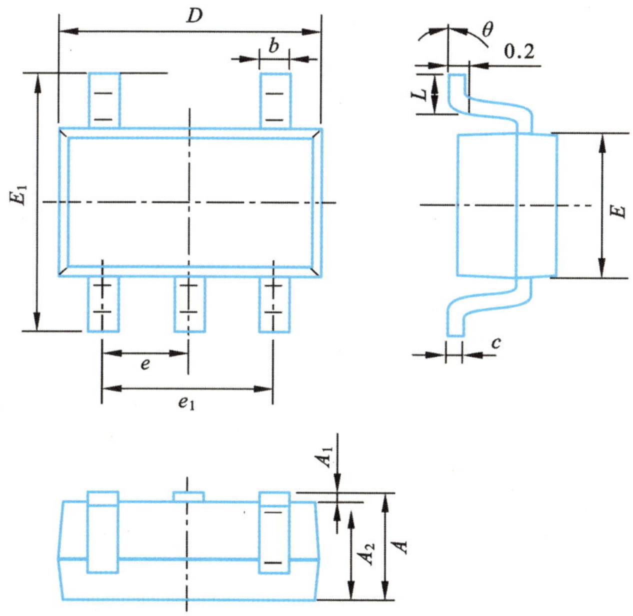

SYMBOL	MILLIMETER	
	MIN	MAX
A	1.050	1.250
A_1	0.000	0.100
A_2	1.050	1.150
b	0.250	0.450
c	0.100	0.200
D	2.820	3.020
E	1.500	1.700
E_1	2.650	2.950
e	0.950(BSC)	
e_1	1.800	2.000
L	0.300	0.500
θ	0°	8°

图 2.3.7　SOT23-5L 封装

（6）SOT-563 封装参数如图 2.3.8 所示。

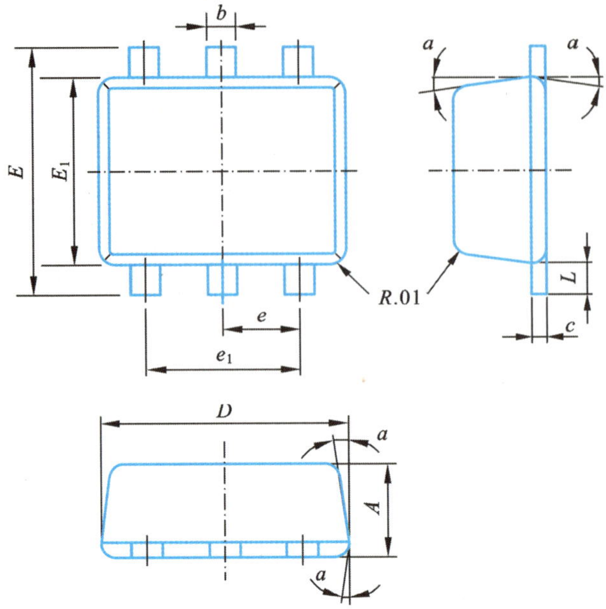

SOT563			
Dim	Min	Max	Typ
A	0.55	0.60	—
b	0.15	0.30	0.20
c	0.10	0.18	0.11
D	1.50	1.70	1.60
E	1.55	1.70	1.60
E_1	1.10	1.25	1.20
e	—	—	0.50
e_1	0.90	1.10	1.00
L	0.10	0.30	0.20
a	8°	9°	7°
All Dimensions in mm			

图 2.3.8　SOT-563 封装

（7）SOT-89 封装参数如图 2.3.9 所示。

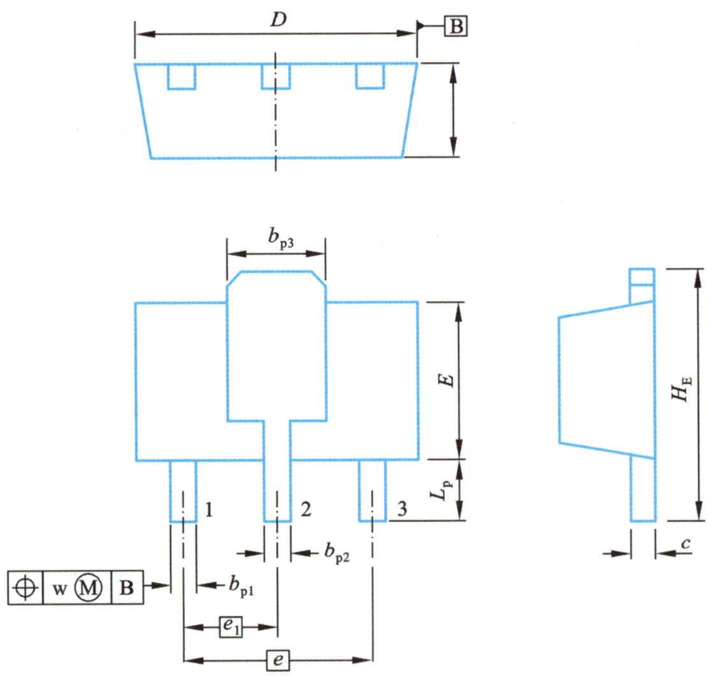

UNIT	A	b_{p1}	b_{p2}	b_{p3}	c	D	E	e	e_1	H_E	L_p	w
mm	1.6 1.4	0.48 0.35	0.53 0.40	1.8 1.4	0.44 0.23	4.6 4.4	2.6 2.4	3.0	1.5	4.25 3.75	1.2 0.8	0.13

图 2.3.9　SOT-89 封装

（8）TO-92 封装参数如图 2.3.10 所示。

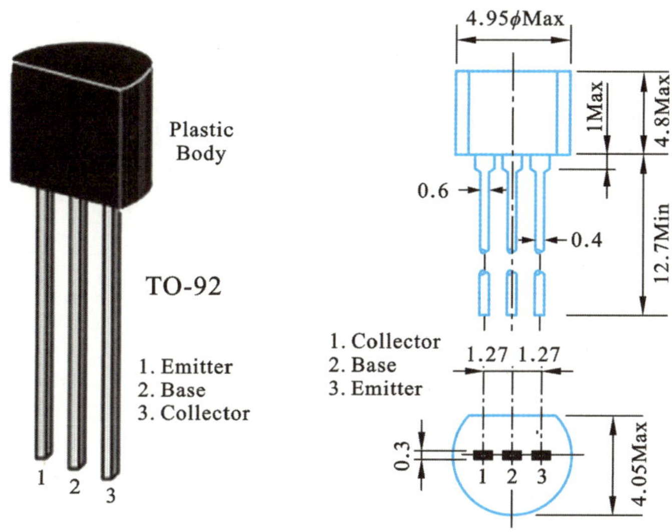

图 2.3.10　TO-92 封装

（9）TO-126 封装参数如图 2.3.11 所示。

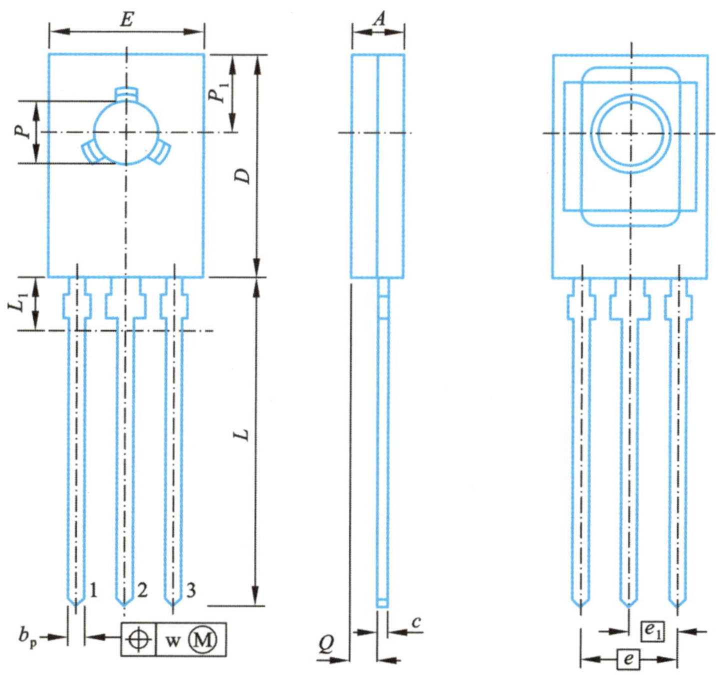

UNIT	A	b_p	c	D	E	e	e_1	L	$L_1^{(1)}$ max	Q	P	P_1	w
mm	2.7 2.3	0.88 0.65	0.60 0.45	11.1 10.5	7.8 7.2	4.58	2.29	16.5 15.3	2.54	1.5 0.9	3.2 3.0	3.9 3.6	0.254

图 2..3.11　TO-126 封装

（10）TO-220 封装参数如图 2.3.12 所示。

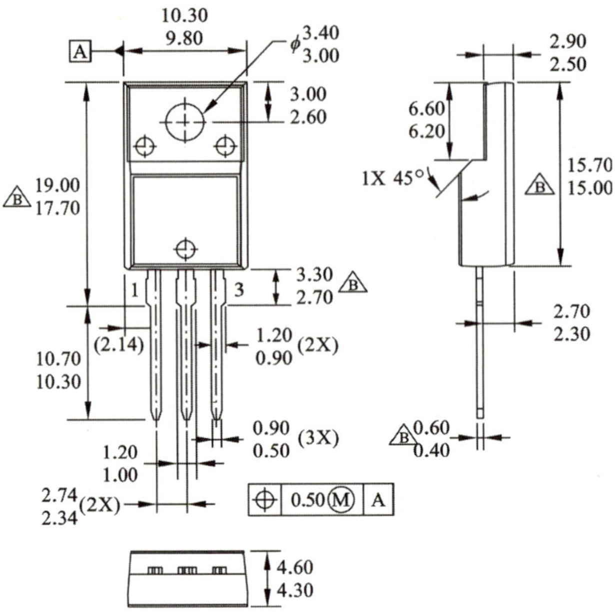

图 2.3.12　TO-220 封装

（11）SOT-523 封装参数如图 2.3.13 所示。

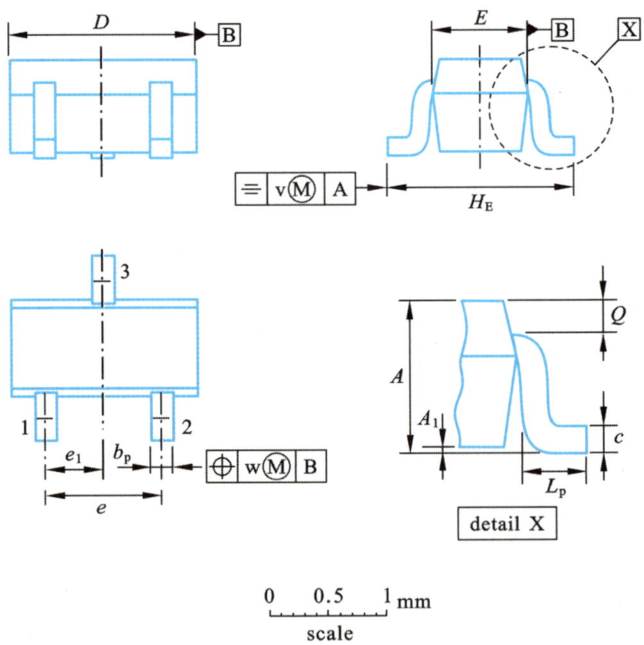

UNIT	A	A_1 max	b_p	c	D	E	e	e_1	H_E	L_p	Q	v	w
mm	0.95 0.60	0.1	0.30 0.15	0.25 0.10	1.8 1.4	0.9 0.7	1	0.5	1.75 1.45	0.45 0.15	0.23 0.13	0.2	0.2

图 2.3.13　SOT-523 封装

5. 三极管的检测

M104 板卡板载了常用的各种封装类型的三极管，有 SOT23 封装 NPN、TO-92 封装 NPN、SOT23 封装 PNP、TO-92 封装 PNP、带内部电阻 SC-75 封装 PNP，如图 2.3.14 所示。

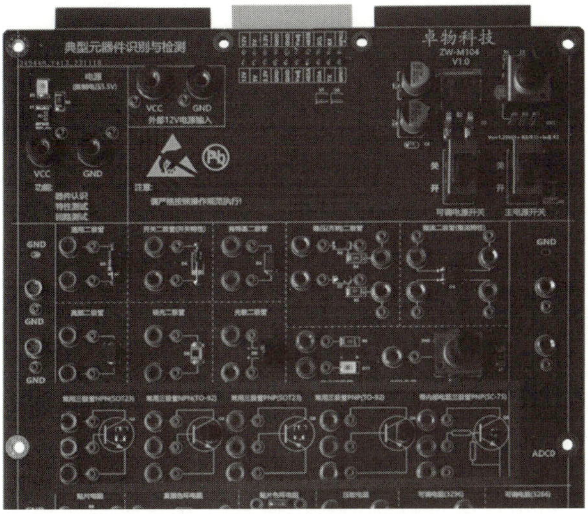

图 2.3.14　各种封装类型的三极管

三极管有 NPN 和 PNP 两种，用万用表可以测量其好坏，选择 $R \times 100\ \Omega$ 挡或 $R \times 1\ \text{k}\Omega$ 挡。

1）NPN 型和 PNP 型三极管的判别

将万用表黑表笔接三极管的一个管脚，将红表笔依次接另外两个管脚，若万用表指针均能偏转，则此管是 NPN 管，且黑表笔所接的那个管脚是基极。

将万用表红表笔接三极管的一个管脚，将黑表笔依次接另外两个管脚，若万用表指针均能偏转，则此管是 PNP 管，且红表笔所接的那个管脚是基极。

2）三极管各电极的判别

三极管内部就像二个二极管组合而成，首先我们要先找到基极并判断是 PNP 还是 NPN 管。对于 PNP 管的基极是二个负极的共同点，NPN 管的基极是二个正极的共同点。这时我们可以用数字万用表的二极管挡先找到基极，方法如图 2.3.15 所示：

（1）将功能量程开关拨到二极管测量挡位上；

（2）将红表笔插入“VΩ”插孔，黑表笔插入“COM”插孔，并将两支表笔笔尖分别接触 PN 结的两个端点；

（3）如果被测二极管开路或极性反接时，将会显示“OL”。对硅 PN 结而言，读数约为 0.5 ~ 0.8 V，确认为正常值。当读数显示时，瞬间会听到蜂鸣器发出“滴”的一声响，表笔短路时，则会发出长鸣声响。

（4）先用红表笔和黑表笔测量三极管的两个脚，如果有读数（0.5 ~ 0.8 V 之间），说明这两个管脚有一个必定是基极，这时松开一个表笔去测量剩余的一个引脚，如果有读数，那前后两次没有换的表笔所接触的引脚就是基极，如果测量另外一个引脚时没有读数，那就交换一次表笔重复上诉步骤。

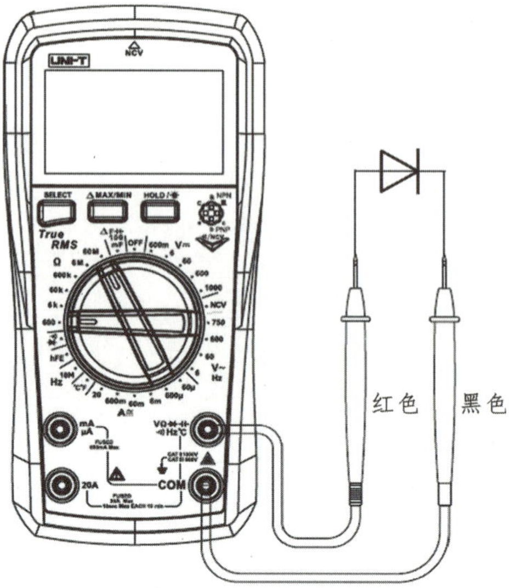

图 2.3.15　二极管测量

（5）基极找到后，如果黑表笔接触的那个引脚是公共端那就是 PNP 管，如果红表笔接触的那个引脚是公共端，那就是 NPN 管。

（6）公共端找到后分别测量另外两个引脚的值，在值偏小的那一次，公共端以外的引脚就是集电极，那剩余的那个引脚就是发射极。

三极管三个脚分别测出来以后，如果万用表带晶体管放大倍数（hFE）测量功能，就可以选择“hFE”挡位，然后直接将三极管插到插座上就可以测量放大倍数了。将功能/量程开关置于“hFE”挡，将待测晶体管（PNP 或 NPN 型）的基极（B）、发射极（E）、集电极（C）对应插入四脚测试座，如图 2.3.16 所示，显示器上即显示被测晶体管的 hFE 近似值。

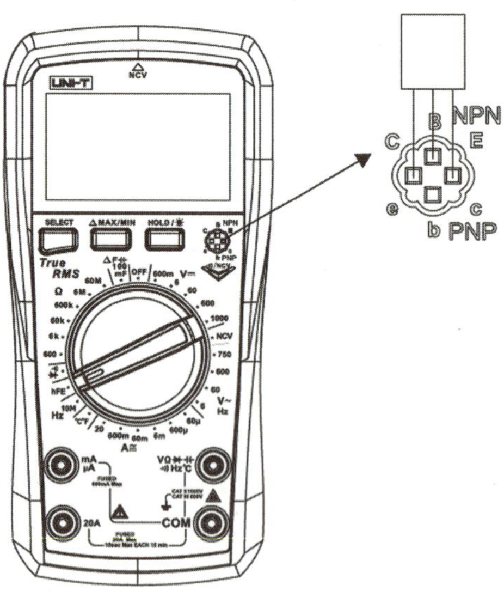

图 2.3.16　测晶体管的 hFE 近似值

2.3.2　三极管的放大原理

1. 放大工作条件

正偏是指在 PN 结上施加使 P 端为正极、N 端为负极的电压。在正偏条件下，P 区域的正电荷向 N 区域移动，同时 N 区域的负电荷也向 P 区域移动。这导致 P 区域变得更加正电荷富集，N 区域变得更加负电荷富集，形成一个电场势垒减小的状态。正偏可以使载流子在 PN 结中自由移动，电流可以通过 PN 结流动。

反偏是指在 PN 结上施加使 P 端为负极、N 端为正极的电压。在反偏条件下，P 区域的负电荷被排斥到边界，N 区域的正电荷也被排斥到边界。这导致 P 区域与 N 区域之间的电场势垒增大，阻碍了载流子的自由移动。反偏使得 PN 结变为一个高阻抗的状态，基本上不允许电流通过。

三极管的电流放大作用是由其内部载流子的定向（由发射区向集电区）运动体现出来的。为保证内部载流子能作这样的定向运动，实现电流放大作用，则要求无论是 NPN 型还是 PNP 型的 BJT，都应将它们的发射结加正向偏置电压，集电结加反向偏置电压。放大工作条件为：

$$\begin{cases} U_{BE} > U_{ON}\text{（发射结正偏）} \\ U_{CB} \geqslant 0,\ \text{即} U_{CE} \geqslant U_{BE}\text{（集电结反偏）} \end{cases}$$

2. 放大工作原理

下面以 NPN 型管为例，分析在两组偏置电压的共同作用下，三极管内部载流子的传输过程，如图 2.3.17 所示。

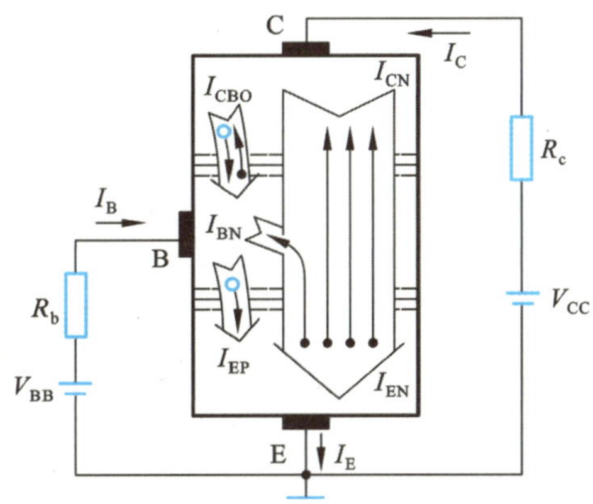

图 2.3.17　放大状态下三极管中载流子的传输过程

（1）集电极电流。

第一部分：发射区注入的自由电子是形成集电极电流的主要来源。

$$I_{CN} = \bar{\alpha} I_E,\quad 0.9 < \bar{\alpha} < 1$$

式中，$\bar{\alpha}$ 表示发射区能够到达集电区多子的比例，称为共基组态的直流电流放大系数。

第二部分：由于集电结反偏，集电区和基区中少数载流子的漂移运动形成反向饱和电流 I_{CBO}。

集电极总电流

$$I_C = I_{CN} + I_{CBO} = \bar{\alpha} I_E + I_{CBO}$$

（2）基极电流。

第一部分：发射区注入到基区的自由电子流中仅很小一部分与基区中的空穴复合，形成基极复合电流

$$I_{BN} = (1-\bar{\alpha}) I_E$$

第二部分：集电极的反向饱和电流 I_{CBO}。

基极总电流

$$I_B = I_{BN} - I_{CBO} = (1-\bar{\alpha}) I_E - I_{CBO}$$

（3）发射极。

$$I_E = I_B + I_C$$

因此，在考虑 I_{CBO} 时，得到两个基本电流的关系为

$$\begin{cases} I_C = I_{CN} + I_{CBO} = \bar{\alpha} I_E + I_{CBO} \\ I_B = I_{BN} - I_{CBO} = (1-\bar{\alpha}) I_E - I_{CBO} \end{cases}$$

另外

$$I_C = \frac{\bar{\alpha}}{1-\bar{\alpha}} I_B + \frac{\bar{\alpha}}{1-\bar{\alpha}} I_{CBO} + I_{CBO} = \bar{\beta} I_B + (1+\bar{\beta}) I_{CBO} = \bar{\beta} I_B + I_{CEO}$$

其中，$\bar{\beta}$ 为直流电流放大系数，$\bar{\beta} = \dfrac{\bar{\alpha}}{1-\bar{\alpha}}$；$I_{CEO} = (1+\bar{\beta}) I_{CBO}$ 为穿透电流，是晶体管基极开路时，集电极到发射极间的反向截止电流，也叫集电极-发射极间反向饱和电流。

若忽略 I_{CBO}，各极电流之间的关系为

$$\begin{cases} I_C = \bar{\alpha} I_E \\ I_B = (1-\bar{\alpha}) I_E \end{cases}$$

又 $\bar{\beta} = \dfrac{\bar{\alpha}}{1-\bar{\alpha}}$，则 $I_C = \bar{\beta} I_B$。

2.3.3 三极管的共射输入特性和输出特性

1. 共射组态

共射组态是 BJT 最常用的一种放大组态。在 BJT 的共射组态中，“输入端口”和“输出端口”共用 BJT 的射极端子（故称为“共射”），即输入端口由基极 B 与发射极 E 构成，输出端口由集电极 C 与发射极 E 构成，形成一个双端口网络，如图 2.3.18 所示。

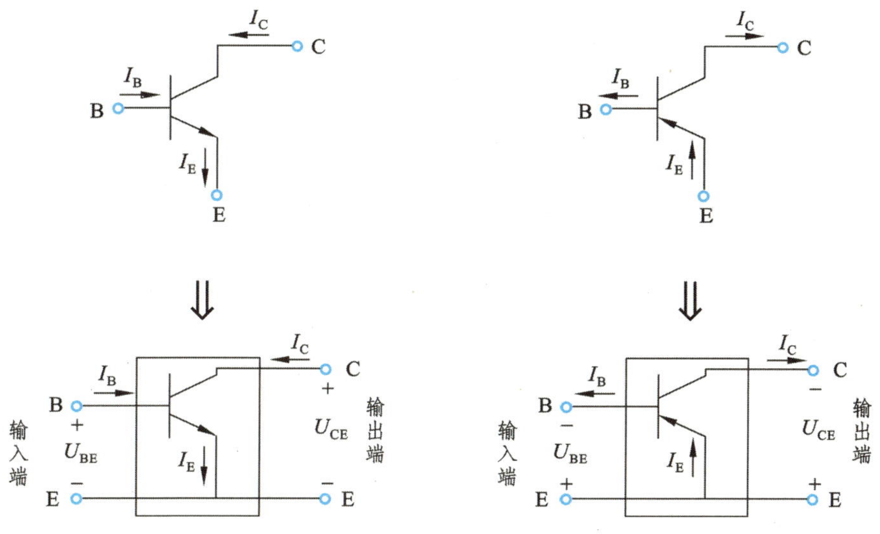

（a）NPN 型　　（b）PNP 型

图 2.3.18　共射组态

可以将共射组态画成图 2.3.19 所示的 PN 结形式，来分析在共射组态电路连接的偏置下，载流子的流动情况。

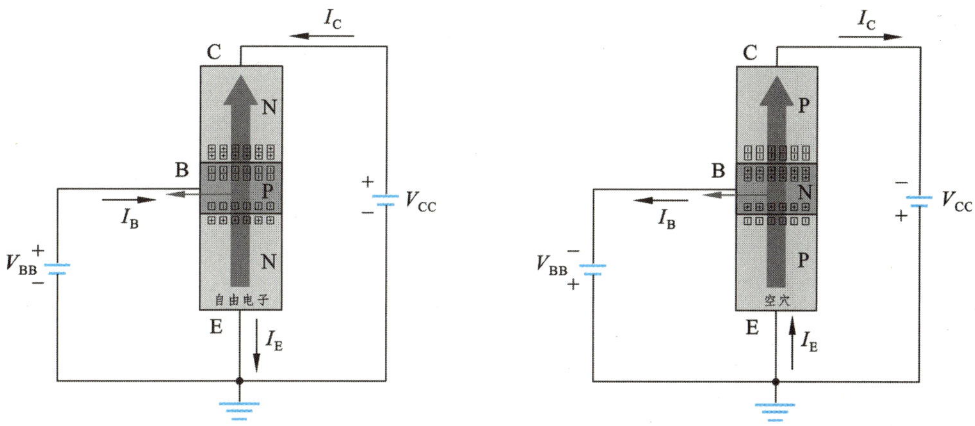

（a）NPN 型　　（b）PNP 型

图 2.3.19　共射原理

以 NPN 型为例进行分析，发射极结正偏，且使 V_{CC} 大于 V_{BB} 从而使得集电结反偏。

当发射结正偏时，发射区的自由电子大量进入基区，形成发射极电流 I_E。由于基区掺杂浓度很低，从发射区过来的自由电子只有很小一部分能与基区的空穴复合，然后在基区的电子运动到基极端子，再通过导线回到电源 V_{BB} 的正极，从而构成基极电流 I_B（一般为微安级）。

由于基区通常非常薄，所以从发射区过来的大量剩余的自由电子，会继续向前运动穿过反偏的集电结，从而进入集电区，然后在电源 V_{CC} 正极的吸引下，在集电区的导带运动到集电极端子，再通过导线回到电源 V_{CC} 的正极，从而构成集电极电流 I_C。

至于由基区的空穴运动构成的电流，由于基极的掺杂浓度很低，对总电流的影响很小，故基极的空穴电流可以忽略不计。

在共射组态时，基础公式 $I_E = I_B + I_C$ 仍然成立。

2. 输入特性

共射组态型电路的输入特性是指：在一定的输出端电压 U_{CE} 下，输入电压和输入电流之间的关系（伏安关系），如图 2.3.20 所示。

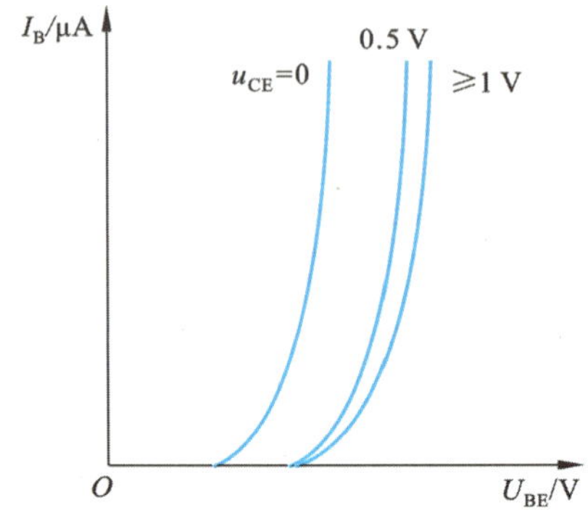

图 2.3.20　共射组态型电路的输入特性

可以看出，伏安曲线与二极管特性曲线很相似，只不过输入电流的当量等级小了很多，为微安级。而且不同的输出端口电压 U_{CE} 对于输入特性的影响非常小，几乎可以忽略，U_{CE} 增大到一定值，曲线右移就不明显了。

对于小功率晶体管，U_{CE}=1 V 的一条输入特性曲线可以取代 U_{CE}>1 V 的所有输入特性曲线。

共射组态的输入特性也可以像二极管那样做分段近似：当小于 0.7 V 时视为截止，到达 0.7 V 后视为导通。

3. 输出特性

共射组态型电路的输出特性是指：在一定的输入电流 I_B 下，输出电流 I_C 与输出电压 U_{CE} 的关系。

共射组态电路的输出特性伏安曲线如图 2.3.21 所示，分为 3 个区域，分别是放大区、截止区、饱和区。

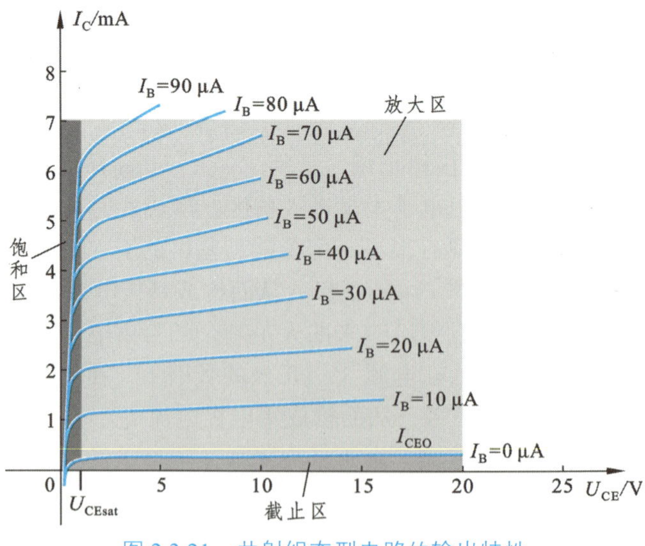

图 2.3.21　共射组态型电路的输出特性

1）放大区

当共射组态电路的发射结正偏、集电结反偏时，输出伏安曲线所在区域就是放大区（Active Region），占据曲线图的大部分面积。

在放大区范围内伏安曲线不再水平，这说明输出端口电压 U_{CE} 对集电极电流 I_C 会产生一定的影响。对于每一个特定基极电流 I_B，都有一根对应的输出特性伏安曲线，并且基极电流 I_B 为微安级，而输出电流 I_C 为毫安级。

2）截止区

当发射结偏置电压为 0 或反偏，而集电结正偏的区域为截止区（Cutoff Region）。将共射组态的电路以 PN 结的形式重画，如图 2.3.22 所示。

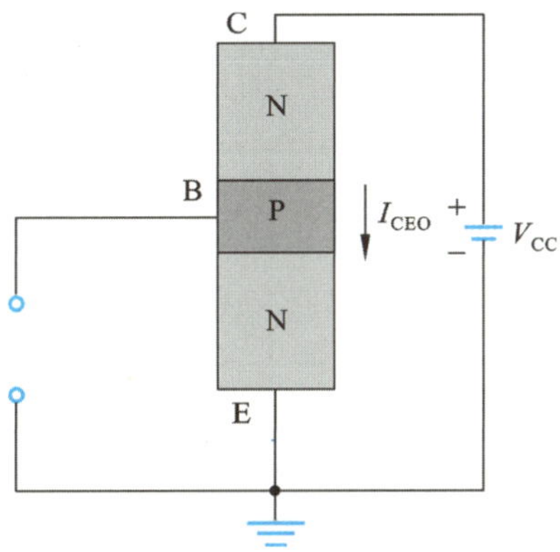

图 2.3.22　截止区

可以看到，发射结开路，使基极电流 $I_B=0$。但从整体来看，由于中间的基极非常薄，整个三极管近似可视为一个电阻很大的纯 N 型半导体，只是中间稍微有点 PN 结的阻碍。当外加电压 U_{CE} 加在其上时，会产生电流 I_{CEO}，该电流为 0.1 毫安级，比的 PN 结反偏电流要大很多，一般不能忽略。

因此，共射组态的截止区定义为输出电流 $I_C<I_{CEO}$ 的区域，也就是当 $I_B\leqslant 0$ 时的输出区域。

3）饱和区

当共射组态电路的发射结正偏，集电结也正偏时，伏安曲线就处于饱和区（Saturation Region）。此处仍以 PN 结图的形式来说明，如图 2.3.23 所示。

当发射结正偏时，U_{BE} 的大小为 0.7 V 左右。要使集电结正偏，U_{CE} 的电压就必须小于 U_{BE}。当集电结开始正偏时，这个正偏电场会对发射极过来的电子产生一个阻力，使得从发射极过来的电子变少，表现在输出伏安特性曲线上就是随着 U_{CE} 的减小，I_C 开始变小。当集电结正偏继续增大到某一阈值后（即 U_{CE} 继续减小到某一阈值后），发射极过来的电子会急剧减少（即 I_C 急剧减小）。在输出特性曲线图上，这个值标记为 U_{CEsat}（sat 是“saturation”的简写，意思是“饱和”），这个 U_{CEsat} 的典型值一般为 0.1 ~ 0.3 V。U_{CE} 小于 U_{CEsat} 越多，集电结就正偏得越厉害，它对自由电子的阻碍就越大，I_C 就越减小。因此，当发射结正偏时，若 $U_{CE}<U_{CEsat}$，共射电路即进入了饱和区。

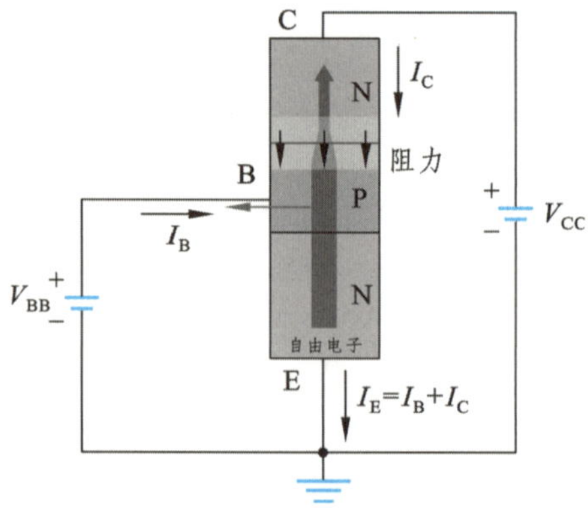

图 2.3.23　饱和区

由上述分析可知，三极管的三个工作区域 U_{BE}、I_C、U_{CE} 的关系如表 2.3.2 所示。

表 2.3.2　三个工作区域 U_{BE}、I_C、U_{CE} 的关系

状态	U_{BE}	I_C	U_{CE}
截止	$<U_{ON}$	I_{CEO}	V_{CC}
放大	$\geqslant U_{ON}$	βI_B	$\geqslant U_{BE}$
饱和	$\geqslant U_{ON}$	$<\beta I_B$	$\leqslant U_{BE}$

三极管工作在放大状态时，输出回路的电流 I_C 几乎仅仅决定于输入回路的电流 I_B，而与 U_{CE} 无关，表现出 I_B 对 I_C 的控制作用。

2.3.4　三极管基本放大电路

1. 放大电路三种不同组态

放大电路（Amplifier）是应用最为广泛的一类电子电路，其功能是将输入信号进行不失真地放大。它是现代通信、自动控制、电子测量、生物电子等设备中不可缺少的组成部分。

如图 2.3.2.24 所示，无论何种类型的放大电路，均由三大部分组成：一是具有放大作用的半导体器件，如 BJT、FET，它是整个电路的核心；二是直流偏置电路，其作用是保证半导体器件工作在线性放大状态；三是耦合电路，其作用是将输入信号源和输出负载分别连接到放大管的输入端和输出端。

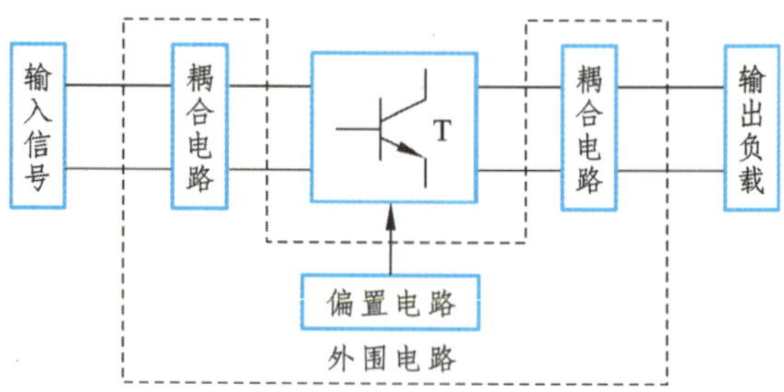

图 2.3.24　放大电路组成

晶体管在放大器中需工作于线性放大区，即集电极电流输出表现为一个受基极电流控制的受控电流源（$I_C = \beta I_B$）。这时加在晶体管的三个极上的外电压，必须满足“发射结正偏，集电结反偏”的条件，而满足这个条件的电路形式很多。以单电源供电方式为例，比较常见的一种电路形式为直流偏置电路（见图 2.3.99），即典型的静态工作点稳定电路。在三极管 T 和 V_{CC} 选定后，图中四个电阻 $R_1 \sim R_4$ 阻值的选取，决定了静态工作点 Q 的位置。

因此，我们在分析一个放大电路是如何放大交流信号之前，必须先进行静态分析和设计，然后再观察信号是从哪一端输入，又是从哪一端输出的。由于晶体管是一个三端器件，信号从一端输入，从另一端输出，那么第三端必为公共端。一般来说，基极和发射极可以作为输入端，集电极和发射极可以作为输出端。下面以阻容耦合放大电路为例，来说明电路的不同组态。

假设图 2.3.25 中的晶体管已经处于放大状态，在此基础上，分别在晶体管三个极上连接电容 C_1、C_2 和 C_3，如图 2.3.26 所示。

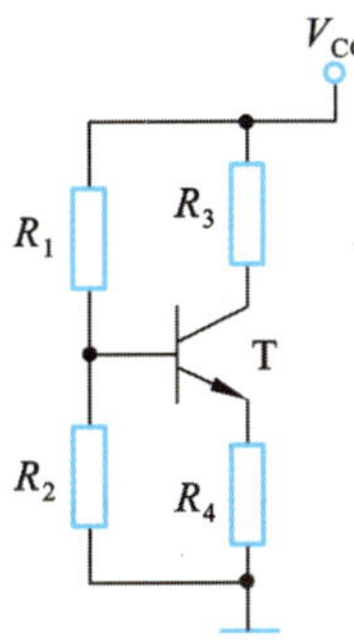

图 2.3.25　直流偏置电路

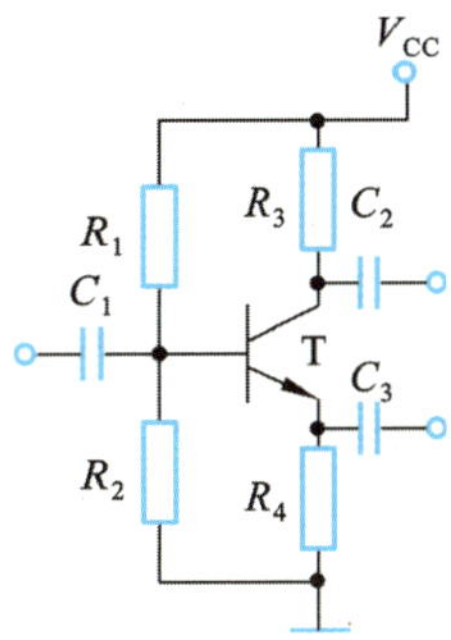

图 2.3.26　连接电容

然后分别与信号源、负载和地相连接，于是得到三种不同的接法，如图 2.3.27 所示。

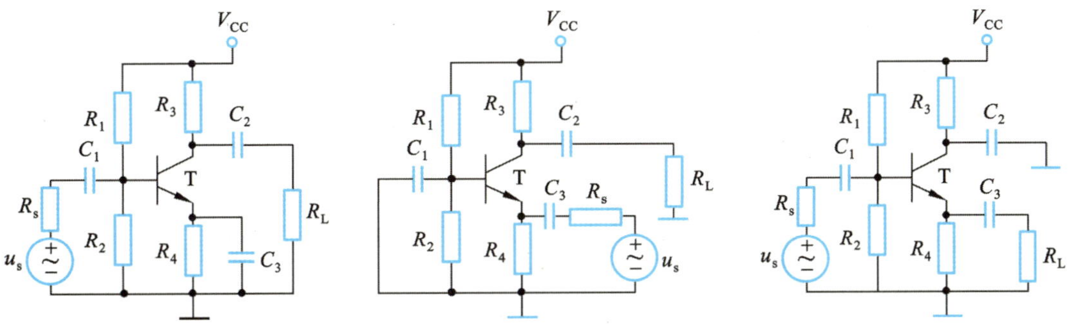

图 2.3.27　三种不同的接法

由图可知，三种接法的直流通路都是直流偏置电路所示的形式，但它们的交流通路是不同，分别画出三种接法的交流通路，如图 2.3.28 所示。

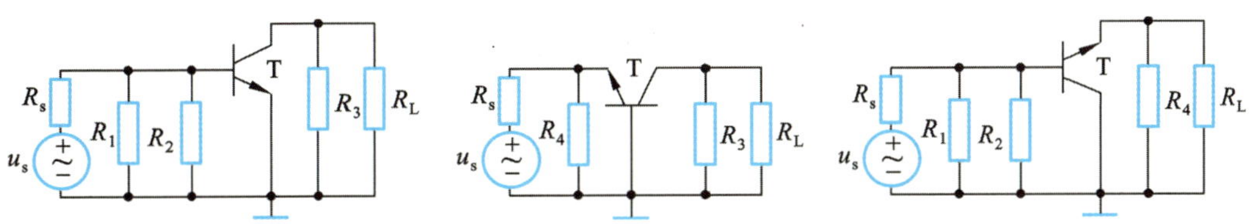

图 2.3.28　三种接法的交流通路

从图 2.3.28 中可以看出，图（a）以发射极为公共端，故称为共射电路；图（b）以基极为公共端，故称为共基电路；图（c）以集电极为公共端，称为共集电路（射极跟随器）。因此，晶体管基本电路中的三种不同组态是根据其交流通路来判别的，而直流通路是放大器的偏置电路，决定其 Q 点，与放大器的组态无关。由此可知，判断一个放大器能否正常放大信号，是它的直流通路和交流通路共同决定的。

2. 放大电路的性能指标

放大电路的性能指标是衡量其品质优劣的标准，主要有以下几个指标。

1）增益

增益（Gain）是用来衡量放大电路放大能力的重要指标，也称为放大倍数。它定义为输出量与输入量之比，根据需要处理的输入和输出电量的不同，有四种不同的增益，分别是电压增益、电流增益、互阻增益和互导增益。

2）输入电阻

输入电阻是从放大电路输入端的等效电阻，它定义为放大电路输入电压和输入电流的比值。

输入电阻表征了放大电路对信号源的负载特性，其值与电路参数、负载电阻 R_L 有关。对于输入为电压信号的放大电路，输入电阻越大，放大电路对信号源的影响越小；而输入为电流信号的放大电路，输入电阻越小，放大电路对信号源的影响越小。因此，放大电路输入电阻的大小应视需要而定。

3）输出电阻

输出电阻是表征放大电路带负载能力的一个重要参数。它定义为输入信号电压源短路或电流源开路（但保留其内阻），并断开负载时，在放大电路输出端的等效电阻。

对于输出为电压信号的放大电路，输出电阻越小，放大电路的带载能力越强；而输出为电流信号的放大电路，输出电阻越大，放大电路的带载能力越强。

4）通频带

通频带用于衡量放大电路对不同频率信号的放大能力。由于放大电路中电容、电感及半导体器件结电容等电抗元件的存在，使得放大电路的性能必然和信号的频率有关。图 2.3.29 所示为某放大电路增益的幅值与信号频率的关系曲线，称为幅频特性曲线。

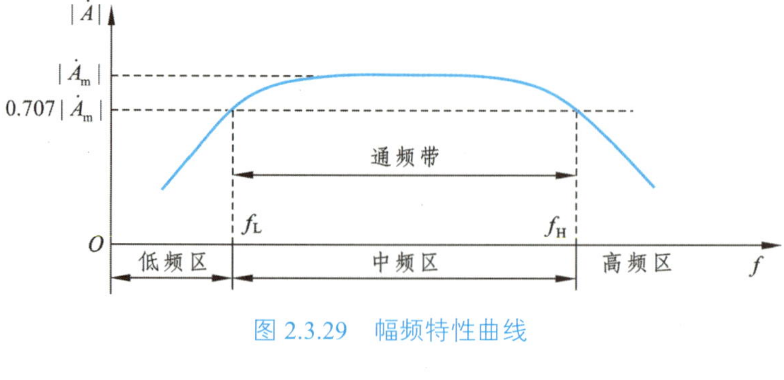

图 2.3.29　幅频特性曲线

通频带越宽，表明放大电路对不同频率信号的适应能力越强。

5）非线性失真系数

由于放大器件的非线性实质，使得它们的线性放大范围有一定的限度，当输入信号的幅值超过一定值后，输出波形将会产生非线性失真（Nonlinear Distortion）。放大电路非线性失真的大小用非线性失真系数 THD（Total Harmonic Distortion）来衡量。

非线性失真对某些放大电路的性能指标显得比较重要，例如，高保真度的音响系统和广播电视系统。随着电子技术的进步，目前即使增益较高，输出功率较大的放大电路，其非线性失真系数也可做到不超过 0.01%。

除了上述五种主要性能指标外，针对不同用途的放大电路，还常会提出一些其他指标，如最大不失真输出电压、最大输出功率、效率、信噪比等。

2.3.5　三极管基本开关电路

三极管有截止、饱和及放大 3 个工作区。在数字电路中，三极管作为开关元件，通常工作在截止区和饱和区。下面以硅 NPN 管为例讨论其静态开关特性。

三极管的符号、开关电路如图 2.3.30 所示。

（a）符号　　（b）开关电路

图 2.3.30　三极管的符号、开关电路

其输入特性与输出特性如图 2.3.31 所示。

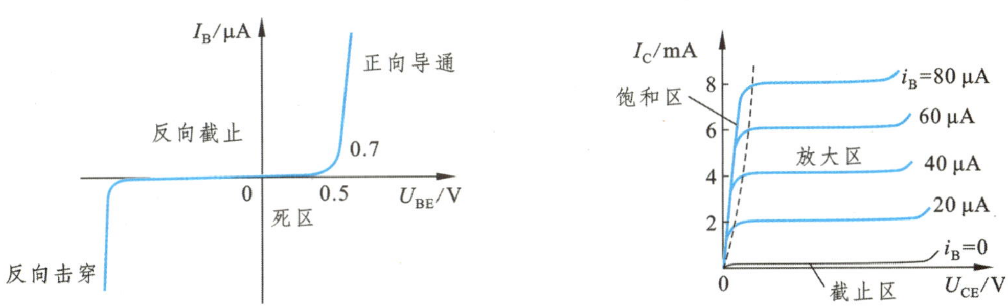

（a）输入特性　　（b）输出特性

图 2.3.31　输入特性与输出特性

1. 截止条件及截止时的特点

从输入特性看，当U_{BE}<0.5 V时，三极管处于截止状态。因此在数字电路的分析、估算中，将U_{BE}<0.5 V 作为三极管截止的条件，然而这种截止并不可靠。为了使三极管可靠截止，应使发射结处于反向偏置，因此，三极管可靠截止的条件为：U_{BE}<0 V。

截止时的特点：$I_B = 0$，$I_C \approx 0$，$U_{CE} \approx U_{CC}$，如同开关断开一样。

2. 饱和条件及饱和时的特点

在图 2.3.105（b）中，若输入电压U_I增大，当$I_B = I_{BS} = \dfrac{I_{CS}}{\beta}$时，三极管进入临界饱和状态。若$I_B > I_{BS}$，则三极管饱和。

三极管饱和时，电路中各电流、电压有如下关系：

$$\begin{cases} I_{CS} = \dfrac{U_{CC} - U_{CES}}{R_C} \approx \dfrac{U_{CC}}{R_C} \\ I_{BS} \approx \dfrac{I_{CS}}{\beta} \\ I_B = \dfrac{U_I - U_{BE}}{R_B} \end{cases}$$

式中，I_B是三极管的实际基极电流；I_{CS}是三极管临界饱和时的集电极电流；β是放大系数；I_{BS}是相应的基极电流；U_{CES}是三极管的饱和压降，$U_{CES} \approx 0.3$ V，可忽略不计；U_{BE}是发射结正向压降，约为 0.7 V。

三极管饱和时的特点：$U_{BE} \approx 0.7$ V，$U_{CE} = U_{CES} \approx 0.3$ V。因此，三极管饱和后集电极与发射极之间如同开关闭合一样。

3. 三极管基本开关电路测试

在 M104 板卡上有各种封装及各种类型的三极管，使用 SOT23 封装 NPN 型三极管搭建测试电路，测试并理解三极管的基本开关电路。

图 2.3.32 为使用 NPN 型三极管作为开关作用的电路原理图，其中，R_2电阻为 C-E 通路的限流电阻，基极连接了一个R_1电阻作为 B-E 通路的限流电阻，基极与发射极之间跨接了一个R_3电阻。R_3电阻作为下拉电阻，将基极电平下拉到 GND，即基极无信号输入时，其电平为 GND，保证$U_{BE} = 0$，三极管关断，此时$I_{CE} \approx 0$，集电极上串联的发光二极管无电流通过而熄灭。

当基极输入电平为高，且基极电流大于三极管临界饱和基极电流时，三极管处于饱和状态，此时$U_{CE} = U_{CES} \approx 0.3$V，三极管导通，发光二极管点亮。

对于 PNP 型三极管，其测试电路原理如图 2.3.33 所示。

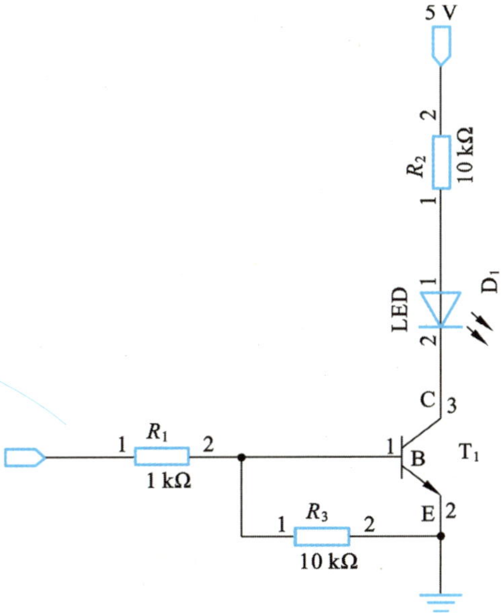

图 2.3.32　NPN 型三极管基本开关电路

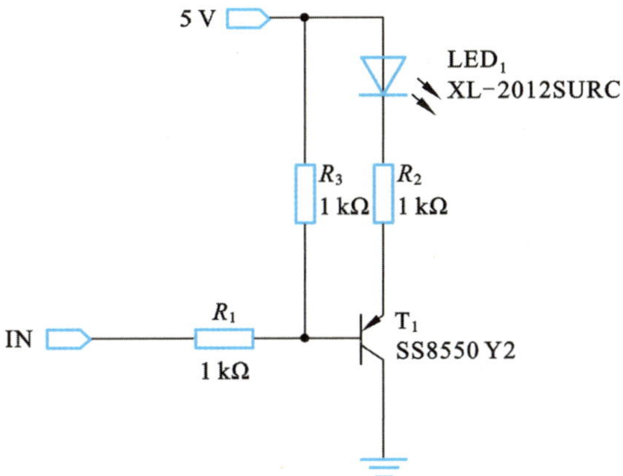

图 2.3.33　PNP 型三极管测试电路

M104 板卡测试示意如图 2.3.34，按照此连线方式，完成接线。

连接方式：

① 将万用表的红色表笔（正极）连接到板卡的 V_{CC} 测试口。

② 由 V_{CC} 引脚连接到 R_5 的左测试点。

③ 由 D_{11} 的左测试点连接到 Q_1（三极管 T_1）的左边最上方测试点。

④ 由 Q_1 的左边第二测试点（中间测试点）分别连接至 R_8 和 R_{11} 的右端测试点。

⑤ Q_1 的左边第三测试点（最下方测试点）和 R_{11} 的左边测试点一起连接至 GND 测试口。

⑥ R_8 的左端测试点经过控制信号点再连接至直流电源的正极。

⑦ 直流电源的负极连接至板卡的 GND 测试口。

调节板载电源调节旋钮，如图 2.3.35 所示，调节三极管集电极电压，并使用万用表读取调节的电压值。

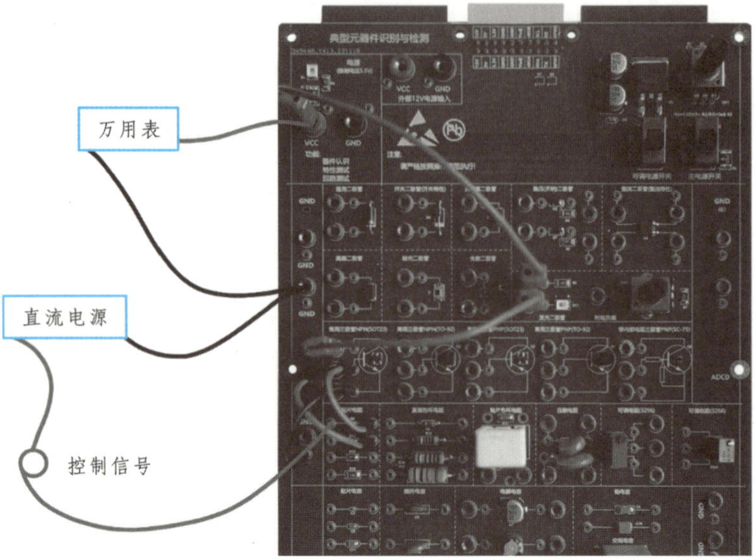

图 2.3.34　M104 板卡测试示意

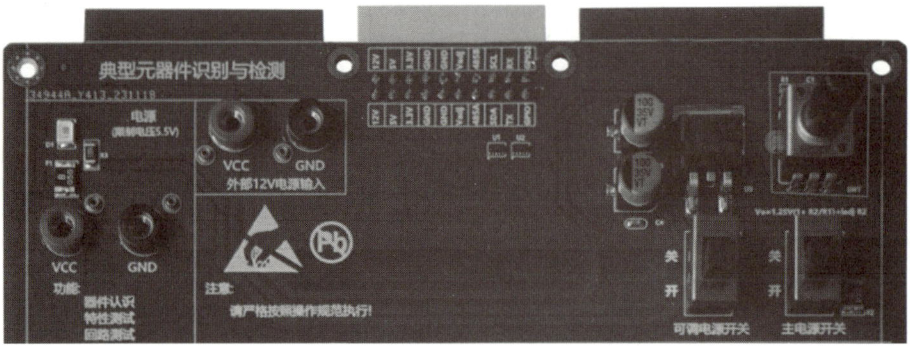

图 2.3.35　调节三极管集电极电压

使用实训架上的直流可调电源，调节基极输入电压（0 ~ 5 V）。观察 LED 灯点亮情况，完成表 2.3.3。

表 2.3.3　观察结果

三极管封装及类型	SOT23 NPN								
集电极输入电压									
基极输入电压									
LED 灯点亮情况									
三极管封装及类型	TO-92 NPN								
集电极输入电压									
基极输入电压									
LED 灯点亮情况									

续表

<table>
<tr><td>三极管封装及类型</td><td colspan="9">SOT23 PNP</td></tr>
<tr><td>集电极输入电压</td><td colspan="3"></td><td colspan="3"></td><td colspan="3"></td></tr>
<tr><td>基极输入电压</td><td></td><td></td><td></td><td></td><td></td><td></td><td></td><td></td><td></td></tr>
<tr><td>LED 灯点亮情况</td><td></td><td></td><td></td><td></td><td></td><td></td><td></td><td></td><td></td></tr>
<tr><td>三极管封装及类型</td><td colspan="9">TO-92 PNP</td></tr>
<tr><td>集电极输入电压</td><td colspan="3"></td><td colspan="3"></td><td colspan="3"></td></tr>
<tr><td>基极输入电压</td><td></td><td></td><td></td><td></td><td></td><td></td><td></td><td></td><td></td></tr>
<tr><td>LED 灯点亮情况</td><td></td><td></td><td></td><td></td><td></td><td></td><td></td><td></td><td></td></tr>
<tr><td>三极管封装及类型</td><td colspan="9">带内部电阻 SC-75 封装 PNP</td></tr>
<tr><td>集电极输入电压</td><td colspan="3"></td><td colspan="3"></td><td colspan="3"></td></tr>
<tr><td>基极输入电压</td><td></td><td></td><td></td><td></td><td></td><td></td><td></td><td></td><td></td></tr>
<tr><td>LED 灯点亮情况</td><td></td><td></td><td></td><td></td><td></td><td></td><td></td><td></td><td></td></tr>
</table>

项目三 基本门电路识别与特性检测

任务 3.1 数字电路基本分析方法

3.1.1 三种基本运算

逻辑代数的基本运算有与（AND）、或（OR）、非（NOT）三种。用电路表示这三种逻辑关系如图 3.1.1 所示，可以看到三种电路的因果逻辑关系不同。数字电路中正是从这种现象出发，得到了数字电路中的三种基本运算逻辑。

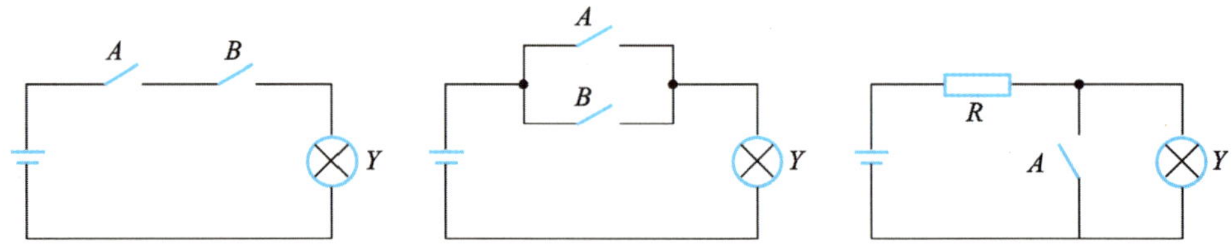

图 3.1.1 三种基本运算电路

1. 与运算

只有决定事物结果的条件同时具备时，结果才发生。用电路表示这种逻辑如图 3.1.2 所示。

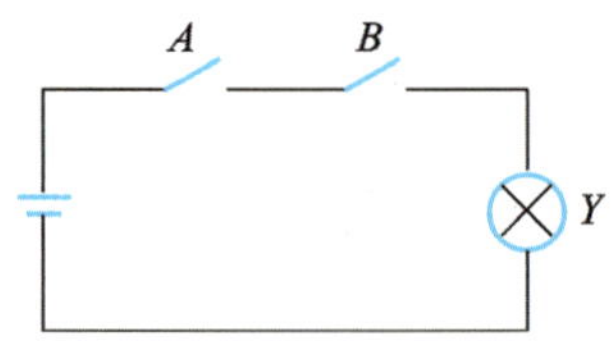

图 3.1.2 与运算电路

分析这个电路，可以知道，只有当 A 和 B 开关同时闭合时，灯 Y 才接通，A 或 B 中任意一个开关断开时，灯 Y 都不会接通，由这种逻辑因果关系，我们可以列出表 3.1.1。

表 3.1.1　与运算关系

开关 A	开关 B	灯 Y
断开	断开	不亮
断开	闭合	不亮
闭合	断开	不亮
闭合	闭合	亮

以 $A=\mathbf{1}$ 表示开关 A 闭合，$A=\mathbf{0}$ 表示开关 A 断开；以 $B=\mathbf{1}$ 表示开关 B 闭合，$B=\mathbf{0}$ 表示开关 B 断开；以 $Y=\mathbf{1}$ 表示灯亮，$Y=\mathbf{0}$ 表示灯不亮，我们可以得到如表 3.1.2 所示逻辑关系。

表 3.1.2　与运算逻辑

A	B	Y
0	**0**	**0**
0	**1**	**0**
1	**0**	**0**
1	**1**	**1**

这就是与运算的逻辑关系，通常我们把上表也称作该数字电路的真值表。

2. 或运算

在决定事物结果的诸条件中只要有任何一个满足，结果就会发生。用电路表示这种逻辑如图 3.1.3 所示。

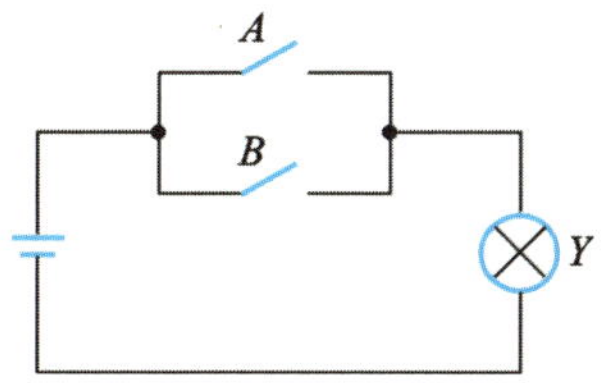

图 3.1.3　或运算电路

分析这个电路，可以知道，当 A 和 B 中任意一个开关闭合时，该电路都能形成回路，灯 Y 都会点亮，只有当 A 和 B 开关均断开时，电路才会断开，灯 Y 熄灭，由这种逻辑因果关系，我们可以列出表 3.1.3。

表 3.1.3　或运算关系

开关 A	开关 B	灯 Y
断开	断开	不亮
断开	闭合	亮
闭合	断开	亮
闭合	闭合	亮

进而可以得到逻辑关系如表 3.1.4 所示。

表 3.1.4　或运算逻辑

A	B	Y
0	**0**	**0**
0	**1**	**1**
1	**0**	**1**
1	**1**	**1**

3. 非运算

只要条件具备了，结果便不会发生；而条件不具备时，结果一定发生。用电路表示这种逻辑如图 3.1.4 所示。

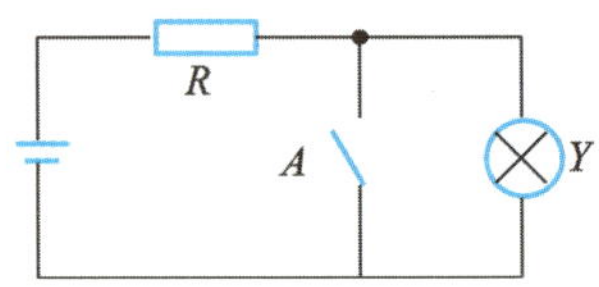

图 3.1.4　非运算电路

分析这个电路，可以知道，当开关 A 断开时，灯 Y 点亮，当开关 A 闭合时，灯 Y 被短路熄灭，由这种逻辑因果关系，我们可以列出表 3.1.5。

表 3.1.5　非运算关系

开关 A	灯 Y
断开	亮
闭合	不亮

由此，可以得到以下逻辑关系如表 3.1.6 所示。

表 3.1.6　非运算逻辑

A	Y
0	**1**
1	**0**

4. 逻辑代数表示

在逻辑代数中，将与、或、非看作是逻辑变量 A、B 间的三种最基本的逻辑运算。

A 与 B 进行与逻辑运算时可写成

$$Y = A \cdot B$$

A 与 B 进行或运算时可写成

$$Y = A + B$$

对 A 进行非运算时可写成

$$Y = A'$$

同时，将实现与逻辑运算的单元电路称为与门，将实现或逻辑运算的单元电路称为或门，将实现非逻辑运算的单元电路称为非门（或反相器）。

逻辑非在很多地方也可以用 $\overline{A}$ 、$-A$ 、$\sim A$ 表示，但一般在 EDA 软件中，由于使用 A' 便于计算机输入，因此使用这种方式更为普遍。

与、或、非逻辑运算还可以用图形符号来表示，以下是被 IEEE（电气电子工程师学会）和 IEC（国际电工委员会）认定的两套与、或、非运算（见图 3.1.5）的图形符号。在 EDA 软件中普遍使用第一种特定外形符号（左图）。

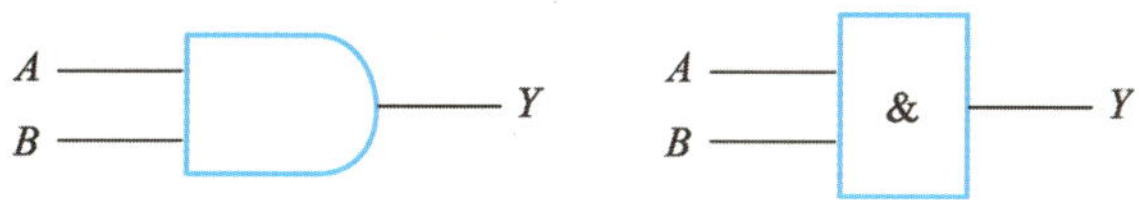

（a）与运算

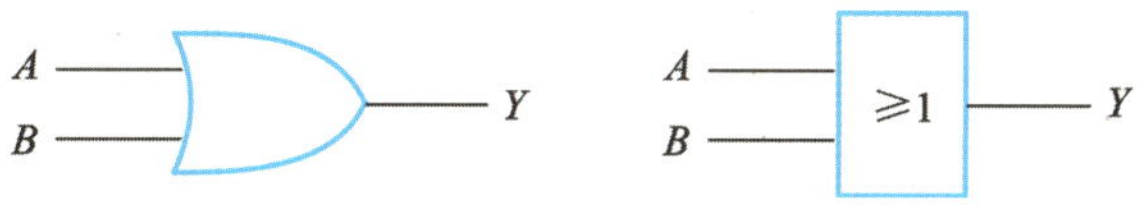

（b）或运算

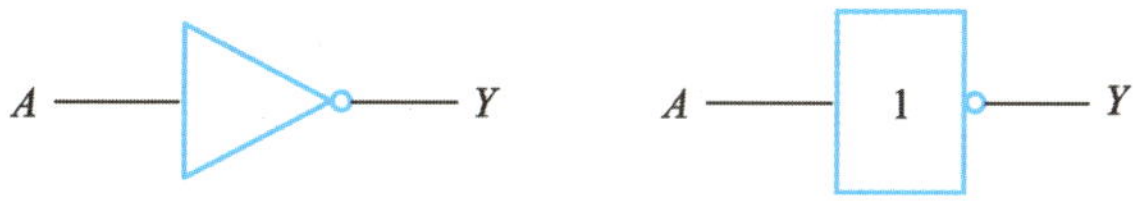

（c）非运算

图 3.1.5　两种图形符号

3.1.2　基本公式及常用公式

逻辑代数的基本公式如表 3.1.7 所示。

表 3.1.7　逻辑代数的基本公式

序号	公　式	序号	公　式
1	$\mathbf{0}\cdot A=\mathbf{0}$	10	$\mathbf{1}'=\mathbf{0}$；$\mathbf{0}'=\mathbf{1}$
2	$\mathbf{1}\cdot A=A$	11	$\mathbf{1}+A=\mathbf{1}$
3	$A\cdot A=A$	12	$\mathbf{0}+A=A$
4	$A\cdot A'=\mathbf{0}$	13	$A+A=A$
5	$A\cdot B=B\cdot A$	14	$A+A'=\mathbf{1}$
6	$A\cdot(B\cdot C)=(A\cdot B)\cdot C$	15	$A+B=B+A$
7	$A\cdot(B+C)=A\cdot B+A\cdot C$	16	$A+(B+C)=(A+B)+C$
8	$(A\cdot B)'=A'+B'$	17	$A+B\cdot C=(A+B)\cdot(A+C)$
9	$(A+B)'=A'\cdot B'$	18	$(A')'=A$

其中：式 3 和 13 是同一变量的运算规律，也称重叠律。

式 4 和 14 为变量与其反变量之间的运算律，也称互补律。

式 5 和 15 为交换律；式 6 和 16 为结合律；式 7 和 17 为分配律。

式 8 和 9 为摩根定律，也称反演律；

式 18 为还原律。

表 3.1.8 为由逻辑代数基本公式推导出的一些常用公式，直接运用这些导出公式可以为化简逻辑函数提供很大便利。

表 3.1.8　一些常用公式

序号	公　式
1	$A+A\cdot B=A$
2	$A+A'\cdot B=A+B$
3	$A\cdot B+A\cdot B'=A$
4	$A\cdot(A+B)=A$
5	$A\cdot B+A'\cdot C+B\cdot C=A\cdot B+A'\cdot C$ $A\cdot B+A'\cdot C+BCD=A\cdot B+A'\cdot C$
6	$A\cdot(A\cdot B)'=A\cdot B'$ $A'\cdot(AB)'=A'$

3.1.3　基本定理

1. 代入定理

在任何一个包含变量 A 的逻辑等式中，若以另外一个逻辑式代入式中所有 A 的值，则等式仍然成立，这就是所谓的代入定理。

例如，已知

$$(A+B)'=A'\cdot B'$$

令 $(B+C)$ 代入式中 B 的位置，可得

$$(A+(B+C))'=A'\cdot(B+C)'$$

又已知

$$(B+C)'=B'\cdot C'$$

于是

$$(A+B+C)'=A'\cdot B'\cdot C'$$

该式为多变量的摩根定律。

同理可得：$(A\cdot B\cdot C)'=A'+B'+C'$ 。

2. 反演定理

对于任意一个逻辑式 Y ，若将其中所有的“·”换成“＋”，“＋”换成“·”，**0** 换成 **1**，**1** 换成 **0**，原变量换成反变量，反变量换成原变量，则得到的结果就是 Y' 。这个规律称为反演定理。

例如，已知 $Y=A\cdot(B+C)+C\cdot D$ ，求 Y' 。

解：根据反演定理可得

$$
\begin{aligned}
Y' &= (A'+B'C')\cdot(C'+D') \\
&= A'C'+B'C'+A'D'+B'C'D' \\
&= A'C'+B'C'(1+D')+A'D' \\
&= A'C'+B'C'+A'D'
\end{aligned}
$$

3. 对偶定理

对于任意一个逻辑式等 Y，若将其中所有的“·”换成“+”，“+”换成“·”，**0** 换成 **1**，**1** 换成 **0**，得到一个新的逻辑式 Y^D，这个 Y^D 就称为 Y 的对偶式，或说 Y 与 Y^D 互为对偶式。

若两逻辑式相等，则其对偶式也相等，这就是对偶定理。

例如，证明 $A+BC=(A+B)\cdot(A+C)$。

解：分别写出等式两边的对偶式为 $A(B+C)$和$AB+AC$，由分配律可知，这两个式子是相等的，即

$$A(B+C)=AB+AC$$

由对偶定理可知，这两个式子原来的两式也一定相等，因此得证。

3.1.4　数字电路分析中的常用化简方法

在进行逻辑运算时，常常会出现同一个逻辑表达式写成不同的形式，而这些逻辑式的简易程度又相差甚远。逻辑式越是简单，所表达的逻辑关系越明显，同时也有利于用最少的电子器件实现这个逻辑函数。因此，经常需要通过化简的手段找出逻辑函数的最简形式。

在逻辑函数式中，若其中包含的乘积项已经最少，且每个乘积项中的因子不能再减少时，称为最简形式。

1. 公式化简法

公式化简法的原理是反复使用逻辑代数的基本公式和常用公式消去函数式中多余的乘积项和多余的因子，求得函数式的最简形式。

公式化简法没有固定的步骤和套路，但有一些经常使用的方法，具体如下。

1）并项法

利用公式 $AB+AB'=A$ 可以将两项合并为一项，并消去 B 和 B' 这一对因子。由带入定理可知，A 和 B 均可以是任何复杂的逻辑式。如

$$
\begin{aligned}
Y &= A(B'CD)'+AB'CD \\
&= A((B'CD)'+(B'CD)) \\
&= A
\end{aligned}
$$

2）吸收法

利用公式 $A+AB=A$ 可将 AB 项消去。A 和 B 均可以是任何复杂的逻辑式。如

$$
\begin{aligned}
Y &= ((A'B)' + C)ABD + AD \\
&= AD((A'B)' + C + \mathbf{1}) \\
&= AD
\end{aligned}
$$

3）消项法

利用公式 $AB + A'C + BC = AB + A'C$ 和 $AB + A'C + BCD = AB + A'C$ 将 BC 或 BCD 项消去，其中 A、B、C、D 均可以是任何复杂的逻辑式。

这两个公式说明，若两个乘积项中分别包含 A 和 A' 两个因子，而这两个乘积项的其余因子组成第三个乘积项时，则第三个乘积项是多余的，可以消去。如

$$
\begin{aligned}
Y &= AC + AB + (B + C)' \\
&= AC + AB' + B'C' (\text{摩根定律}) \\
&= CA + C'B' + AB' \\
&= AC + B'C'
\end{aligned}
$$

4）消因子法

利用公式 $A + A'B = A + B$ 可以将 $A'B$ 中的 A' 消去，A、B 均可以是任何复杂的逻辑式。如

$$
\begin{aligned}
Y &= B' + ABC \\
&= (B' + AC)(B' + B) (\text{分配律}) \\
&= B' + AC
\end{aligned}
$$

5）配项法

根据公式 $A + A = A$ 可以在逻辑式中重复写入某一项，有时候能获得更加简单的化简结果。如

$$
\begin{aligned}
Y &= A'BC' + A'BC + ABC \\
&= (A'BC' + A'BC) + (A'BC + ABC) \\
&= A'B(C' + C) + BC(A' + A) \\
&= A'B + BC
\end{aligned}
$$

根据公式 $A + A' = 1$ 可以在函数式中的某一项上乘以 $(A + A')$，然后拆成两项分别与其他项合并，有时能获得更加简洁的化简结果。如

$$
\begin{aligned}
Y &= AB' + A'B + BC' + B'C \\
&= AB' + A'B(C + C') + BC' + (A + A')B'C \\
&= AB' + A'BC + A'BC' + BC' + AB'C + A'B'C \\
&= (AB' + AB'C) + (BC' + A'BC') + (A'BC + A'B'C') \\
&= AB' + BC' + A'C
\end{aligned}
$$

2. 卡诺图化简法

1）最小项的定义

在逻辑函数中，如果一个与项（乘积项）包含该逻辑函数的全部变量，且每个变量以原变量或反变量形式只出现一次，则称该与项为最小项。对于 n 个变量的逻辑函数共有 2^n 个最小项。

如 3 变量的最小项有 $A'B'C'$ 、 $A'B'C$ 、 $A'BC'$ 、 $A'BC$ 、 $AB'C'$ 、 $AB'C$ 、 ABC' 、 ABC 。

2）最小项编号

最小项用 m_i 表示，通常用十进制数作最小项的下标编号 i 。编号方法是将最小项中的原变量当作 **1**，反变量当作 **0**，得到的二进制数转换为十进制数作为最小项的编号 i 。如 $A'B'C'$ 、$A'B'C$ 、$A'BC'$ 、$A'BC$ 、$AB'C'$ 、$AB'C$ 、ABC' 、ABC 的对应的二进制数为 **000**、**001**、**010**、**011**、**100**、**101**、**110**、**111**，转换为十进制数为 0、1、2、3、4、5、6、7。因此这些最小项可表示为 m_0 、m_1 、m_2 、m_3 、m_4 、m_5 、m_6 、m_7 。

3）逻辑函数的卡诺图表示法

将 n 变量的全部最小项各用一个小方块表示，并使具有逻辑相邻性的最小项在几何位置上也相邻地排列起来，所得到的图形称为 n 变量最小项的卡诺图。

为了保证图中几何位置相邻的最小项在逻辑上也具有相邻性，这些数码不能按照自然数从小到大的顺序排列，必须按照下图中的方式排列，以确保相邻的两个最小项仅有一个变量是不同的。

图 3.1.6 ~ 3.1.9 分别为 2 ~ 5 变量的最小项卡诺图。图形两侧标注的 **0** 和 **1** 表示使对应小方格内的最小项为 **1** 的变量取值。同时这些 **0** 和 **1** 组成的二进制数所对应的十进制数大小也就是对应的最小项的编号。

A \ B	0	1
0	m_0	m_1
1	m_2	m_3

图 3.1.6　2 变量的最小项卡诺图

A \ BC	00	01	11	10
0	m_0	m_1	m_3	m_2
1	m_4	m_5	m_7	m_6

图 3.1.7　3 变量的最小项卡诺图

AB \ CD	00	01	11	10
00	m_0	m_1	m_3	m_2
01	m_4	m_5	m_7	m_6
11	m_{12}	m_{13}	m_{15}	m_{14}
10	m_8	m_9	m_{11}	m_{10}

图 3.1.8　4 变量的最小项卡诺图

CDE AB	000	001	011	010	110	111	101	100
00	m_0	m_1	m_3	m_2	m_6	m_7	m_5	m_4
01	m_8	m_9	m_{11}	m_{10}	m_{14}	m_{15}	m_{13}	m_{12}
11	m_{24}	m_{25}	m_{27}	m_{26}	m_{30}	m_{31}	m_{29}	m_{28}
10	m_{16}	m_{17}	m_{19}	m_{18}	m_{22}	m_{23}	m_{21}	m_{20}

图 3.1.9　5 变量的最小项卡诺图

既然任何一个逻辑函数都可以表示为若干个最小项之和的形式，那么可以使用卡诺图的形式来表示这个逻辑函数。

首先将逻辑函数变化成若干最小项之和的形式，然后在卡诺图上与这些最小项对应的位置填上 **1**，在剩下的位置上填 **0**，那么我们就得到了逻辑函数的卡诺图形式。

如用卡诺图表示 $Y = A'B'C'D + A'BD' + ACD + AB'$ 。

首先将逻辑函数化为若干最小项之和的形式：

$$
\begin{aligned}
Y &= A'B'C'D + A'B(C+C')D' + A(B+B')CD + AB'(C+C')(D+D') \\
&= A'B'C'D + A'BCD' + A'BC'D' + ABCD + AB'CD + AB'CD + AB'CD' + AB'C'D + AB'C'D' \\
&= m_1 + m_6 + m_4 + m_{15} + m_{11} + m_{10} + m_9 + m_8
\end{aligned}
$$

然后画出四变量的卡诺图（见图 3.1.10），在对应函数式中最小项的位置填 **1**，其余位置填 **0**。

CD AB	00	01	11	10
00	0	1	0	0
01	1	0	0	1
11	0	0	1	0
10	1	1	1	1

图 3.1.10　4 变量的卡诺图

4）用卡诺图化简

卡诺图化简的依据是具有相邻性的最小项可以合并，并消去互反变量。

卡诺图上，几何位置相邻与逻辑上的相邻是一致的，因此我们能够利用卡诺图直观地找到相邻的最小项将其合并。其中，卡诺图中的相邻项包括：紧挨着的；同一行的两端；同一列的两端；若为 4 变量时，四角也为相邻项。合并口诀为：消异存同。

如图 3.1.11 所示，卡诺图圈中所有 **1** 对应的变量取值不同时，消去该变量，相同时则保留该变量，该变量取值为 **0** 时，保留为反变量，取值为 **1** 时保留为原变量。

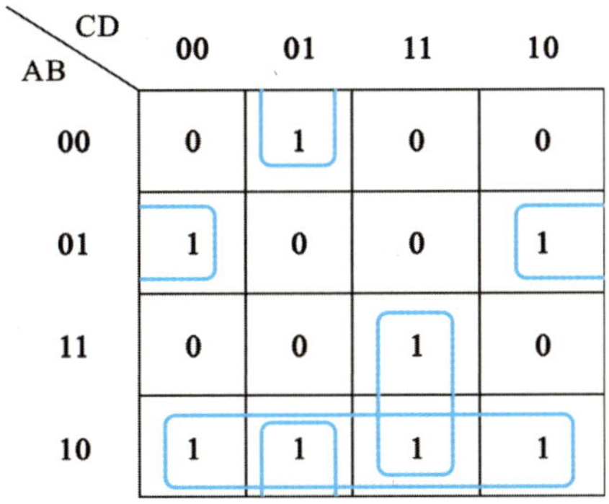

图 3.1.11　画卡诺图圈

例如，用卡诺图化简逻辑函数 $Y=F(A,B,C,D)=\sum m(0,2,4,5,6,7,9,15)$。首先根据逻辑函数画出卡诺图（见图 3.1.12）。

AB \ CD	00	01	11	10
00	1	0	0	1
01	1	1	1	1
11	0	0	1	0
10	0	1	0	0

图 3.1.12　填写卡诺图

然后画出卡诺圈画，如图 3.1.13 所示。

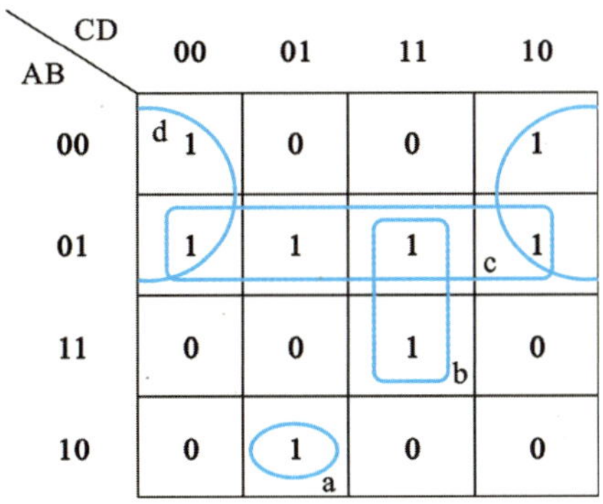

图 3.1.13　画出卡诺圈

接着根据合并口诀，可得

$$Y_a=AB'C'D$$

$$Y_b=BCD$$

$$Y_c=A'B$$

$$Y_d=A'D'$$

c 圈中四个最小项 CD 变量取值总有不同，消去，保留 AB 变量，A 变量为 0，保留为变量，B 为 1，保留为原变量，因此

$$Y = Y_a + Y_b + Y_c + Y_d = AB'C'D + BCD + A'B + A'D'$$

总结出使用卡诺图化简的一般步骤为：

① 写出逻辑函数的最小项之和形式；

② 画出函数的卡诺图；

③ 画出卡诺圈，将相邻的 **1** 方格按 2^n 圈为一组，直到所有的 **1** 被圈完；

④ 将各卡诺圈按照口诀分别化简；

⑤ 将各卡诺圈的化简结果逻辑加。

其中，画卡诺圈的规则为：

① 每个圈中所包含的 **1** 的小方块数只能为 2^n 个，如 2、4、8；

② 画圈时，应将圈画得尽量大，圈数最少；

③ 有些为 **1** 的小方块可以被圈一次以上，但在新圈定的圈内至少要包含一个在原有圈内从未被圈过的 **1** 小方块，所以画完后要检查是否满足要求；

④ 所有 **1** 小方块都要圈完，孤立的 0 方块也不能漏掉。

任务 3.2　常用门电路功能验证

3.2.1　与、或、非门电路测试验证

M301 板卡板载了 74HC08 与门、74HCT32 或门、74LS04 非门电路。接下来使用 M301 板卡完成与或非电路逻辑测试验证，其中使用 LED 灯作为输出指示。

1. 测试与门

按照图 3.2.1 示意连线，完成测试真值表 3.2.1。

图 3.2.1　测试与门连接示意

连接方式：

① 先连接电源，将 VCC_5 V 测试口连接到 AND_VCC（与门）测试口。

② 将测试点 J_{48} 与测试点 J_{32} 相连。

③ 将测试点 J_{49} 与测试点 J_{36} 相连。

④ 将测试点 J_{50} 与下方的 4 位 LED 灯组中的 D_7 的右方测试点 J_{145} 相连。

表 3.2.1　与门测试结果

输入 A	输入 B	输出 Y

2. 测试或门

按照图 3.2.2 示意连线，完成测试真值表 3.2.2。

图 3.2.2　测试或门连接示意

连接方式：

① 先连接电源，VCC_5 V 连接到 OR_VCC（或门）测试口。

② 将测试点 J_{80} 和 J_{81} 分别连接到测试点 J_{32} 和 J_{36}。

③ 将测试点 J_{82} 与下方的 4 位 LED 灯组中的 D_7 的右方测试点 J_{145} 相连。

表 3.2.2　或门测试结果

输入 A	输入 B	输出 Y

3. 测试非门

按照图 3.2.3 示意连线，完成测试真值表 3.2.3。

连接方式：

① 先连接电源，VCC_5 V 连接到 NOT_VCC（非门）测试口。

② 将 J_{32} 测试点连接到 J_{100} 测试点。

③ 将测试点 J_{101} 与下方的 4 位 LED 灯组中的 D_7 的右方测试点 J_{145} 相连。

图 3.2.3　测试非门连接示意

表 3.2.3　非门测试结果

输入 A	输出 Y

3.2.2　与非、或非门电路测试验证

M301 板卡板载了 74HC00 与非门、CD4001 或非门。接下来使用 M301 板卡完成与非、或非电路逻辑测试验证，其中使用 LED 灯作为输出指示。

1. 测试与非门

按照图 3.2.4 示意连线，完成测试真值表 3.2.4。

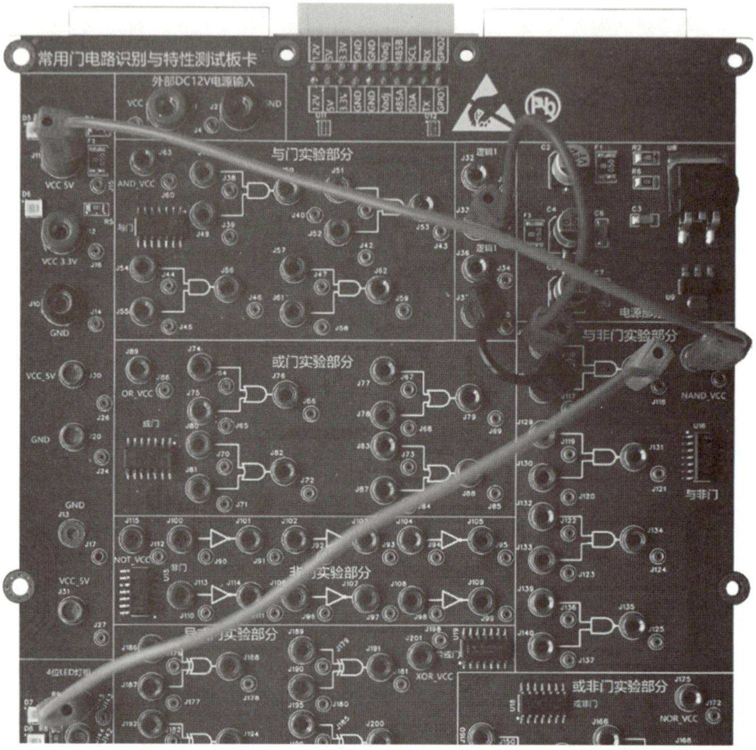

图 3.2.4　测试与非门连接示意

连接方式：

① 先连接电源，VCC_5 V 连接到 NAND_VCC（与非）测试口。

② 将 J_{33} 测试点连接到 J_{126} 测试点。

③ J_{37} 测试点连接到 J_{127} 测试点。

④ 将测试点 J_{128} 与下方的 4 位 LED 灯组中的 D_7 的右方测试点 J_{145} 相连。

表 3.2.4　与非门测试结果

输入 A	输入 B	输出 Y

2. 测试或非门

按照图 3.2.5 示意连线，完成测试真值表 3.2.5。

连接方式：

① 先连接电源，VCC_5 V 连接到 NOR_VCC（或非）测试口。

② 将 J_{36} 测试点连接到 J_{161} 测试点。

③ J_{37} 测试点连接到 J_{160} 测试点。

④ 将测试点 J_{162} 与左方的 4 位 LED 灯组中的 D_7 的右方测试点 J_{145} 相连。

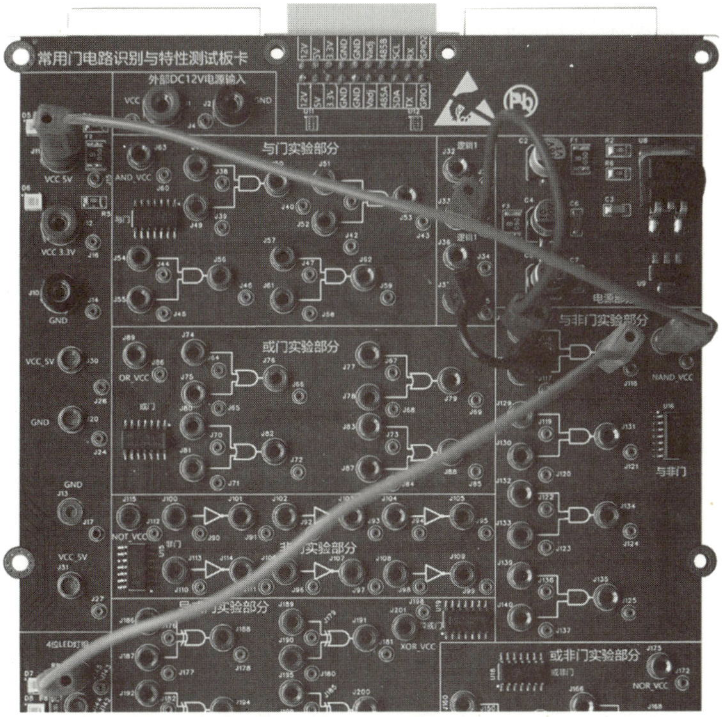

图 3.2.5　测试或非门连接示意

表 3.2.5　或飞门测试结果

输入 *A*	输入 *B*	输出 *Y*

3.2.3　异或、异或非门电路测试验证

1. 异或门电路

异或门电路内部是由与门、或门、非门所共同组成的组合门电路，在电路中两输入信号相同为 **0**，不同为 **1**。其真值表如表 3.2.6 所示。

表 3.2.6　异或门电路真值表

输入 A	输入 B	输出 Y
0	**0**	**0**
0	**1**	**1**
1	**0**	**1**
1	**1**	**0**

异或门的电气符号如图 3.2.6 所示。

图 3.2.6　异或门的电气符号

异或门的逻辑表达式为 $Y = A'B + AB'$ 。通常也写作 $Y = A \oplus B$ 或 $Y = A \wedge B$ 。

异或门定义为具有 2 个输入以执行异或运算的混合逻辑门。其等效电路如图 3.2.7 所示。

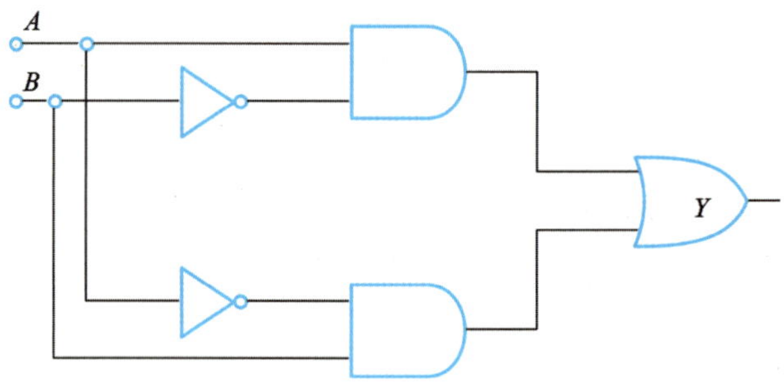

图 3.2.7　异或门等效电路

2. 异或非门电路

异或非门也称为同或门，在异或门的输出端再加上一个非门就构成了异或非门，是数字逻辑电路的基本单元。有 2 个输入端、1 个输出端。两输入信号相同为 **1**，不同为 **0**，其真值表如表 3.2.7 所示。

表 3.2.7　异或非门电路真值表

输入 A	输入 B	输出 Y
0	**0**	**1**
0	**1**	**0**
1	**0**	**0**
1	**1**	**1**

异或非门的电气符号如图 3.2.8 所示。

图 3.2.8　异或非门电气符号

异或非门的逻辑表达式为 $Y = AB + A'B'$ 。通常也写作 $Y = A \odot B$ 或 $Y = (A \oplus B)'$ 。其等效电路如图 3.2.9 所示。

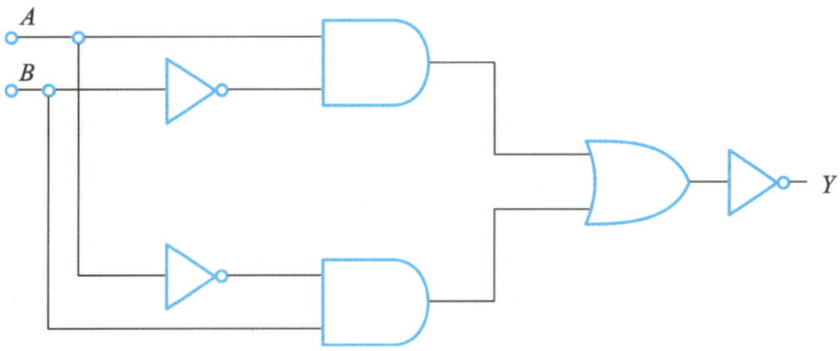

图 3.2.9　异或非门其等效电路

M301 板卡板载了 CD4030 异或门、74HC7266 异或非门。接下来使用 M301 板卡完成异或门、异或非门电路逻辑测试验证，其中使用 LED 灯作为输出指示。

3. 测试异或门

按照图 3.2.10 示意连线，完成异或门测试真值表。

图 3.2.10　测试异或门连接示意

连接方式：

① 先连接电源，VCC_5 V 连接到 XOR_VCC（异或门）测试口。

② 将 J_{32} 测试点连接到 J_{186} 测试点。

③ J_{33} 测试点连接到 J_{187} 测试点。

④ 将测试点 J_{188} 与左方的 4 位 LED 灯组中的 D_7 的右方测试点 J_{145} 相连。

测试结果填入表 3.2.8。

表 3.2.8　异或门测试结果

输入 *A*	输入 *B*	输出 *Y*

4. 测试异或非门

按照图 3.2.11 示意连线，完成异或非门测试真值表。

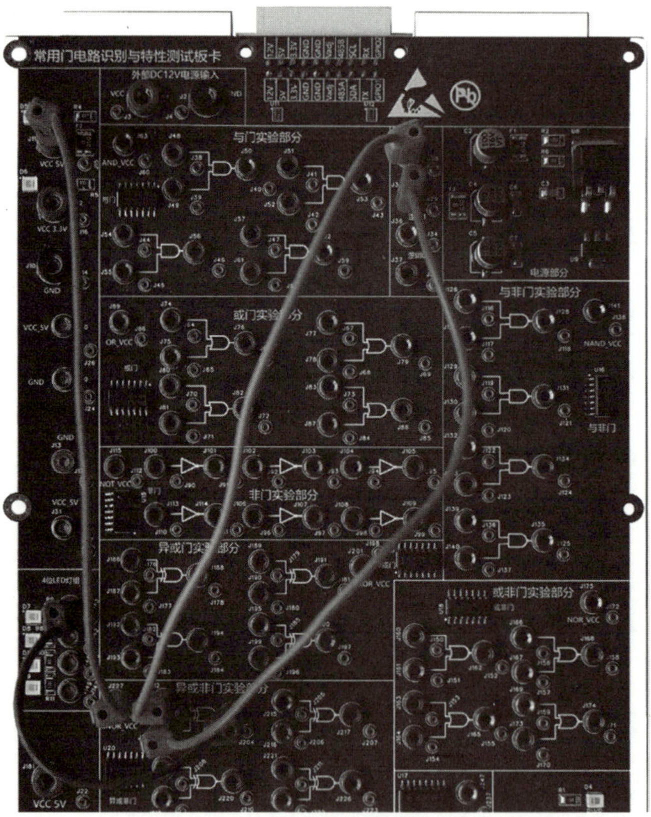

图 3.2.11　测试异或非门连接示意

连接方式：

① 先连接电源，VCC_5 V 连接到 XNOR_VCC（异或非门）测试口。

② 将 J_{32} 测试点连接到 J_{212} 测试点。

③ J_{33} 测试点连接到 J_{213} 测试点。

④ 将测试点 J_{214} 与左上方的 4 位 LED 灯组中的 D_7 的右方测试点 J_{145} 相连。

测试结果填入表 3.2.9。

表 3.2.9　异或非门测试结果

输入 A	输入 B	输出 Y

项目四 集成运算放大器的分析与设计

任务 4.1 集成运算放大器相关知识

4.1.1 集成运算放大器简介

集成运算放大器简称集成运放，它本质上是一个高性能的直接耦合多级放大电路。集成运算放大器有如下特点：

（1）采用直接耦合方式，能充分利用晶体管性能良好的一致性，并采用差分放大电路和电流源电路。

（2）用复杂电路实现高性能的需求，但并不会导致工艺复杂性的增加。

（3）用有源元件替代无源元件，如用晶体管替代那些在集成电路制作过程中难以实现的大电阻。

（4）采用复合管，能够获得更高的电流放大倍数和输入电阻，增强电路的驱动能力和信号处理能力。

将集成运算放大器拆解来分析：

（1）集成：将电路封装，留出接口，使其模块化，便于移植。

（2）运算：这里的运算对象不是简单的数字运算，而是对电参量进行了加减乘除、积分、微分等计算。

（3）放大器：对电参量进行放大，比如把幅值为 1 V 的电压信号放大至 5 V。

总的来说，集成运算放大器就是通过内部元器件的电参量关系，对输入的电参量进行运算处理，达到放大的目的，其外形如图 4.1.1 所示。

图 4.1.1 集成运算放大器

4.1.2　集成运放的电压传输特性

集成运放有同相输入端 u_P 和反相输入端 u_N，这里的“同相”“反相”是指运放的输入电压 u_P、u_N 与输出电压 u_O 之间的相位关系，如图 4.1.2 所示。

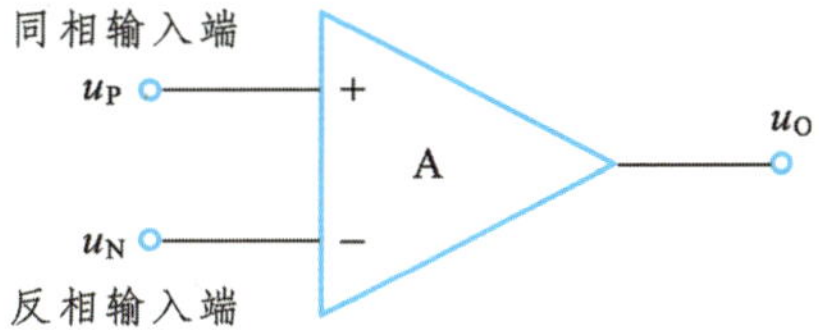

图 4.1.2　集成运放相位关系

从外部看，可以认为集成运放是一个双端输入、单端输出，具有高差模放大倍数、高输入电阻、低输出电阻、能较好地抑制温度漂移的差分放大电路，如图 4.1.3 所示。

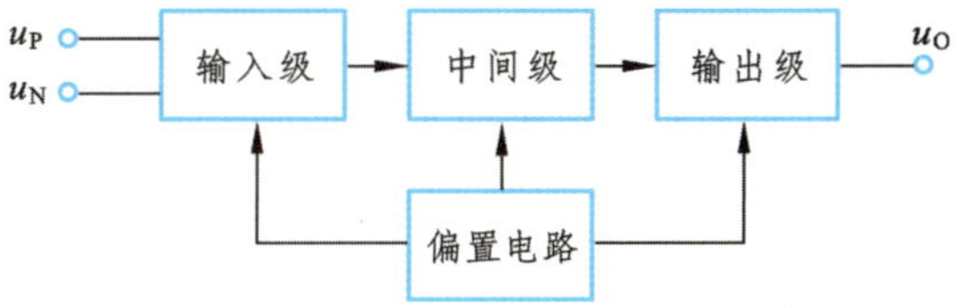

图 4.1.3　集成运放电路

集成运放的输出电压 u_O 与输入电压（即同相输入端与反相输入端之间的电位差 u_P-u_N）之间的关系曲线称为电压传输特性，即 $u_O=f(u_P-u_N)$。对于正、负两路电源供电，即双电源供电的集成运放的电压传输特性如图 4.1.4 所示。

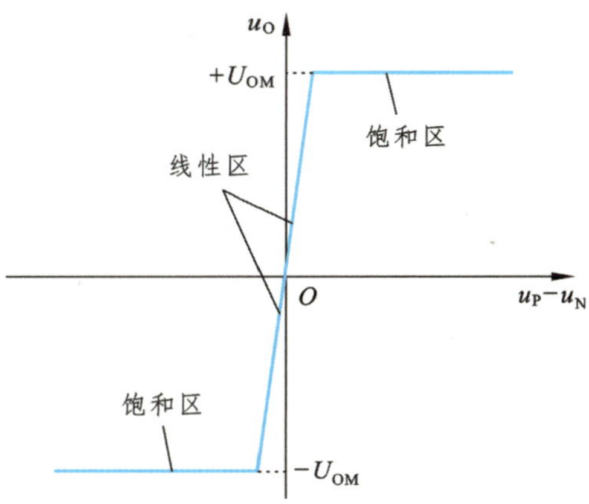

图 4.1.4　双电源供电的集成运放的电压传输特性

从图示曲线可以看出，集成运放有线性放大区域（称为线性区）和饱和区域（称为非线性区）两部分。在线性区，曲线的斜率为电压放大倍数；在非线性区，输出电压只有两种可能的情况，$+U_{OM}$ 或 $-U_{OM}$。

由于集成运放放大的是差模信号，且没有通过外电路引入反馈，故称其电压放大倍数为差模开环放大倍数，记为 A_{od}。当集成运放工作在线性区时 $u_O=A_{od}(u_P-u_N)$，通常 A_{od} 非常高，可达几十万倍，因此集成运放电压传输特性中的线性区非常窄。因此，集成运放工作在线性区时

的最大输入电压 $u_P - u_N$ 的数值仅为几十至一百多微伏。

$u_P - u_N$ 的数值大于一定值时，集成运放的输出为 $+U_{OM}$ 或 $-U_{OM}$，即集成运放工作在非线性区。

4.1.3　集成运放的三大特性

集成运放拥有“虚短”“虚断”“虚地”三大特性，掌握这三种特性，对于分析各种集成运放组成的电路有很大的帮助。

1.“虚短”

由于集成运放的电压放大倍数很大，一般通用型运算放大器的开环电压放大倍数都在 80 dB 以上（放大倍数可用对数形式表示，其单位为分贝，即 dB）。而运放的输出电压是有限的，一般在 10 ~ 14 V。因此运放的差模输入电压不足 1 mV，两输入端近似等电位，相当于“短路”。开环电压放大倍数越大，两输入端的电位越接近相等。

在分析运算放大器处于线性状态时，可把两输入端视为等电位，这一特性称为虚假短路，简称“虚短”。显然，不能将两输入端真正短路。

分析时，可以认为 $u_P = u_N$，即两输入端电压相等。

2.“虚断”

由于运放的差模输入电阻很大，一般通用型运算放大器的输入电阻都在 1 MΩ 以上。因此流入运放输入端的电流往往不足 1 μA，远小于输入端外电路的电流。故通常可把运放的两输入端视为开路，且输入电阻越大，两输入端越接近开路。

在分析运放处于线性状态时，可以把两输入端视为等效开路，这一特性称为虚假开路，简称虚断。显然，不能将两输入端真正断路。

分析时，可以认为 $i_P = i_N = 0$，即两输入端的输入电流为 0。

3.“虚地”

集成运放的反向输入端与同向输入端两点的电位不仅相等，而且均等于 0，如同两点接地一样，这种现象称为“虚地”。虚地是深度电压并联负反馈放大器的重要特点，是指集成运放的输入端为虚地点，如图 4.1.5 所示。

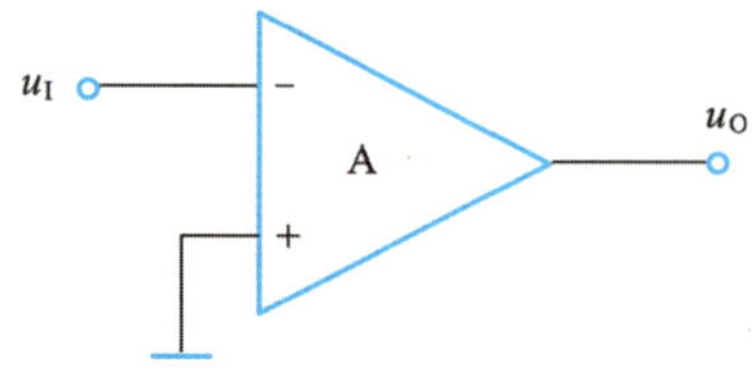

图 4.1.5　“虚地”

分析时，可以认为 $u_P = u_N = 0$，即当信号反向输入时（信号从负输入端流进，而正输入端接地），运放的同向与反向输入端的电位均为 0。

任务 4.2　同相比例放大电路

4.2.1　同相比例放大电路分析

典型同相比例放大电路如图 4.2.1 所示。所谓同相，就是输出信号的相位与输入信号的相位是相同的，通过一定的比例放大。

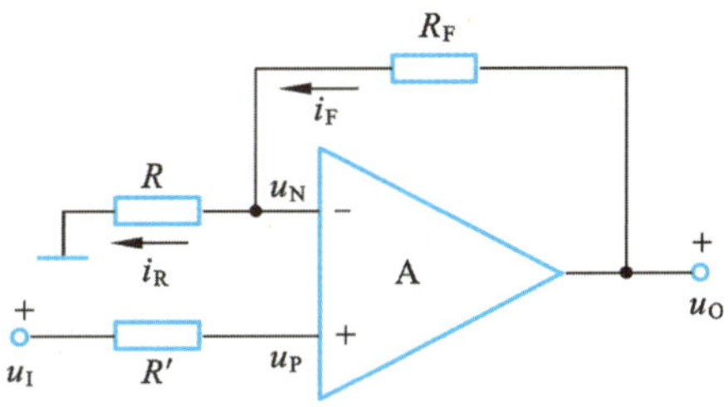

图 4.2.1　同相比例放大电路

可见输入信号是从同向端经过一个电阻 R' 后输入的，这个电阻被称作平衡电阻；反向输入端通过一个电阻 R 接地；输出信号通过一个电阻 R_F 反馈到反向输入端。

下面来推导一下这个电路的计算公式。根据“虚短”“虚断”可以得到 $u_N = u_P = u_I$，$i_N = i_P = 0$，因此

$$i_R = i_F = \frac{u_N}{R} = \frac{u_I}{R}$$

$$u_O = i_F R_F + u_N = u_I \frac{R_F}{R} + u_I = u_I\left(1 + \frac{R_F}{R}\right)$$

由式可知，同相比例放大电路的比例系数始终大于 1。

平衡电阻为 $R' = R_F // R = R \times R_f / (R + R_f)$，此时电路的偏移电压值最小。

在同相比例运算电路中，若将输出电压全部反馈到反向输入端，就构成了电压跟随器，如图 4.2.2 所示。电路引入电压串联负反馈，反馈系数为 1。

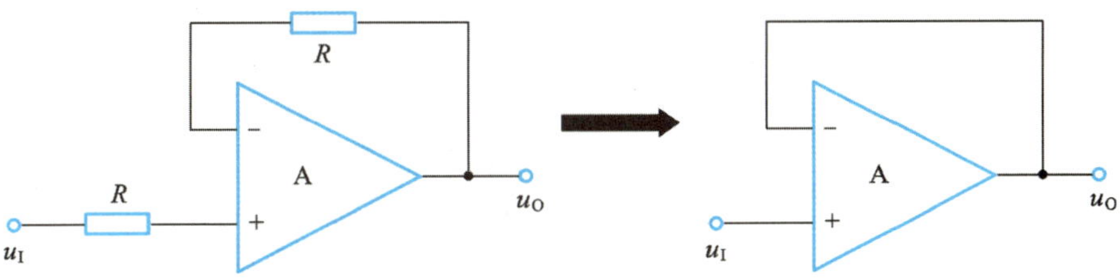

图 4.2.2　电压跟随器

电压跟随器的作用：

① 作为电路中的缓冲级；

② 作为电路中的隔离级；

③ 提高电路的带负载能力。

反馈电阻的作用为：

① 当信号源内阻较大时，添加一个与信号源内阻相同的反馈电阻，可以减少输出失调电压，提高精度。

② 当电路发生阻塞时，可以限制反馈电流，保护输入端。

4.2.2　同相比例放大电路测试

M203 板卡上板载了同相比例放大电路，电路原理如图 4.2.3 所示。

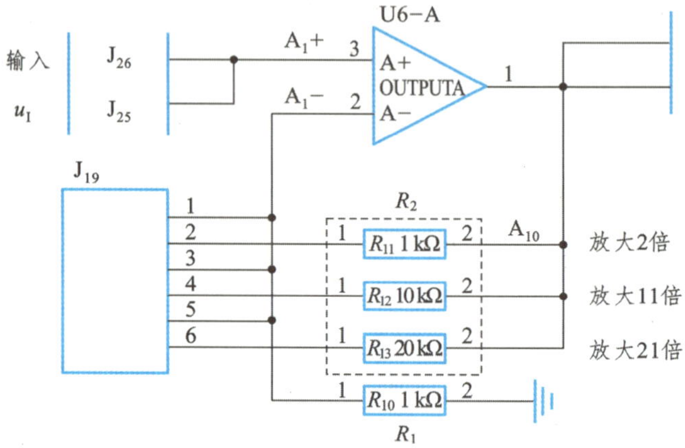

图 4.2.3　同相比例放大电路

如图可见，该运算放大器的同相输入端为整个电路的输入端，输出端通过可选阻值的电阻反馈到运算放大器的反相输入端，构成了同相比例放大电路。

可以知道该电路的输出与输入的关系为

$$u_O = \left(1 + \frac{R_2}{R_1}\right) u_I$$

按照图 4.2.4 连接示意完成连线。首先给运算放大电路供电，使用正负 5 V 双电源供电，使用信号发生器作为同相比例放大电路的输入信号，使用示波器观察该电路的输出情况。另外，调节反馈电阻可以使得该电路的放大倍数发生变化，使用短接帽选择不同的电阻可实现接入不同的反馈电阻。

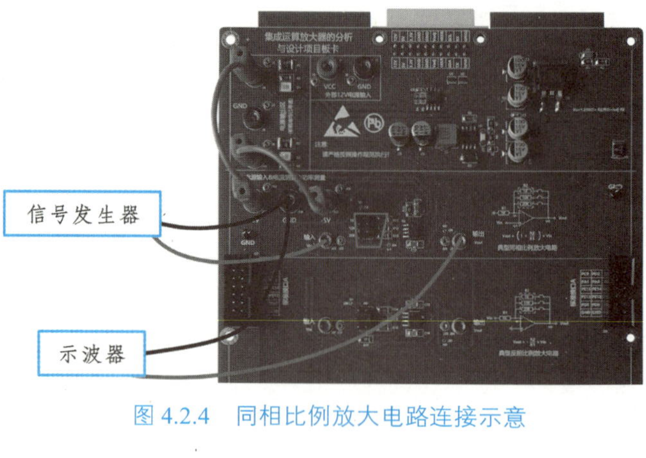

图 4.2.4　同相比例放大电路连接示意

连接方式：

① 先连接电源，+ 5V 测试口 J_4 连接到+ 5 V 测试口 J_{15}。

② 将−5 V 测试口 J_{10} 连接到−5 V 测试口 J_{17}。

③ 信号发生器的黑色表笔（负极）连接到板卡 GND 测试口 J_{16}。

④ 红色表笔（正极）连接到输入测试点 J_{22}。

⑤ 示波器的黑色表笔（负极）连接到板卡 GND 测试口 J_{16}。

⑥ 红色表笔（正极）连接到输出测试点 J_{26}。

下面以 1 kΩ 的反馈电阻为例，介绍该电路的测试方法。在选择不同的反馈电阻时，应考虑输入信号经放大后的最大电压范围为正负 5 V，因此应当适量减小输入信号的幅值。

调整信号发生器，使输入信号为幅值为 400 mV 的方波，偏移为 0 V，占空比为 50%，频率为 1 Hz，其输出波形为正半周 200 mV，负半周 200 mV，如图 4.2.5 所示。

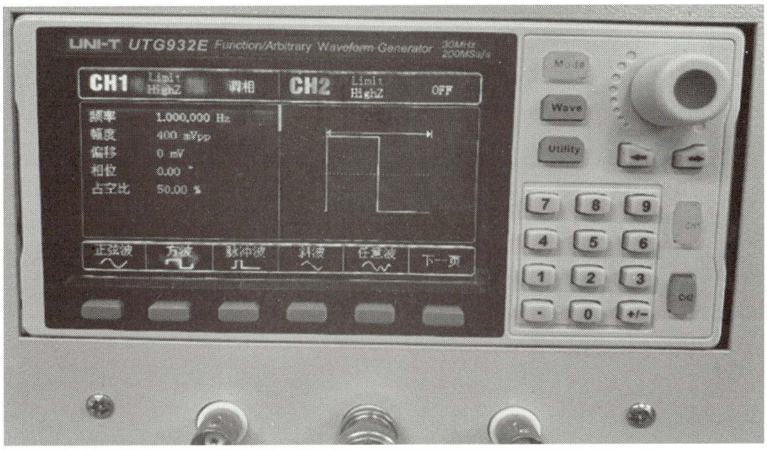

图 4.2.5　调整信号发生器

使用示波器，测量电路的输出信号，如图 4.2.6 所示。

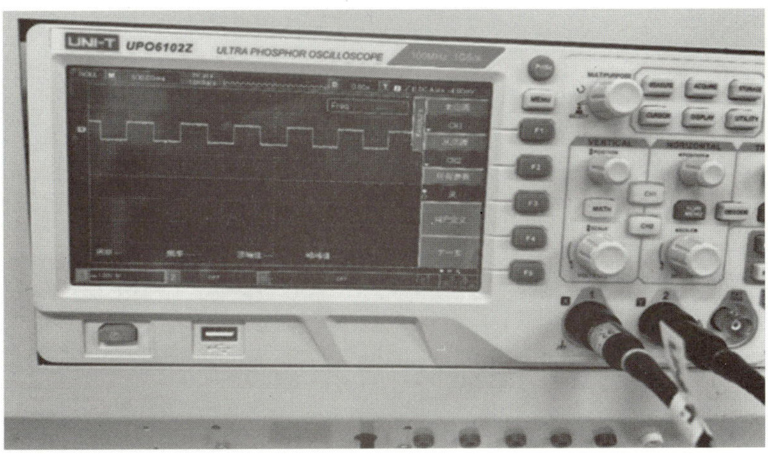

图 4.2.6　测量电路的输出信号

由计算可知，选择反馈电阻为 1 kΩ 时，该同相比例放大电路的放大倍数为 2，因此峰峰值为 400 mV 的方波被放大为了峰峰值为 800 mV 的方波，频率不发生改变，观察并测量示波器测量得到的波形，符合理论计算。

更换反馈电阻，并调节输入信号，测量示波器输出，完成表 4.2.1，并分析误差原因。

表 4.2.1　同相比例放大电路测量结果

序号	输入信号类型	输入信号正幅值	输入信号负幅值	输入信号频率	反馈电阻大小	放大倍数理论值	输出信号类型	输出信号正幅值	输出信号负幅值	输出信号频率	放大倍数测量值

任务 4.3　反相比例放大电路

4.3.1　反相比例放大电路分析

典型反向比例放大电路如图 4.3.1 所示。反相是指输出信号的相位与输入信号的相位相反，这里的比例系数可以大于 1 也可以小于 1。

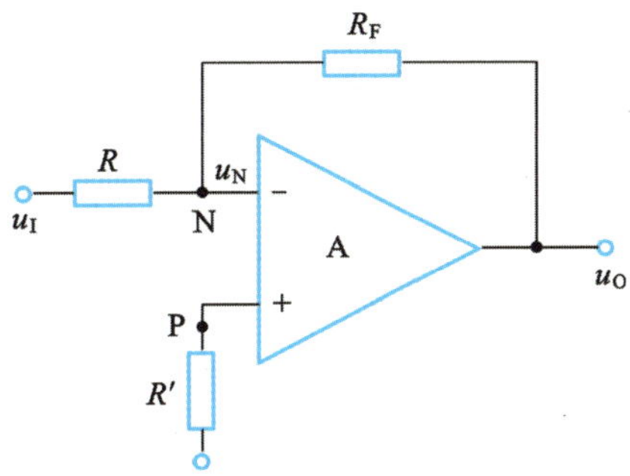

图 4.3.1　反相比例放大电路

反相比例放大电路的信号输入端为运算放大器的反向输入端；同向输入端通过一个电阻接地，该电阻被称为平衡电阻；输出信号通过一个反馈电阻 R_F 连接到运算放大器的反向输入端。

下面来推导一下这个电路的计算公式。

根据“虚短”“虚断”可以得到 $u_N = u_P = 0$， $i_N = i_P = 0$ 。

计算节点 N 的电流

$$i_R = i_F = \frac{u_I}{R}$$

计算输出电压

$$u_O = -i_F R_F = -\frac{u_I}{R} R_F = -\frac{R_F}{R} u_I$$

由此可知，反相比例放大电路的比例系数可以大于 1 也可以小于 1，且输出信号与输入信号反相。

平衡电阻为 $R' = R_F // R$ ，此时电路的偏移电压值最小。

4.3.2　反相比例放大电路测试

M203 板卡板载了反相比例放大电路，电路原理图如图 4.3.2 所示。

如图可见，该电路的正相输入端接地，反相输入端为信号输入端，信号输出端通过可选的反馈电阻连接到运算放大器的反相输入端，构成了反相比例放大电路。

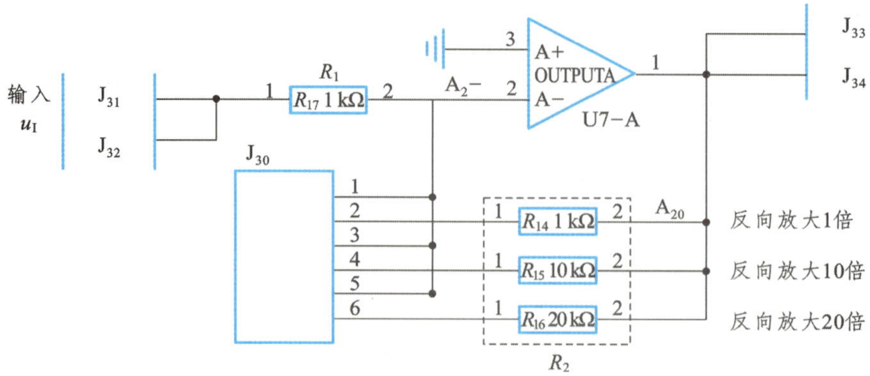

图 4.3.2　反相比例放大电路测试

该电路输出与输入信号的关系为

$$u_O=-\frac{R_2}{R_1}u_I$$

按照图 4.3.3 连接示意完成连线，首先给运算放大电路供电，使用正负 5 V 双电源供电，使用信号发生器作为反相比例放大电路的输入信号，使用示波器观察该电路的输出情况，另外，调节反馈电阻可以使得该电路的放大倍数发生变化，使用短接帽选择下图框中不同的电阻可实现接入不同的反馈电阻

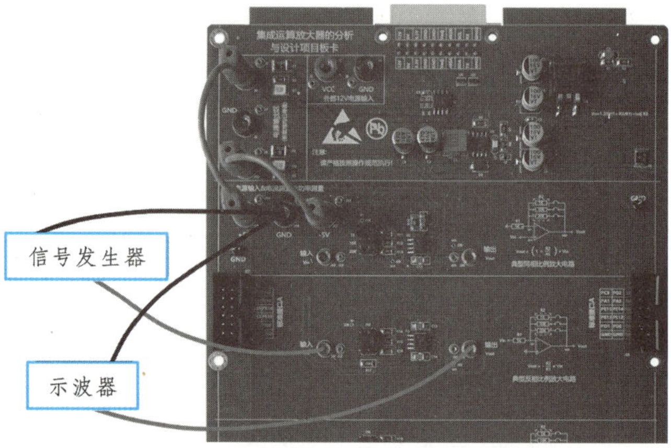

图 4.3.3　反相比例放大电路连接示意

连接方式：

① 先连接电源，+5V 测试口 J_4 连接到 +5 V 测试口 J_{15}。

② 将−5 V 测试口 J_{10} 连接到−5 V 测试口 J_{17}。

③ 示波器的黑色表笔（负极）连接到板卡 GND 测试口 J_{16}。

④ 红色表笔（正极）连接到输入测试点 J_{34}。

⑤ 信号发生器的黑色表笔（负极）连接到板卡 GND 测试口 J_{16}。

⑥ 红色表笔（正极）连接到输出测试点 J_{31}。

下面以 10 kΩ 反馈电阻为例，介绍该电路的测试方法。在选择不同的反馈电阻时，应考虑输入信号经放大后的最大电压范围为正负 5 V，因此应当适量减小输入信号的幅值。

调整信号发生器，使输入信号为幅值为 400 mV 的方波，偏移为 200 mV，占空比为 50%，频率为 1 Hz，其输出波形为正半周 400 mV，负半周 0 mV，如图 4.3.4 所示。

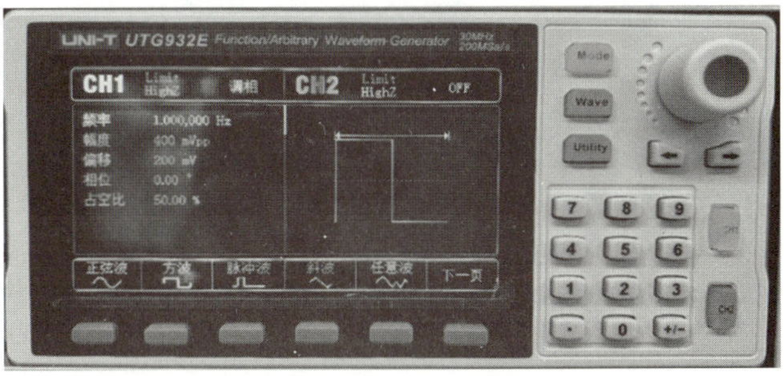

图 4.3.4　调整信号发生器

使用示波器，测量电路的输出信号，如图 4.3.5 所示。

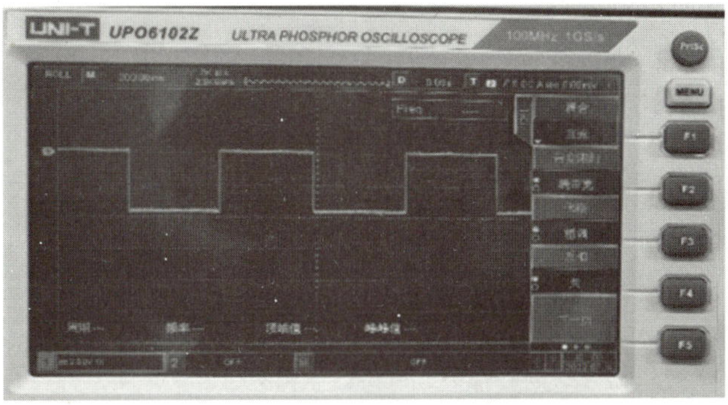

图 4.3.5　测量电路的输出信号

由计算可知，选择反馈电阻为 10 kΩ 时，该同相比例放大电路的放大倍数为−10，因此原峰峰值为 400 mV 的方波被放大为了峰峰值为−4 V 的方波，频率不发生改变，观察并测量示波器测量得到的波形，符合理论计算。

更换反馈电阻，并调节输入信号，测量示波器输出，完成表 4.3.1，并分析误差原因。

表 4.3.1　反相比例放大电路测量结果

序号	输入信号类型	输入信号正幅值	输入信号频率	反馈电阻大小	放大倍数理论值	输出信号类型	输出信号正幅值	输出信号频率	放大倍数测量值

任务 4.4　差分比例运算电路

4.4.1　差分比例运算电路分析

典型差分比例运算电路如图 4.4.1 所示。该电路有两个输入信号，且电路参数对称，可以实现对输入差模信号的比例运算。

其中，差模信号与共模信号的定义如下：

共模信号指的是两个极性和大小都相同的信号（相位相同、振幅相同）。

差模信号指的是两个极性相反、大小相同的信号（相位相反、振幅相同）。

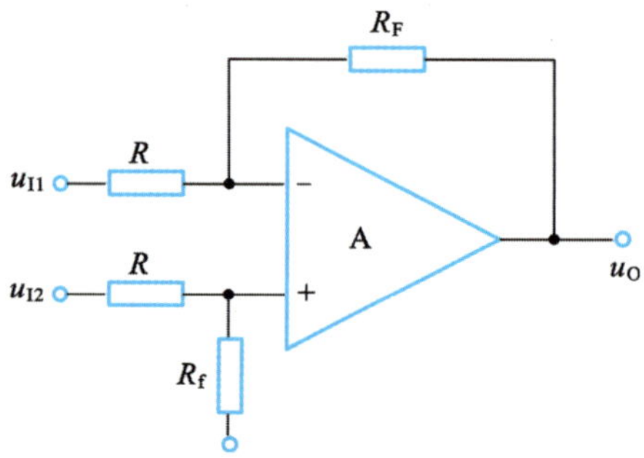

图 4.4.1　差分比例运算电路

下面来推导一下这个电路的计算公式。

根据“虚短”“虚断”可以得到 $u_N = u_P$， $i_N = i_P = 0$。

因

$$\frac{u_{I2} - u_P}{R} = \frac{u_P}{R_F}$$

有

$$u_P = \frac{R_F}{R_F + R} u_{I2}$$

又因

$$\frac{u_{I1} - u_N}{R} = \frac{u_N - u_O}{R_F}$$

有

$$\begin{aligned} u_O &= \frac{R_F + R}{R} u_N - \frac{R_F}{R} u_{I1} \\ &= \frac{R_F + R}{R} \frac{R_F}{R_F + R} u_{I2} - \frac{R_F}{R} u_{I1} \\ &= \frac{R_F}{R} (u_{I2} - u_{I1}) \end{aligned}$$

在使用单个集成运放构成的差分运算电路时存在两个缺点，一是电阻的选取和调整不方便，二是对于每个信号的输入电阻要求都很小，因此必要时可以采用两级电路，如图 4.4.2 所示。

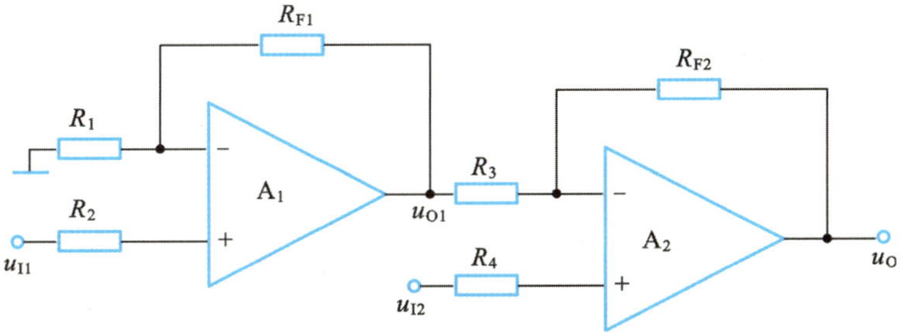

图 4.4.2　两级差分比例运算电路

其计算公式为

$$u_O = -u_{I1}\left(\frac{R_{F2}}{R_3}+\frac{R_{F1}}{R_1}\frac{R_{F2}}{R_3}\right)+\left(1+\frac{R_{F2}}{R_3}\right)u_{I2}$$

若 $R_1 = R_{F2}$，$R_3 = R_{F1}$，则

$$u_O = \left(1+\frac{R_{F2}}{R_3}\right)(u_{I2}-u_{I1})$$

可以看到，输出信号与两个输入信号仍然为差分比例关系，且配电阻非常方便，比例系数始终大于 1，因此常用两级差分运算电路。

4.4.2　差分比例运算电路测试

M203 板卡板载了差分比例运算电路，电路原理如图 4.4.3 所示。

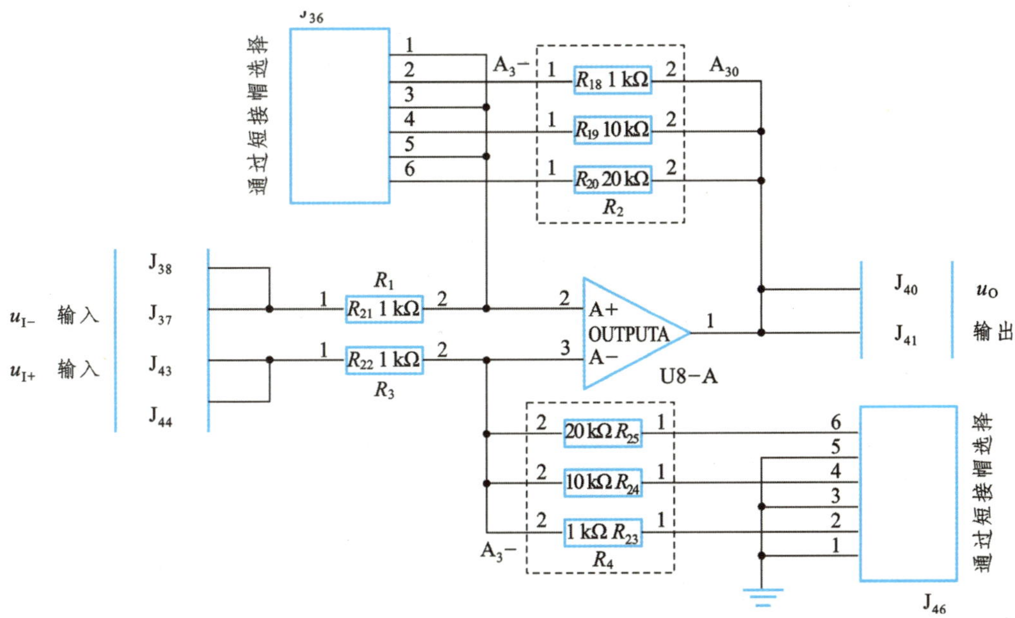

图 4.4.3　差分比例运算电路

如图可见，该电路有两个输入端，且电路对称，构成了差分比例运算电路。

分析这个电路，该电路为典型的差分比例运算电路，由前面的理论知识可知，该电路输出与输入信号的关系为

$$u_{O}=\frac{R_{2}}{R_{1}}(u_{I+}-u_{I-})(R_{1}=R_{3},R_{2}=R_{4})$$

按照图 4.4.4 连接示意完成电源连线，首先给运算放大电路供电，使用正负 5 V 双电源供电。

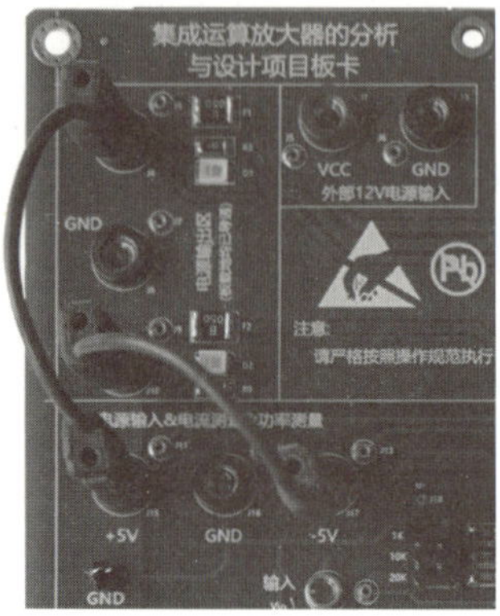

图 4.4.4　差分比例运算测试电源连接示意

如图 4.4.5 所示，使用信号发生器作为差分比例运算电路的输入信号，使用示波器观察该电路的输出情况。另外，调节反馈电阻可以使得该电路的放大倍数发生变化，使用短接帽不同的电阻可实现接入不同的反馈电阻，注意调节 R_2 反馈电阻时应当同步调节 R_4 电阻，保持两者阻值一致。

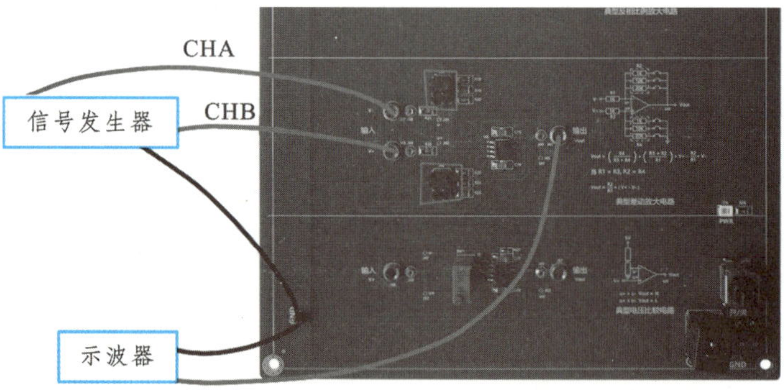

图 4.4.5　差分比例运算测试连接示意

连接方式：

① 先连接电源，+ 5V 测试口 J_4 连接到 + 5 V 测试口 J_{15}。

② 将−5 V 测试口 J_{10} 连接到−5 V 测试口 J_{17}。

③ 示波器的黑色表笔（负极）连接到板卡左下角的 GND 测试口。

④ 红色表笔（正极）连接到输入测试点 J_{41}。

⑤ 信号发生器的黑色表笔（负极）连接到板卡左下角 GND 测试口。

⑥ 两个输出接口都使用，其中 CHA 连接到测试点 J_{37}，CHB 连接到测试点 J_{34}。

下面以 1 kΩ 反馈电阻为例，介绍该电路的测试方法。在选择不同的反馈电阻时，应考虑输入信号经放大后的最大电压范围为 ± 5 V，因此应当适量减小输入信号的幅值。

调整信号发生器，使 CHA 输入信号为幅值为 400 mV 的方波，偏移为 200 mV，占空比为 50%，频率为 1 Hz，其输出波形为正半周 400 mV，负半周 0 mV，如图 4.4.6 所示。

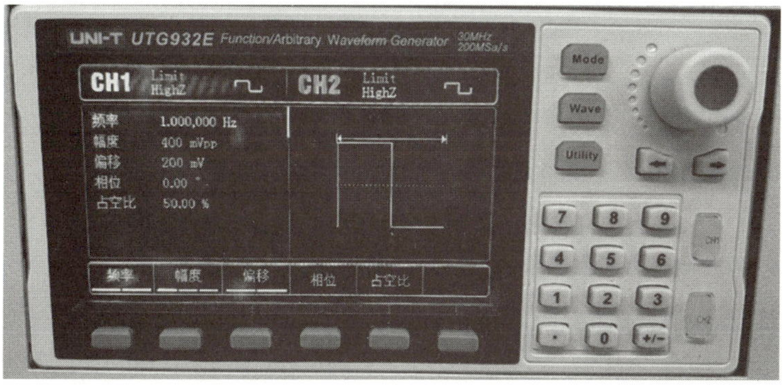

图 4.4.6　调整信号发生器 1

调整信号发生器，使 CHB 输入信号为幅值为 200 mV 的方波，偏移为 100 mV，占空比为 50%，频率为 1 Hz，其输出波形为正半周 200 mV，负半周 0 mV，如图 4.4.7 所示

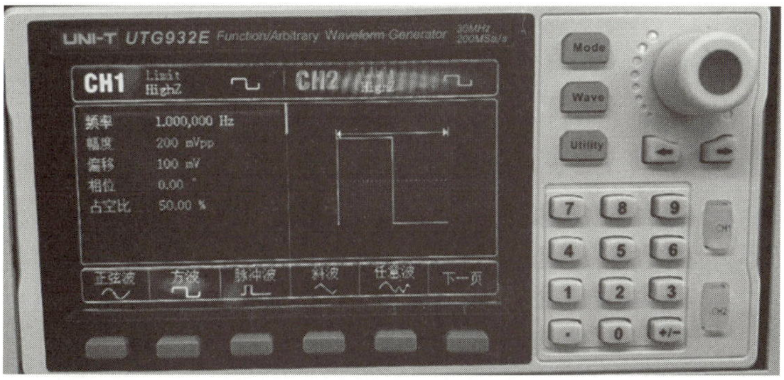

图 4.4.7　调整信号发生器

使用示波器，测量电路的输出信号，如图 4.4.8 所示。

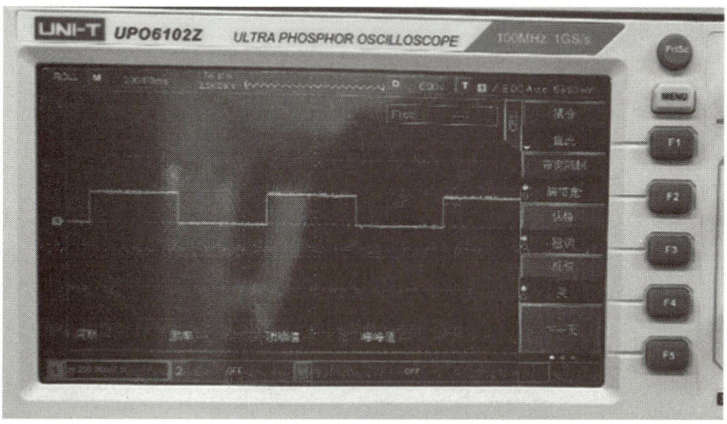

图 4.4.8　测量电路的输出信号

由计算可知，选择反馈电阻为 1 kΩ 时，该电路的输出为 $u_O = u_{I+} - u_{I-}$，因此输出信号应当为正半周 200 mV，负半周 0 mV，频率不发生改变，占空比不发生改变，观察并测量示波器测量得到的波形，符合理论计算。

更换反馈电阻，并调节输入信号，测量示波器输出，完成表 4.4.1，并分析误差原因。

表 4.4.1　测试结果

序号	输入信号类型	u_{I+} 输入信号正幅值	u_{I-} 输入信号正幅值	输入信号频率	反馈电阻大小	放大倍数理论值	输出信号类型	输出信号正幅值	输出信号频率	放大倍数测量值

任务 4.5　集成运放构成的比较电路

4.5.1　集成运放构成的比较电路分析

在线性应用中，可以对运算放大器作如下理想假设：① 无限增益和带宽；② 零输出阻抗；③ 无限输入阻抗；④ 输入之间为 0 V。

也可以将运算放大器以非线性方式使用，但有一些地方要特别注意和处理。一种常见的配置是仅使用开环运算放大器（无反馈），从而让其高增益产生比较器工作。没有负反馈，两个输入就不一定保持相同的电压，因此上述第 ④ 点理想假设也就无效，如图 4.5.1 所示。

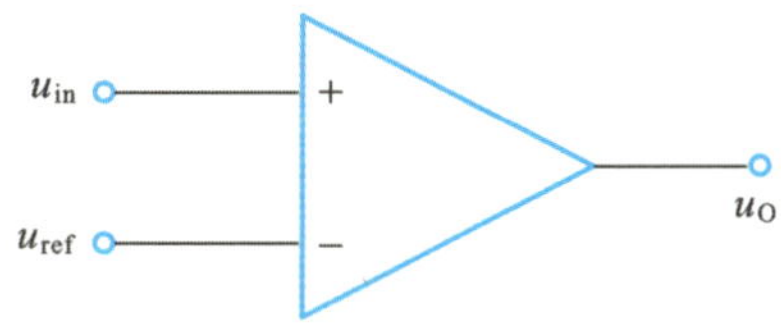

图 4.5.1　理想的运算放大器

运算放大器的工作原理是使其能够放大输入端电压差。当运放工作在开环模式下（即没有反馈电路连接到输入端），它具有非常高的增益。因此，哪怕输入端电压差很小，也会使输出电压迅速达到正饱和或负饱和状态。

如图 4.5.2 所示，运放用作比较器时工作在非线性区。

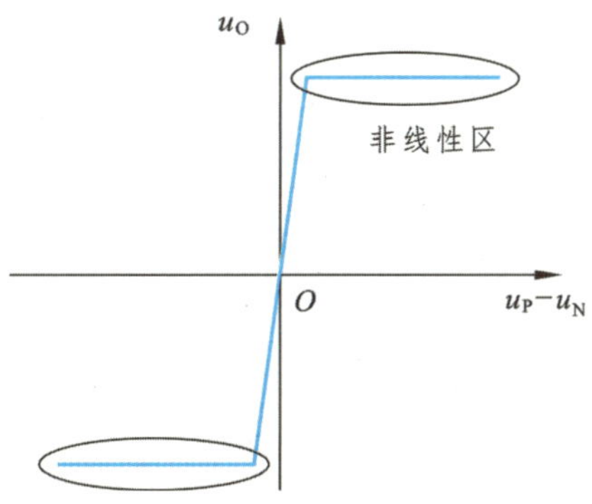

图 4.5.2　运算放大器特性曲线

设运放的增益为 A（理想情况下非常大），其输入电压为 u_{I+}（正相输入端）、u_{I-}（反相输入端），输出电压为 u_O，那么运放的输出电压公式可以表示为

$$u_O = A(u_{I+} - u_{I-})$$

因 A 非常大，就算输入电压差 $u_{I+} - u_{I-}$ 非常小，输出电压 u_O 都会达到非常大的值。

运放的电源电压通常标记为 V_{CC}（正电源）和 V_{EE}（负电源）。在双电源供电情况下，饱和电

压接近于 V_{CC} 和 V_{EE}；在单电源供电情况下，饱和电压接近于 V_{CC} 和地（0 V）。

不同类型的运放具有不同的饱和电压。例如，一些运放的饱和电压距离电源电压可能相差 0.5 ~ 2 V；而某些高精度运放或轨到轨运放，其饱和电压非常接近电源电压。

4.5.2 集成运放构成的比较电路测试

M203 板卡板载了集成运放构成的比较电路，电路原理如图 4.5.3 所示。

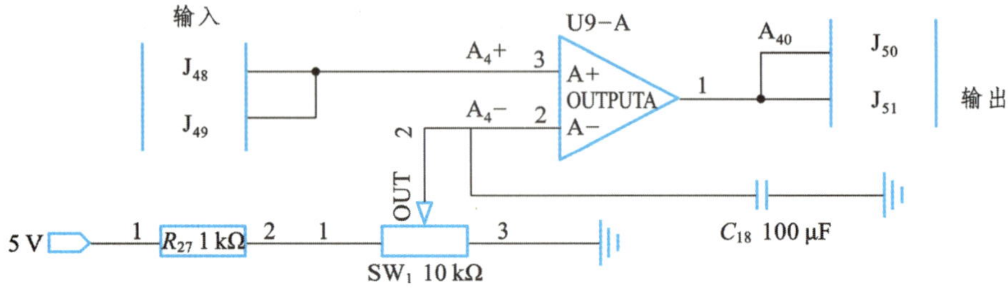

图 4.5.3 集成运放构成的比较电路

该电路中的运算放大器的同相输入端为信号输入端，反相输入端接了一个由 R_{27} 与 SW_1 电阻串联形成的分压电路，为运算放大器的反相输入端提供一个参考电压。分析该电路，可以计算得到运算放大器的反相输入端的参考电压范围为 0 ~ 4.55 V。

根据前面的理论分析可以得知，当 $u_I < U_R$ 时，$u_O = +U_{OM}$；当 $u_I > U_R$ 时，$u_O = -U_{OM}$。

按照图 4.5.4 连接示意完成电源连线，首先给运算放大电路供电，使用正负 5 V 双电源供电。

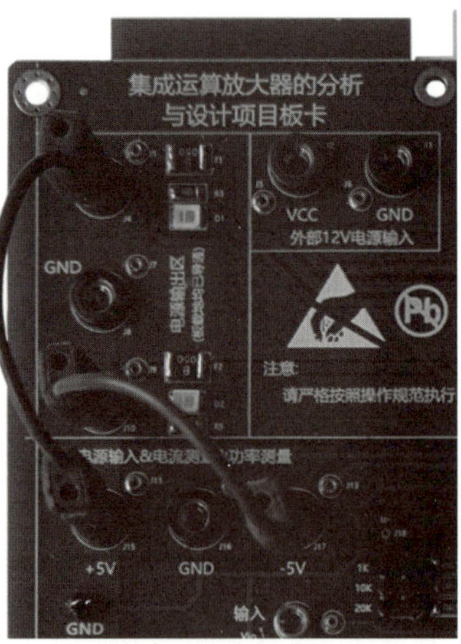

图 4.5.4 集成运放构成的比较电路测试电源连接示意

使用直流可调电源为运放构成的比较电路的输入信号，使用万用表测试该电路的输入和输出情况，连接示意如图 4.5.5 所示。另外，调节电位器可以使得该电路的反相输入端的参考电压发生变化，从而影响比较电路的比较阈值。

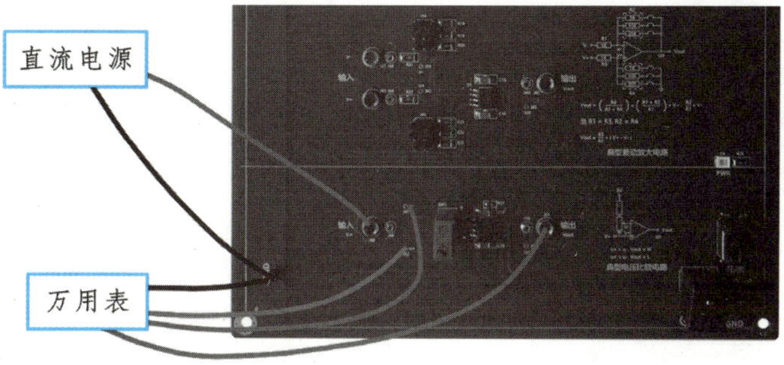

图 4.5.5　集成运放构成的比较电路测试连接示意

连接方式：

① 先连接电源，+5V 测试口 J_4 连接到 +5 V 测试口 J_{15}。

② 将−5 V 测试口 J_{10} 连接到−5 V 测试口 J_{17}。

③ 万用表的黑色表笔（负极）连接到板卡左角的 GND 测试口。

④ 红色表笔（正极）连接到输入测试点 J_{51}。

⑤ 在测试其他电位时可以将红色表笔连接至测试点 J_{47}、J_{52}。

⑥ 直流电源的黑色表笔（负极）连接到板卡左下角 GND 测试口。

下面介绍该电路的测试方法。

调节直流可调电源，向电路同相输入端输入 DC 2 V 信号，如图 4.5.6 所示。

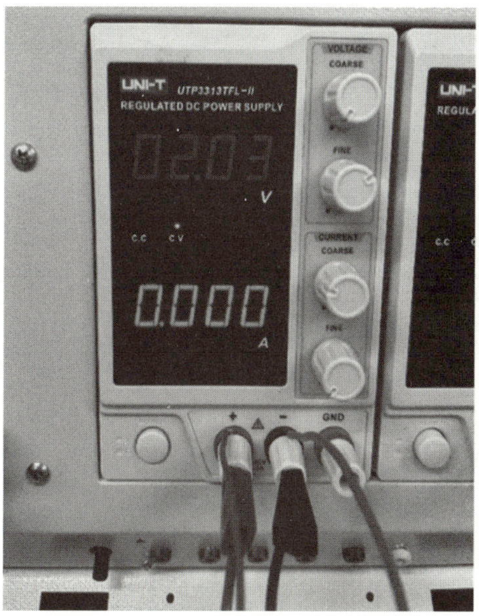

图 4.5.6　调节直流可调电源

调整电位器，并用万用表测量反相输入端电压测试点 J_{47}，使其电压值小于 2 V，如图 4.5.7 所示。

使用万用表测量输出电压，如图 4.5.8 所示。

图 4.5.7　调整电位器

图 4.5.8　测量输出电压

调整电位器，并用万用表测量反相输入端电压测试点 J_{47}，使其电压值大于 2 V，如图 4.5.9 所示。

使用万用表测量输出电压，如图 4.5.10 所示。

图 4.5.9　调整电位器

图 4.5.10　测量输出电压

由以上操作可知，当保持正相输入端电压保持不变时，反相输入端电压若小于正向输入端电压，则输出为 $+U_{\mathrm{OM}}$，反之输出为 $-U_{\mathrm{OM}}$，与理论一致。

下面测试当反相输入端电压保持恒定不变，同相输入端电压变化时的情况。

调整电位器，并用万用表测量反相输入端电压测试点 J_{47}，使其电压值等于 2 V，如图 4.5.11 所示。

调节直流可调电源，向电路同相输入端输入大于 2 V 电压，如图 4.5.12 所示。

图 4.5.11　调整电位器

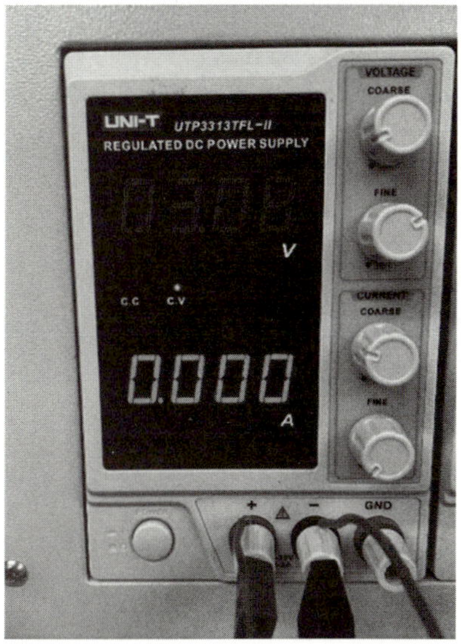

图 4.5.12　调节直流可调电源

使用万用表测量输出电压，如图 4.5.13 所示。

图 4.5.13　测量输出电压

调节直流可调电源，向电路同相输入端输入小于 2 V 电压，如图 4.5.14 所示。

使用万用表测量输出电压，如图 4.5.15 所示。

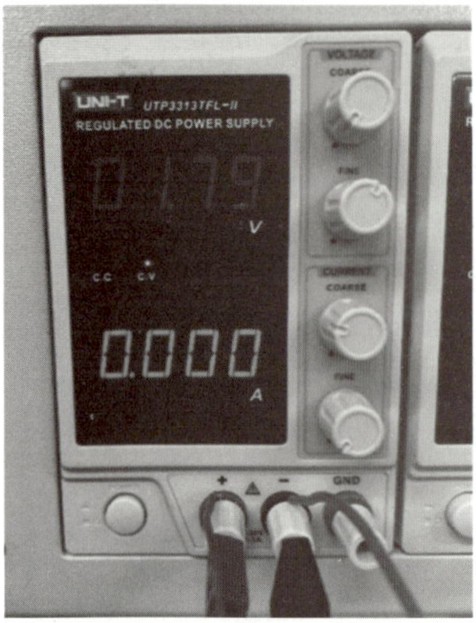

图 4.5.14　调节直流可调电源

图 4.5.15　测量输出电压

由以上操作可知，当保持反相输入端电压保持不变时，正相输入端电压若大于反相输入端电压，则输出为 $+U_{sat}$，反之输出为 $-U_{sat}$，与理论一致。

测量其他电压值输入与不同的反相输入端参考电压的情况，完成表 4.5.1，并分析误差原因。

表 4.5.1　测试结果

序号	参考电压	正相输入端电压	输出电压理论值	输出电压实测值

项目五　波形发生电路设计与应用

任务 5.1　NE555 芯片简介及其应用

5.1.1　NE555 的概述

NE555 是一块通用时基电路芯片，是一种将模拟信号与逻辑功能相结合的模拟集成电路，能够产生精确的时间延时和振荡，可应用于电子控制、电子检测和电子警报等诸多方面。例如，由它可构成精确的计时器、脉冲发生器、时间延时发生器、脉宽调制、相位调制以及锯齿电压发生器等，在微型计算机外围设备中，可以用它来构成时钟发生器以产生所需的时钟脉冲。

NE555 封装形式一般有 SOP8/DIP8，如图 5.1.1 所示。

（a）DIP8　　（b）SOP8

图 5.1.1　NE555 封装

5.1.2　NE555 的内部结构与引脚介绍

1. NE555 的内部原理图

NE555 是一种集成电路，其内部结构包括比较器、*RS* 触发器、电压比较器和输出级等主要功能模块，如图 5.1.2 所示。

1）比较器

NE555 内部有两个比较器，分别是阈值（Threshold）比较器和触发（Trigger）比较器。阈值比较器连接到引脚 6，触发比较器连接到引脚 2。这两个比较器用于检测阈值电压和触发电压的变化。

（1）阈值比较器：当电压在 Threshold 引脚（引脚 6）上升时，该比较器将输出高电平信号。当 Threshold 电压超过 Trigger 电压时，比较器的输出将发生变化。

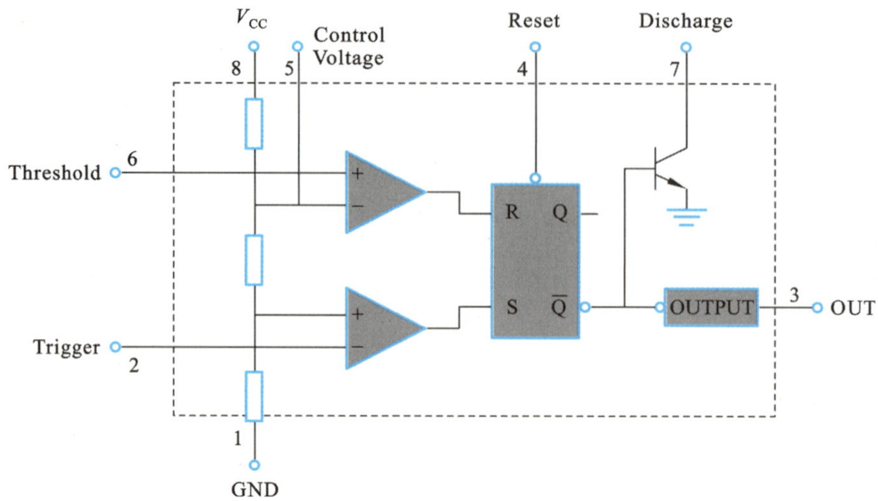

图 5.1.2　NE555 内部结构

（2）触发比较器：当电压在 Trigger 引脚（引脚 2）下降时，该比较器将输出低电平信号。当 Trigger 电压低于 Threshold 电压时，比较器的输出将发生变化。

2）*RS* 触发器

NE555 内部包含一个 RS 触发器，用于存储输出引脚（引脚 3）的状态。*RS* 触发器的输入由 Threshold 比较器和 Trigger 比较器的输出控制。

（1）*R* 输入：与 Threshold 比较器的输出相连，控制 *RS* 触发器的复位。

（2）*S* 输入：与 Trigger 比较器的输出相连，控制 *RS* 触发器的置位。

3）电压比较器

NE555 内部有一个电压比较器，用于检测电源电压，其输出与 *RS* 触发器相连。

电压比较器监测电源电压是否在正常工作范围内。当电源电压过低时，比较器将输出高电平信号，使 *RS* 触发器复位。

4）输出级

输出级连接到 *RS* 触发器并控制输出引脚（引脚 3）的状态。

NE555 输出架构为开漏，不能直接提供高电平，只能拉低输出引脚。因此，在需要输出高电平时，通常需要外部上拉电阻将输出引脚拉高。

2. E555 的引脚说明

NE555 的外部引脚提供了与其他电路元件进行连接的接口，如图 5.1.3 所示。

（1）引脚 1（GND）为接地引脚，连接到电路的地，以提供电路的参考零点位。

（2）引脚 2（Trigger）为触发引脚。当这个引脚接收到负脉冲时（低电平触发），触发器将被置位，导致输出引脚发生状态变化。

（3）引脚 3（Output）为输出引脚。它用于连接 NE555 的输出信号。输出信号可以是方波、脉冲等，具体取决于 NE555 的工作模式和电路设计。

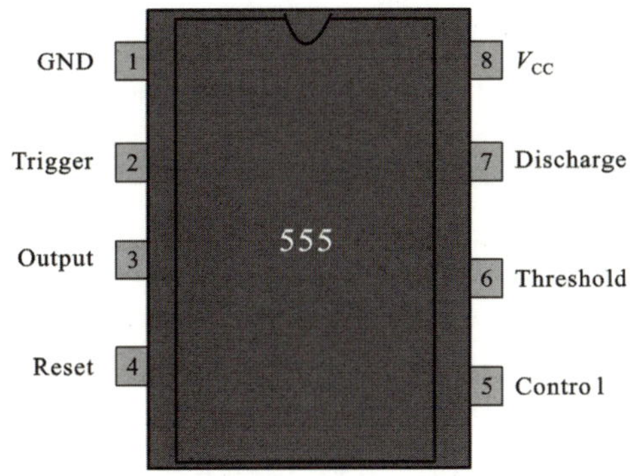

图 5.1.3　NE555 引脚

（4）引脚 4（Reset）为复位引脚。当复位引脚接收到低电平信号时，将复位 NE555 并将输出引脚拉低。

（5）引脚 5（Control Voltage）为控制电压引脚。通过控制电压引脚，可以调整 NE555 的阈值和触发电平。通常将引脚通过一个电容连接到 GND。

（6）引脚 6（Threshold）为阈值引脚。当这个引脚接收到高电平信号时，NE555 的比较器将被复位，导致输出引脚变为低电平。

（7）引脚 7（Discharge）为放电引脚。当放电引脚接收到低电平信号时，NE555 将被禁用，输出引脚将保持在低电平状态。如果不需要禁用功能，可以将放电引脚连接到正电源引脚。

（8）引脚 8（V_{CC}）为正电源引脚。它连接到正电源以提供电路所需的电源电压。

5.1.3　NE555 的工作原理过程

图 5.1.4 为 NE555 内部框图，其内部由 3 个精密 5 kΩ 电阻组成分压电路，这也是 NE555 的“555”名字的由来，作为 NE555 内部的两个比较器的参考输入电压。

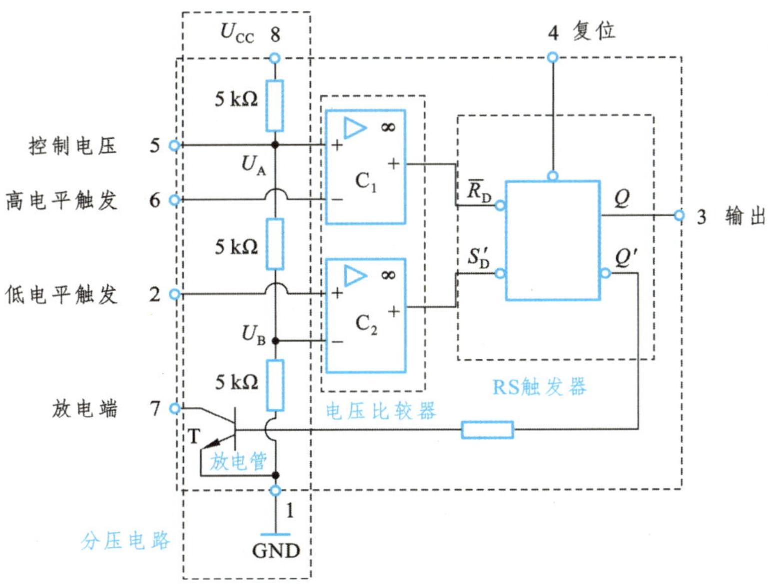

图 5.1.4　NE555 内部框图

比较器由正向输入端、反向输入端和输出端组成，可以简单地理解为：当正向输入端电压大于反向输入端电压时，输出端为 **1**（高电平）；当反向输入端电压大于正向输入端电压时，输出端为 **0**（低电平）。C_1 比较器的正向输入端连接了 $\frac{2}{3}U_{CC}$，C_2 比较器的反向输入端连接了 $\frac{1}{3}U_{CC}$。

基本 *RS* 触发器用真值表 5.1.1 来描述，表中的 Q_n 表示触发器的现在状态，简称现态；Q_{n+1} 表示触发器在触发脉冲作用后输出端的新状态，简称次态。对于新状态 Q_{n+1} 而言，Q_n 也称为原状态，也就是当 R'_D = **1**、S'_D = **1** 时，Q_{n+1}、Q'_{n+1} 保持上一状态。

表 5.1.1　真值表

R'_D	S'_D	Q_{n+1}	Q'_{n+1}
0	**1**	**0**	**1**
1	**0**	**1**	**0**
1	**1**	Q_n	Q'_n
0	**1**	不　定	

NE555 内部的放电管可视作一个 NPN 型管，其发射极接地，集电极接到引脚 7，基极由 *RS* 触发器的输出端控制，当基极为 **1** 时，引脚 7 通过放电管向引脚 1 放电，反之截止。

因此，分析其工作原理如下：

当 $U_A > \frac{2}{3}U_{CC}$ 时，C_1 比较器输出低电平，反之输出高电平。

当 $U_B > \frac{1}{3}U_{CC}$ 时，C_2 比较器输出高电平，反之输出低电平。

C_1 比较器输出端接 *RS* 触发器 Reset 引脚，低电平有效。

C_2 比较器输出端接 *RS* 触发器 Set 引脚，低电平有效。

因此可以将上述分析加入到 *RS* 触发器的真值表 5.1.2 中，可以得出放电管的导通状态。

表 5.1.2　*RS* 触发器的真值表

U_A	U_B	R'_D	S'_D	Q_{n+1}	Q'_{n+1}	放电管状态
$>\frac{2}{3}U_{CC}$	$>\frac{1}{3}U_{CC}$	**0**	**1**	**0**	**1**	导通
$<\frac{2}{3}U_{CC}$	$<\frac{1}{3}U_{CC}$	**1**	**0**	**1**	**0**	截止
$<\frac{2}{3}U_{CC}$	$>\frac{1}{3}U_{CC}$	**1**	**1**	Q_n	Q'_n	保持

更进一步，可以得出其引脚功能关系表，如表 5.1.3。

表 5.1.3　NE555 引脚功能关系表

PIN_6	PIN_2	Q_{n+1}	Q'_{n+1}	PIN_3
$>\frac{2}{3}U_{CC}$	$>\frac{1}{3}U_{CC}$	**0**	**1**	**0**
$<\frac{2}{3}U_{CC}$	$<\frac{1}{3}U_{CC}$	**1**	**0**	**1**
$>\frac{2}{3}U_{CC}$	$<\frac{1}{3}U_{CC}$	状态不定		状态不定
$<\frac{2}{3}U_{CC}$	$>\frac{1}{3}U_{CC}$	Q_n	Q'_n	保持

任务 5.2　方波产生电路及应用

5.2.1　NE555 组成的方波发生电路原理分析

图 5.2.1 所示为 555 定时器构成的多谐振荡器电路，电阻 R_1、R_2 和电容 C 是外接定时元件。引脚 5 通过一个 0.01 μF 的电容接地，在工作中不使用外接控制电压。

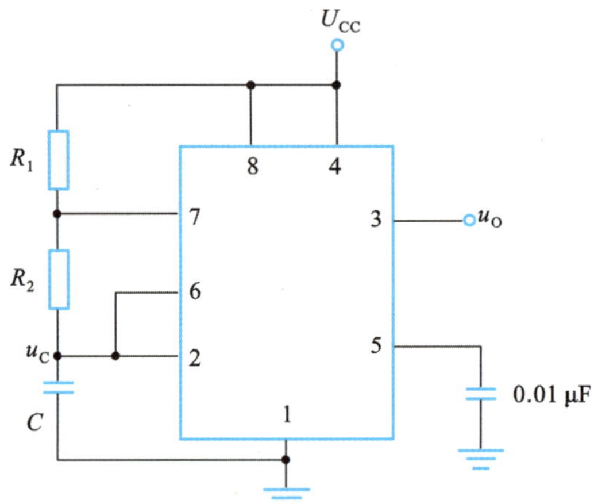

图 5.2.1　多谐振荡器电路

多谐振荡器电路是自激振荡电路，输出矩形脉冲波或方波。多谐振荡器的振荡频率与电容充放电时间有关。分析原理时参照 NE555 的引脚功能表 5.1.3。

电路接好之时，电容上还没有电量，当接通电源后，由于电容电压不能突变，因此 $u_C = 0$，由 NE555 工作原理过程的分析可知，此时放电管截止，NE555 输出 u_O 为高电平。

接着 U_{CC} 通过 R_1、R_2 向电容 C 充电，设这个充电时间为 T_{PH}，充电回路为 U_{CC}→R_1→R_2→C→GND。当电容 C 充电到 $u_C > \frac{1}{3}U_{CC}$ 但 $u_C < \frac{2}{3}U_{CC}$ 时，由表可知，此时输出 u_O 保持上一状态为高电平；当电容充电到 $u_C > \frac{2}{3}U_{CC}$ 时，由表可知，此时输出 u_O 为低电平，且放电管导通。

放电管导通后，电容 C 开始放电，设这个放电时间为 T_{PL}，放电回路为 C→R_2→PIN_7→GND。当电容放电到 $u_C < \frac{2}{3}U_{CC}$ 但 $u_C > \frac{1}{3}U_{CC}$ 时，由表可知，此时输出 u_O 保持上一状态为低电平；当电容放电到 $u_C < \frac{1}{3}U_{CC}$ 时，由表可知，此时输出 u_O 为高电平，且放电管截止，电容 C 停止放电。

电容又开始充电，并重复上述步骤，周而复始，电路产生振荡，输出 u_O 就形成了矩形脉冲波或方波。

电容充电时间（输出 u_O 为高电平的时间）为

$$T_{PH} = (R_1 + R_2) \times C \times \ln 2$$

电容放电时间（输出 u_O 为低电平的时间）为

$$T_{PL}=R_2\times C\times \ln 2$$

那么周期为

$$T=T_{PH}+T_{PL}=(R_1+2R_2)\times C\times \ln 2$$

频率为

$$f=\frac{1}{T}$$

5.2.2　方波发生电路测试与验证

由 NE555 组成的方波发生电路分析可知，该电路产生的方波信号的占空比为

$$q=\frac{T_{PH}}{T}=\frac{R_1+R_2}{R_1+2R_2}$$

进一步变形可得

$$q=\frac{T_{PH}}{T}=\frac{R_1+R_2}{R_1+2R_2}=\frac{R_1+2R_2-R_2}{R_1+2R_2}=1-\frac{R_2}{R_1+2R_2}=1-\frac{1}{\frac{R_1}{R_2}+2}\geqslant\frac{1}{2}$$

可见这种电路虽然能得出占空比可调的方波信号，但其占空比始终≥50%。这显然不符合更大范围可调占空比的需求，于是需要对这种电路进行改进。最简单的方法就是改变电容充放电的路径，去掉充放电回路中两个电阻的耦合性。

M205 板卡上的方波发生电路如图 5.2.2 所示。

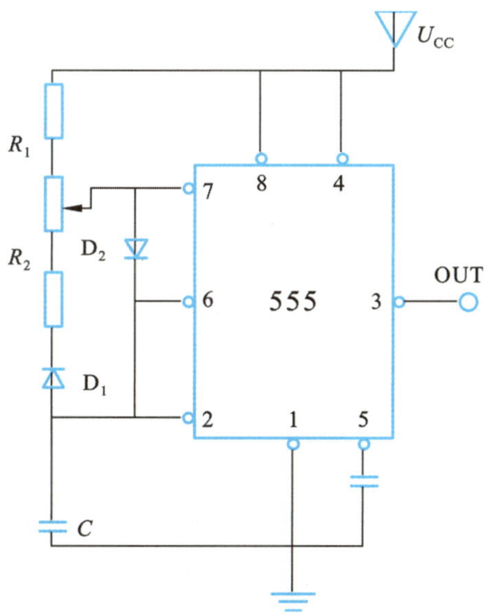

图 5.2.2　方波发生电路

图中使用了 2 个二极管，利用二极管的单向导通性，将电容的充放电电路分离开来。电容 C 的充电电路为 $U_{CC}\to R_1\to D_2\to C$，放电电路为 $C\to R_2\to PIN_7\to GND$，可见充放电回路完全分开。

于是可得电容 C 的充放电时间（输出方波信号的高低电平时间）。

电容充电时间（输出高电平的时间）为

$$T_{PH}=R_1\times C\times \ln 2$$

电容放电时间（输出低电平的时间）为

$$T_{PL}=R_2\times C\times \ln 2$$

周期为

$$T=T_{PH}+T_{PL}=(R_1+R_2)\times C\times \ln 2$$

占空比为

$$q=\frac{T_{PH}}{T}=\frac{R_1}{R_1+R_2}$$

由以上分析可知，输出的方波信号的周期恒定，也就是频率恒定，占空比可调，且占空比调节范围可以很大。

在 M205 板卡中，各元件连接如图 5.2.3 所示。

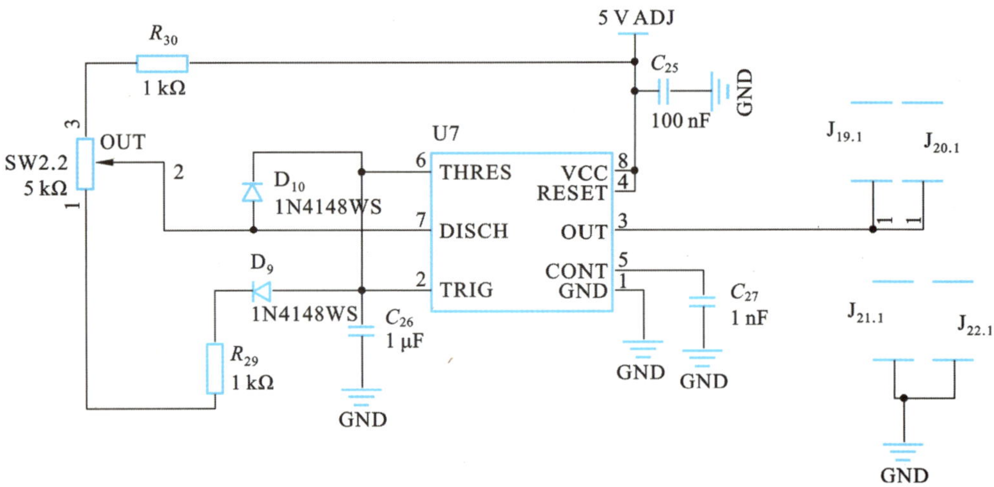

图 5.2.3　M205 板卡各元件连接

按照图 5.2.4 连接示意完成连线，连接硬件并测量供电电压。

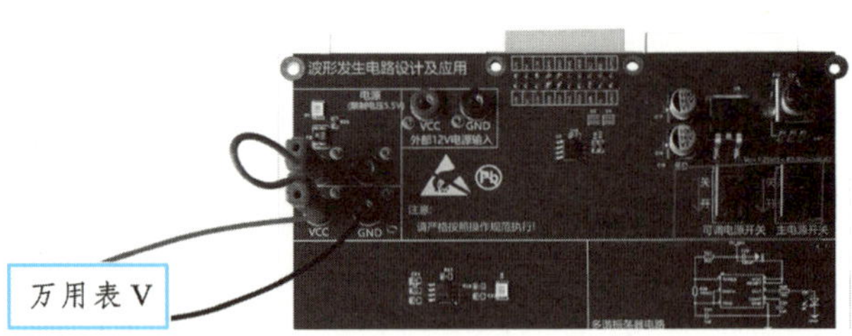

图 5.2.4　连接示意

连接方式：

① 先连接电源，板卡左上角的 V_{CC} 测试口与正上方的 5 V 电源测试口相连接。
② 将万用表调至电压挡。
③ 将红色表笔（正极）连接到左上角 V_{CC} 测试口。
④ 将黑色表笔（负极）连接到左上角 GND 测试口。
⑤ 将左上角的可调电源和主电源开关拨至开。
测量可调电阻器阻值，如图 5.2.5 所示。

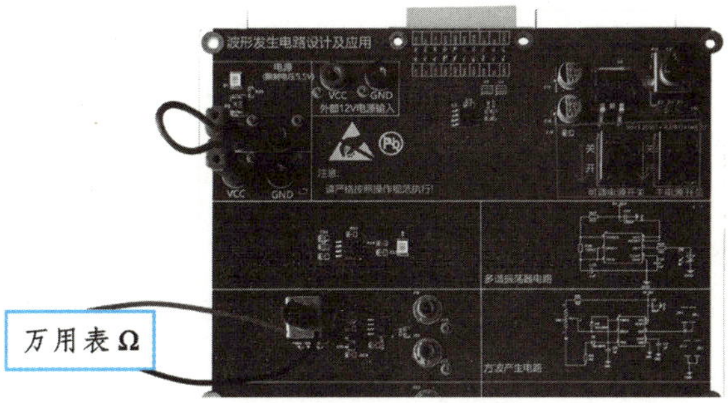

图 5.2.5　连接示意

连接方式：
① 先连接电源，板卡左上角的 V_{CC} 测试口与正上方的 5 V 电源测试口相连接。
② 将万用表调至欧姆挡。
③ 将红色表笔（正极）连接到方波产生电路中的可调电阻下方三引脚的最左边引脚。
④ 将黑色表笔（负极）连接到最右边引脚。
⑤ 将左上角的可调电源和主电源开关拨至开。

调节可调电阻，并固定（在下次测量前不可再变动），分别测量可调电阻器两部分电阻值，如图 5.2.6 所示，其中 1 部分为放电部分电阻，2 部分为充电部分电阻。

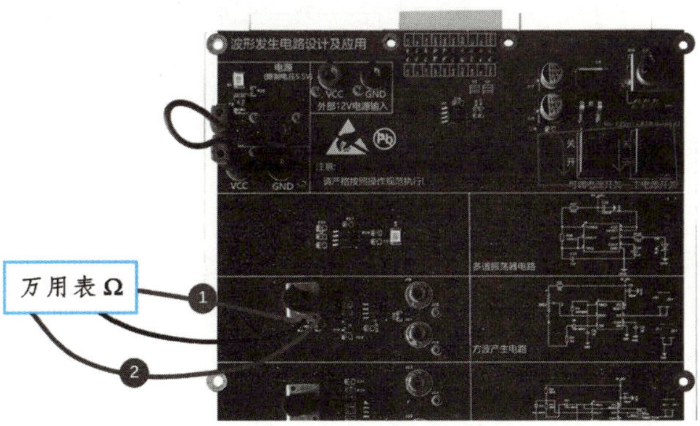

图 5.2.6　连接示意

连接方式：
① 先连接电源，板卡左上角的 V_{CC} 测试口与正上方的 5 V 电源测试口相连接。
② 将万用表调至欧姆挡。
③ 将红色表笔（正极）连接到方波产生电路中的可调电阻下方三引脚的最左边引脚。
④ 将黑色表笔（负极）连接到中间引脚。

⑤ 将红色表笔（正极）连接到方波产生电路中的可调电阻下方三引脚的最右边引脚。

⑥ 将黑色表笔（负极）连接到中间引脚。

⑦ 将左上角的可调电源和主电源开关拨至开。

观察并测量电容充放电曲线，如图 5.2.7 所示，测量波形的最大值、最小值、充电时间、放电时间。

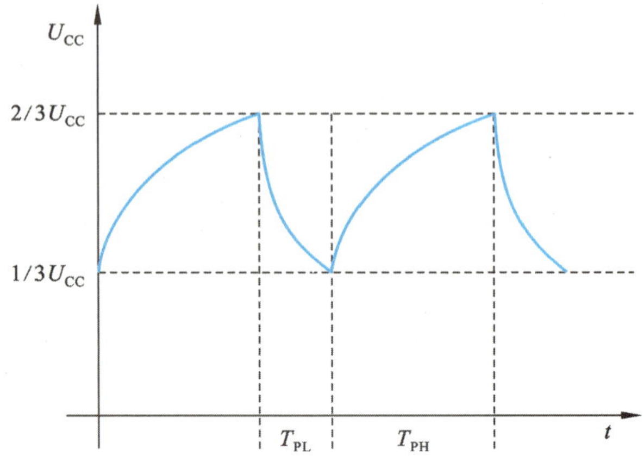

图 5.2.7　电容充放电曲线

按照图 5.2.8 连接示意完成连线

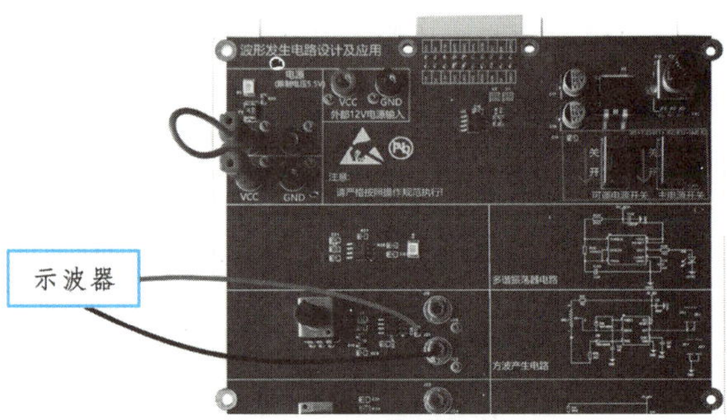

图 5.2.8　连接示意

连接方式：

① 先连接电源，板卡左上角的 V_{CC} 测试口与正上方的 5 V 电源测试口相连接。

② 将示波器的红色引脚（测试引脚）连接到 C_{26} 的上方焊盘。

③ 黑色引脚（GND 引脚）连接到测试点 J_{21}。

④ 将左上角的可调电源和主电源开关拨至开。

按照图 5.2.9 示意进行连线，观察并测量输出方波。

连接方式：

① 先连接电源，板卡左上角的 V_{CC} 测试口与正上方的 5 V 电源测试口相连接。

② 将示波器的红色表笔（测试表笔）连接到测试点 J_{19}。

③ 黑色表笔（GND 引脚）连接到测试点 J_{21}。

④ 将左上角的可调电源和主电源开关拨至开，如图 5.2.10 所示。

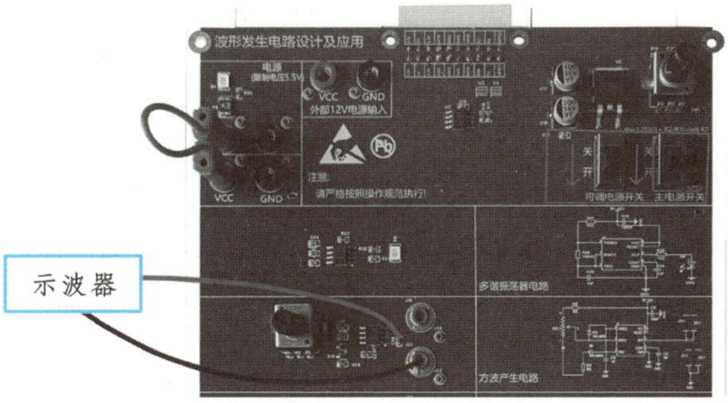

图 5.2.9　连接示意

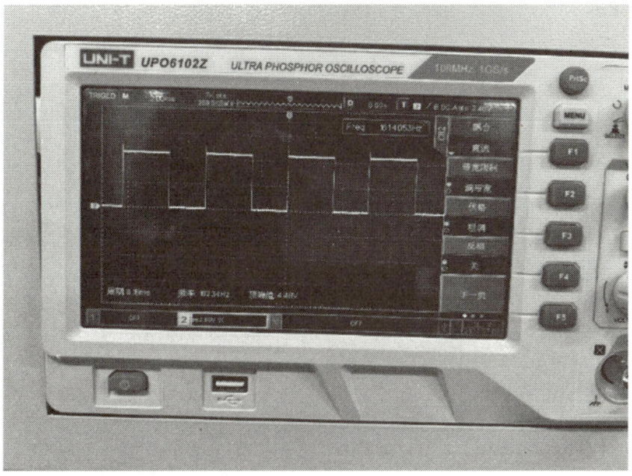

图 5.2.10　可调电源和主电源

测量波形的周期、高低电平时间，并计算占空比、频率，填写表 5.2.1。

表 5.2.1　测试结果

序号	V_{CC}	滑动变阻器总阻值	滑动变阻器充电回路阻值	滑动变阻器放电回路阻值	电容充电时间理论值	电容放电时间理论值	电容充电时间实测值	电容放电时间实测值	电容充放电曲线理论最大值	电容充放电曲线理论最小值
1										
2										
3										
4										

序号	电容充放电曲线实测最大值	电容充放电曲线实测最小值	输出方波周期理论值	输出方波实测值	输出方波高电平时间理论值	输出方波高电平时间实测值	输出方波低电平时间理论值	输出方波低电平时间实测值	占空比	频率
1										
2										
3										
4										

任务 5.3　锯齿波产生电路及应用

5.3.1　NE555 组成的锯齿波发生电路原理分析

NE555 组成的锯齿波发生基本电路原理如图 5.3.1 所示。其中 SRC1 为电流源，提供恒定的电流。下面分析其工作原理。

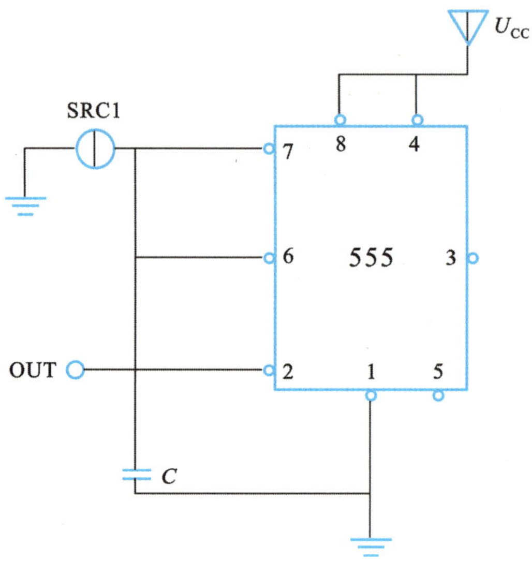

图 5.3.1　锯齿波发生基本电路

分析原理时参照 NE555 的引脚功能表 5.3.1。

表 5.3.1　NE555 引脚功能关系表

PIN_6	PIN_2	Q_{n+1}	Q'_{n+1}	放电管状态
$>\frac{2}{3}U_{CC}$	$>\frac{1}{3}U_{CC}$	**0**	**1**	**0**
$<\frac{2}{3}U_{CC}$	$<\frac{1}{3}U_{CC}$	**1**	**0**	**1**
$>\frac{2}{3}U_{CC}$	$<\frac{1}{3}U_{CC}$	状态不定		状态不定
$<\frac{2}{3}U_{CC}$	$>\frac{1}{3}U_{CC}$	Q_n	Q'_n	保持

电路接好时，电容上没有电量，当接通电源后，由于电容电压不能突变，因此 $u_C=0$，由 NE555 工作原理过程的分析可知，此时放电管截止，且输出为 **0**。

当电容开始充电时，由于是恒流源的缘故，根据电容器的伏安关系可知 $I = C\dfrac{du_C}{dt}$，其中 C 为容值，进一步可以得到 $du_C = I\dfrac{dt}{C}$，由于 I 与 C 均恒定，因此电容两端电压与时间便是线性关系，因此电路的输出也为与时间线性相关的曲线。当电容电压充电到 $>\dfrac{2}{3}U_{CC}$ 时，由 NE555 引脚功能表可知，此时放电管导通。

放电管导通后，电容通过 PIN_7 开始对地放电，理想情况下放电时间接近于 0，但由于电容内阻的存在，放电时间 $\tau = R_C C$，其中 R_C 为电容内阻，通常该电阻值很小，因此放电时间很快。当电容放电到 $u_C < \dfrac{2}{3}U_{CC}$，但 $u_C > \dfrac{1}{3}U_{CC}$ 时，放电管保持导通状态；当电容放电到 $u_C < \dfrac{1}{3}U_{CC}$ 时，放电管截止，电容 C 停止放电，电路输出为 $\dfrac{1}{3}U_{CC}$。

接下来，电容又开始充电，并重复上述步骤，周而复始，电路产生振荡，于是电路输出就形成了周期性的锯齿波信号。

5.3.2　锯齿波发生电路测试与验证

在 M205 板卡上的锯齿波发生电路（图 5.3.2）中，采用 1 个 PNP 三极管作为恒流源。这一设计利用了三极管基极连接稳压二极管的特性，由于稳压二极管（型号为 BZT52C2V7，稳压 2.7 V）的作用，三极管基极电压被恒定在 2.3 V。而且，稳压管的反向击穿电流很小，可以忽略不计。基于此，三极管基极电流全部来自发射极，通过电阻 R_2 到地。由于电阻 R_2 阻值为 2.2 kΩ，得到三极管基极电流为 1 mA 左右，且恒定不变。三极管工作在放大区，设其放大倍数为 K，可以得知通过电容 C 的电流为 K mA，且恒定，从而便形成了一个恒流源。

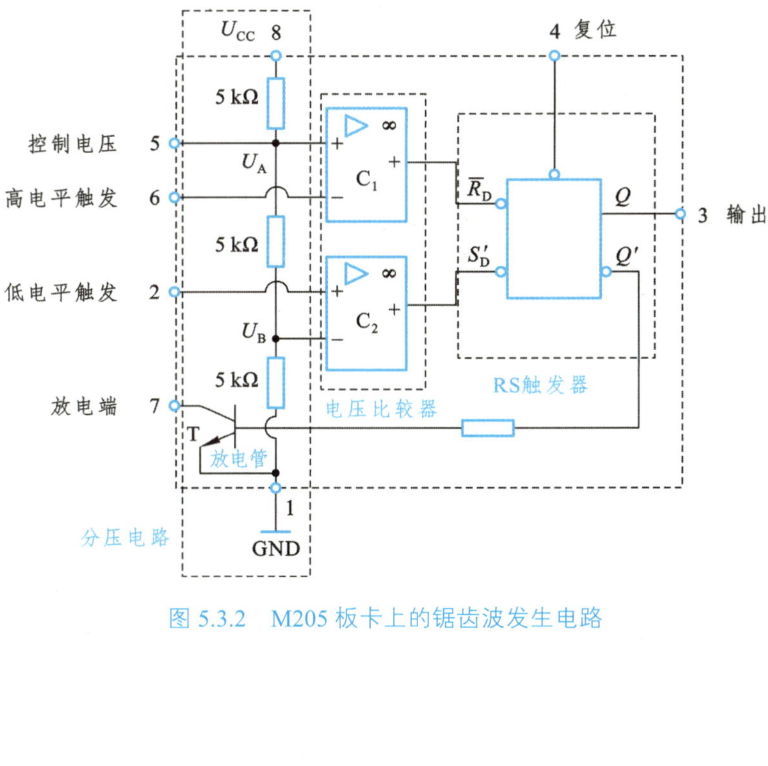

图 5.3.2　M205 板卡上的锯齿波发生电路

图 5.3.3 为锯齿波发生测试电路，在 PIN_3 与 PIN_5 之间跨接了一个二极管 D_6。当放电管导通（电容放电过程），即 Q 输出为 **0** 时，二极管 D_6 导通，此时 PIN_5 被拉低到二极管导通电压（硅管 0.7 V，锗管 0.3 V）。前面分析到电容放电到 $u_C < \frac{1}{3}U_{CC}$ 时停止放电，现在当 $u_C < \frac{1}{3}U_{CC}$ 后，C_1 比较器的正向端为二极管导通电压，若 $\frac{1}{3}U_{CC}$ 大于二极管导通电压，那么 C_1 输出为 **0**，C_2 输出为 **0**，则 RS 触发器保持，继续放电。当放电到小于二极管导通电压时，C_1 比较器输出为 **1**，C_2 输出为 **0**，RS 触发器输出为 **1**，放电管截止，停止放电，电容又会回到充电状态。因此该二极管的作用是将电容放电到二极管导通电压的位置，即拉低波形的下限。

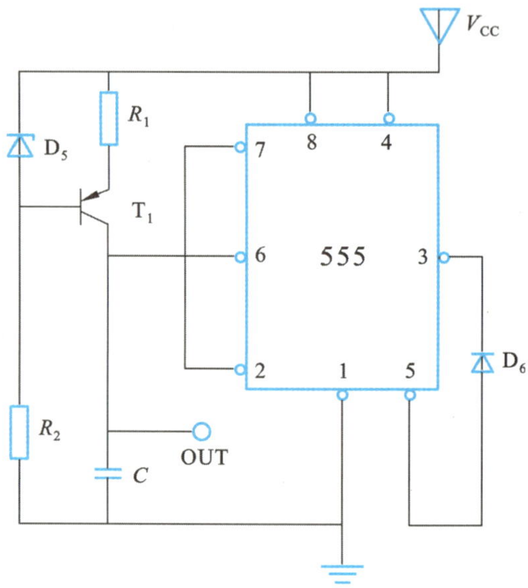

图 5.3.3　锯齿波发生测试电路

电容充放电曲线如图 5.3.4 所示。

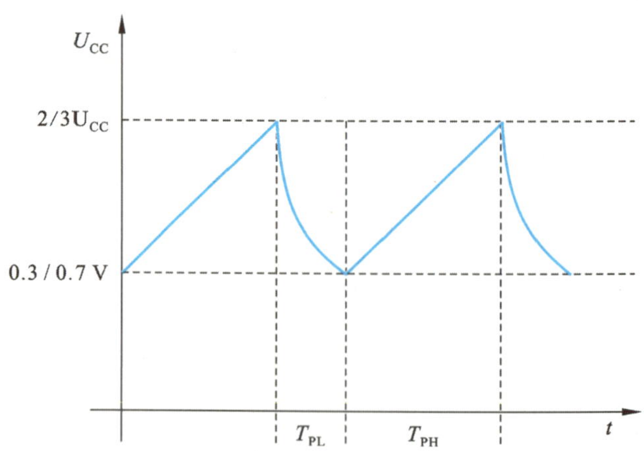

图 5.3.4　电容充放电曲线

按照图 5.3.5 连接示意完成连线，连接硬件并测量供电电压。

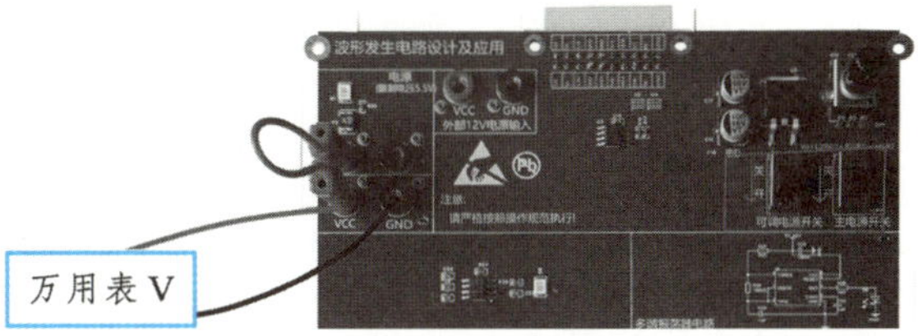

图 5.3.5　连接示意

连接方式：

① 先连接电源，板卡左上角的 V_{CC} 测试口与正上方的 5 V 电源测试口相连接。

② 再将万用表调至电压挡。

③ 将红色表笔（正极）连接到左上角 V_{CC} 测试口。

④ 将黑色表笔（负极）连接到左上角 GND 测试口。

⑤ 将左上角的可调电源和主电源开关拨至开。

按照图 5.3.6 所示连接示意完成连线，使用示波器测量电路输出的锯齿波信号。

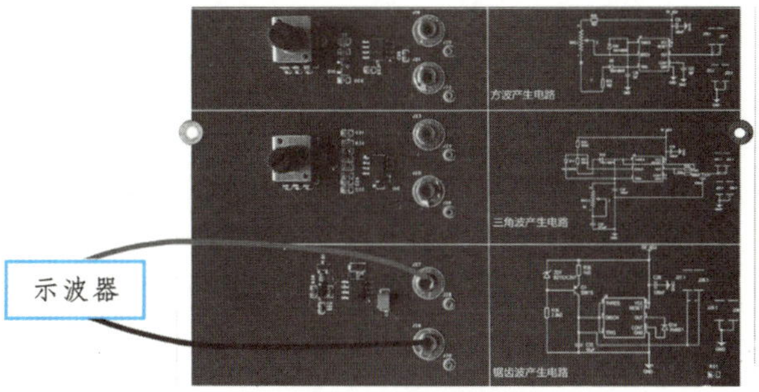

图 5.3.6　连接示意

连接方式：

① 将示波器的红色表笔（测试引脚）连接到测试点 J_{27}。

② 黑色表笔（GND 引脚）连接到测试点 J_{29}，如图 5.3.7 所示，。

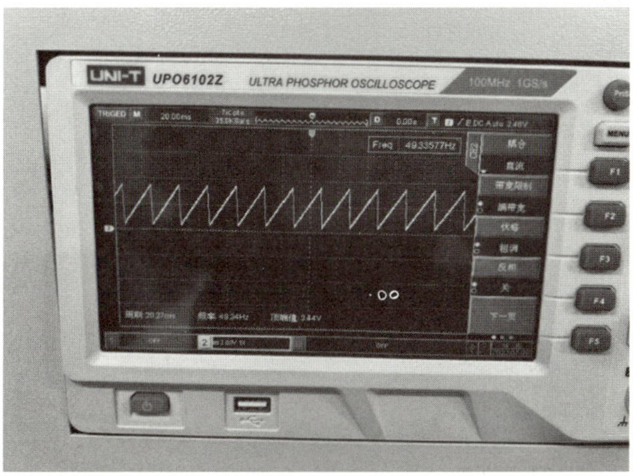

图 5.3.7　输出锯齿波

记录并完成表 5.3.2。

表 5.3.2　测试结果

序号	V_{CC} 电压	电容充电时间	电容放电时间	周期	频率	波峰电压	波谷电压
1							
2							
3							
4							

任务 5.4　三角波产生电路及应用

5.4.1　*RC* 积分电路

首先，我们来分析一下由 *R*、*C* 组成的积分电路，其电路如图 5.4.1 所示。

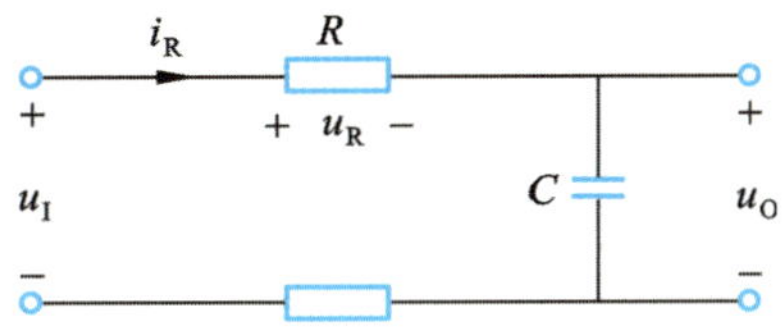

图 5.4.1　*RC* 组成的积分电路

输入方波信号如图 5.4.2 所示。

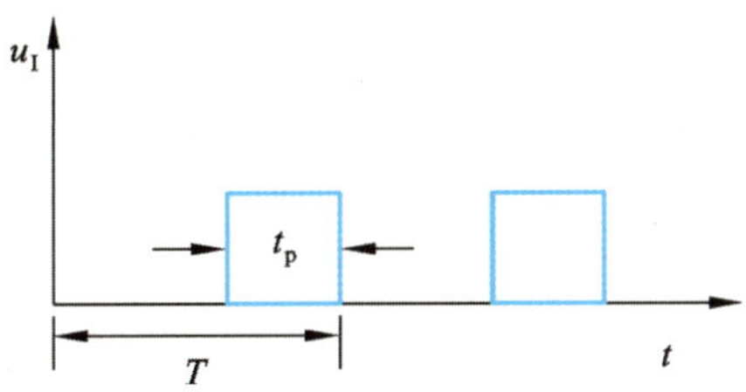

图 5.4.2　输入方波信号

对于 *RC* 积分器，输出等于电容器两端的电压，即 $u_O = u_C$。

输出 u_O 取自电容 *C* 两端电压，如图 5.4.3 所示，当 $t = t_1$ 时，u_I 由 0 增大到 U_m，由于电容两端电压不能突变，此时 $u_C = 0$，即 $u_O = 0$。

在 $t_1 < t < t_2$ 时，电容开始充电，那么 u_C 按指数规律上升，若时间常数 $\tau = RC >> t_p$，电容充电非常缓慢。电容器电流可以表示为电荷相对于时间变化率。因此，根据微积分的基本规则，q 相对于时间的导数是 $\frac{dq}{dt}$，所以 $i = \frac{dq}{dt}$ 时，我们得到 $q = \int i dt$，由于输入连接到电阻，相同的电流必须通过电阻和电容器（$i_R = i_C$），流过电阻的电流为 $i(t) = \frac{u_I}{R}$，则电容两端电压为 $u_C = \frac{q}{C} = \frac{\int i(t) dt}{C}$，因此可以得到电容的电压为 $u_C = \frac{1}{RC}\int u_I(t) dt$。

在 $t = t_2$ 时，u_I 由 U_m 降低到 0，此时电容经 *R* 缓慢放电，根据电容的放电公式，电容两端电压（输出电压）按照指数规律 $u_C = u_I e^{-t/RC}$ 下降。

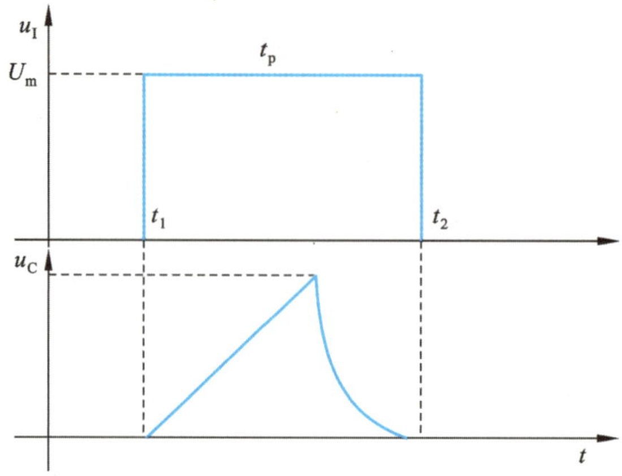

图 5.4.3　充放电曲线

5.4.2　NE555 组成的三角波发生电路原理分析

三角波发生电路如图 5.4.4 所示，由 NE555 方波信号发生电路与 *RC* 积分电路组成。

电路左半部分为由 NE555 组成的占空比可调的方波发生电路，在任务 5.2 中已有详细介绍，此处不作赘述。在电路右半部分为 *RC* 组成的积分电路。

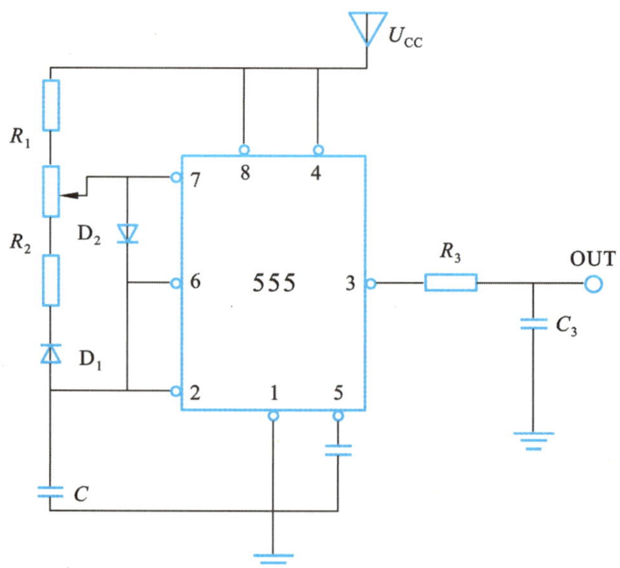

图 5.4.4　三角波发生电路

5.4.3　三角波发生电路测试与验证

在 M205 板卡上的三角波发生电路如图 5.4.5 所示。

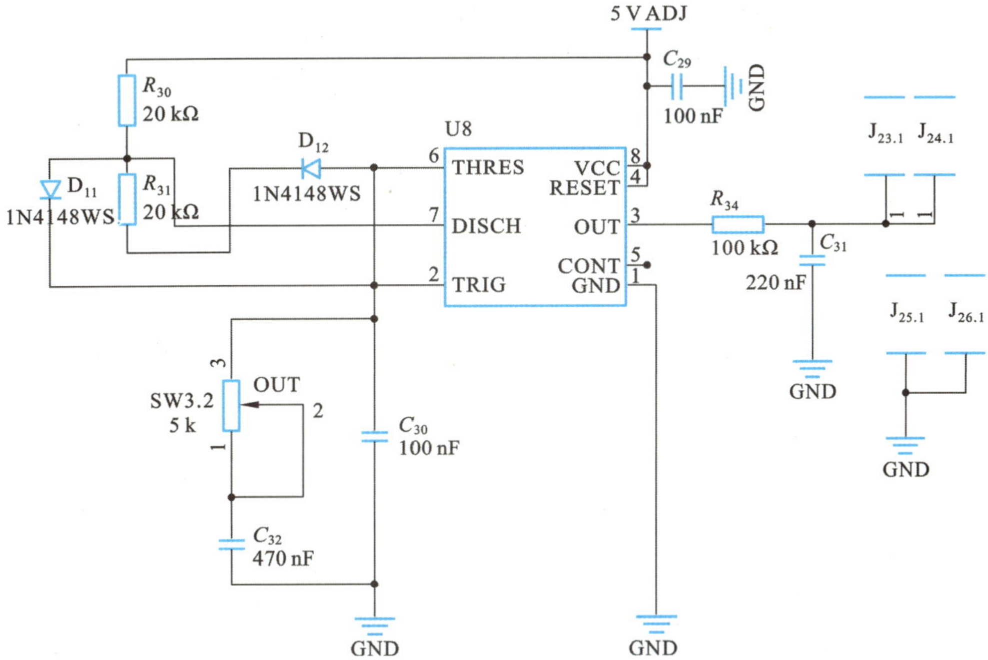

图 5.4.5　M205 板卡上的三角波发生电路

该电路左半部分的方波发生电路与之前的电路略有不同，但基本原理一致，电容 C_{32} 串联一个可调电阻 $SW_{3.2}$ 后与电容 C_{30} 并联，充电回路为 V_{CC}→R_{32}→D_{11}→C_{30}（及 $SW_{3.2}$ 上半部分→C_{32}）→GND，放电回路为 C_{30}（及 C_{32}→$SW_{3.2}$ 上半部分）→D_{12}→R_{31}→PIN_7→GND。因为 $SW_{3.2}$ 为可调电阻，因此在充电及放电回路中的充放电电阻发生变化，导致充放电的时间发生变化。

电路右半部分为 *RC* 积分电路，将 NE555 产生的方波信号变换为三角波信号。

按照图 5.4.6 所示连接示意完成连线，连接硬件并测量供电电源电压。

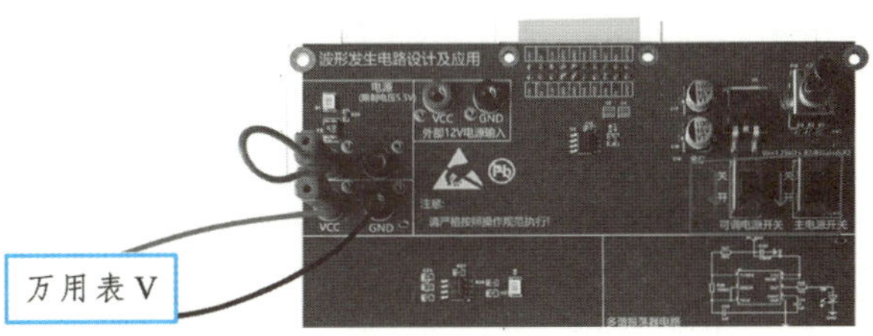

图 5.4.6　电源连接示意

连接方式：

① 先连接电源，板卡左上角的 V_{CC} 测试口与正上方的 5 V 电源测试口相连接。

② 将万用表调至电压挡。

③ 将红色表笔（正极）连接到左上角 V_{CC} 测试口。

④ 将黑色表笔（负极）连接到左上角 GND 测试口。

⑤ 将左上角的可调电源和主电源开关拨至开。

按照图 5.4.7 所示连接示意图，连接示波器测量输出波形（见图 5.4.8），并完成表 5.4.1。

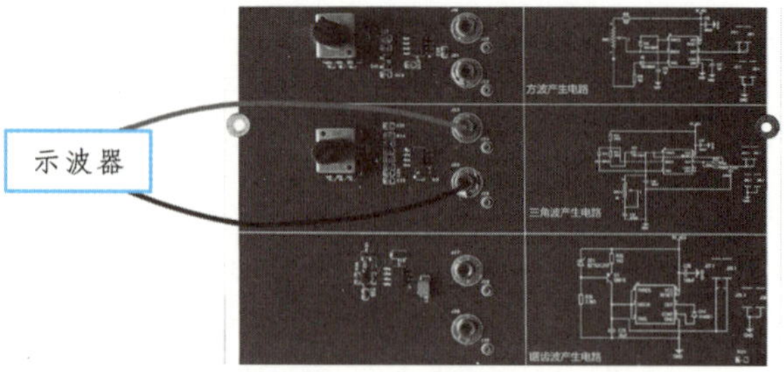

图 5.4.7　连接示意

连接方式：

① 示波器的红色表笔（测试引脚）连接到测试点 J_{23}。

② 黑色表笔（GND 测试引脚）连接到测试点 J_{25}。

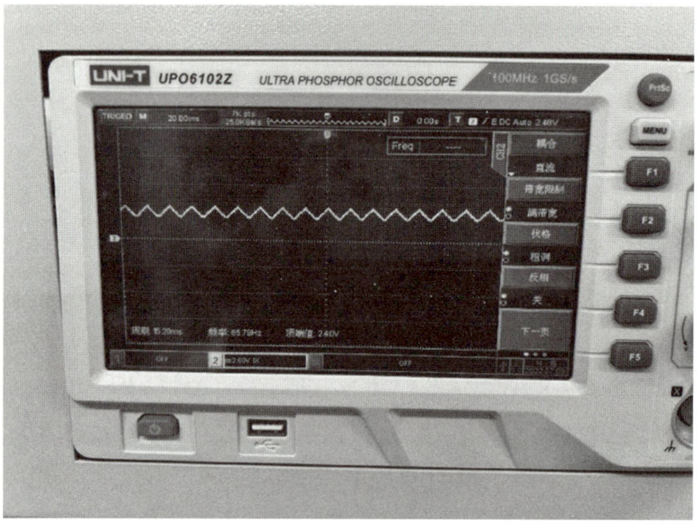

图 5.4.8　测量输出波形

表 5.4.1　测试结果

序号	V_{CC}	周期	频率	波峰电压	波谷电压
1					
2					
3					
4					

任务 5.5　正弦波产生电路及应用

5.5.1　NE555 组成的原理分析

由方波信号变换为正弦波的电路如图 5.5.1 所示。首先方波信号经过一个 *RC* 积分电路变换为三角波信号，再经过一个 *RC* 积分电路变换为正弦波信号。

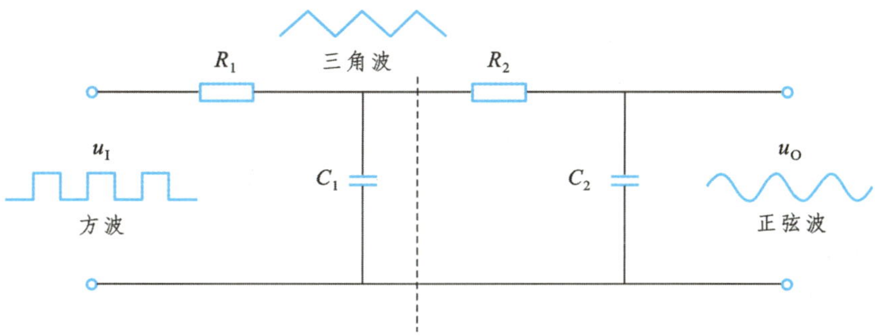

图 5.5.1　正弦波发生电路

根据前面的分析，*RC* 积分电路的输出电压与输入电压的关系可以表示为

$$u_O(t)=\frac{1}{RC}\int u_I(t)\mathrm{d}t$$

首先假设第二级输入信号为一个标准的周期性三角波信号，其波形可分为线性上升段与线性下降段两个部分。

在上升段，设该三角波的斜率为 m，则三角波信号可表示为

$$u_I=mt+b$$

其中 m 为斜率，b 为截距，那么在这段时间内的积分可表示为

$$u_O(t)=\frac{1}{RC}\int(mt+b)\mathrm{d}t=\frac{1}{RC}\left(\frac{mt^2}{2}+bt\right)$$

在下降段，类似可以得到

$$u_O(t)=-\frac{1}{RC}\left(\frac{mt^2}{2}+bt\right)$$

由上分析，将三角波输入到 *RC* 积分电路中，积分后的输出波形将会是输入波形的平滑版本，这是因为积分的过程相当于对输入信号进行平滑处理。对于理想的三角波来说，积分后的输出波形将近似于一个正弦波的形状。

因此，在三角波上升段，输出电压将是一个二次函数（抛物线）上升；在三角波下降段，输出电压将是一个二次函数（抛物线）下降。由于三角波是周期性的，因此输出波形也将是周期性的，并且近似于正弦波。

5.5.2　正弦波发生电路测试与验证

在 M205 板卡上的正弦波发生电路如图 5.5.2 所示。该电路是由 NE555 组成的方波信号经过积分变换得来。

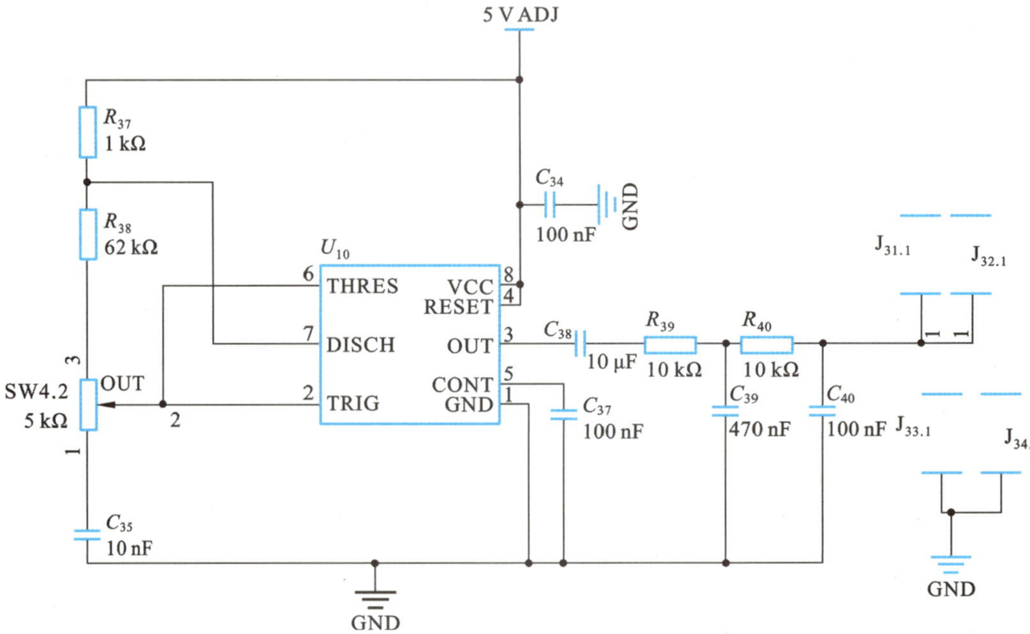

图 5.5.2　正弦波发生电路

该电路左半部分的方波发生电路与之前的电路略有不同，但基本原理一致，电容 C_{35} 充电回路为 V_{CC}→R_{37}→R_{38}→$SW_{4.2}$→C_{35}，放电回路为 C_{35}→$SW_{4.2}$→R_{38}→PIN_7→GND。由于 $SW_{3.2}$ 为可调电阻，且 PIN_2 和 PIN_6 连接到可调电阻的触头处，因此在 NE555 内部比较器的参考电压会随着可调电阻的变化而变化，从而影响电容的充放电时间，进而改变输出方波信号的周期与占空比。

电路右半部分为双 *RC* 积分电路，将 NE555 产生的方波信号变换为正弦波信号。

按照图 5.5.3 连接示意完成连线，连接硬件并测量供电电源电压。

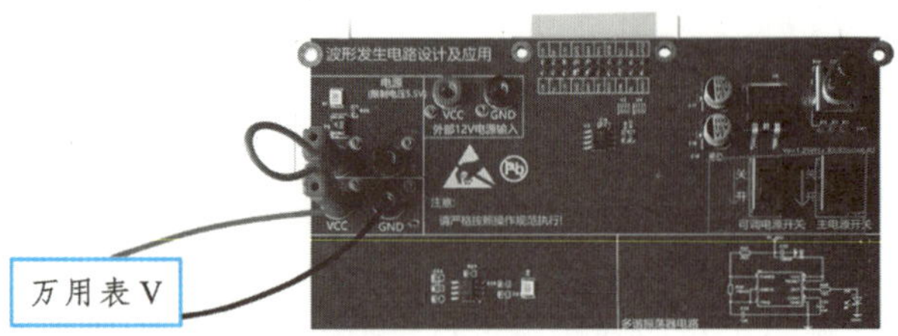

图 5.5.3　电源连接示意

连接方式：

① 先连接电源，板卡左上角的 V_{CC} 测试口与正上方的 5 V 电源测试口相连接。

② 将万用表调至电压挡。

③ 将红色表笔（正极）连接到左上角 V_{CC} 测试口。

④ 将黑色表笔（负极）连接到左上角 GND 测试口。

⑤ 将左上角的可调电源和主电源开关拨至开。

按照图 5.5.4 所示连接示意连接示波器，测量输出波形如图 5.5.5 所示，并完成表 5.5.1。

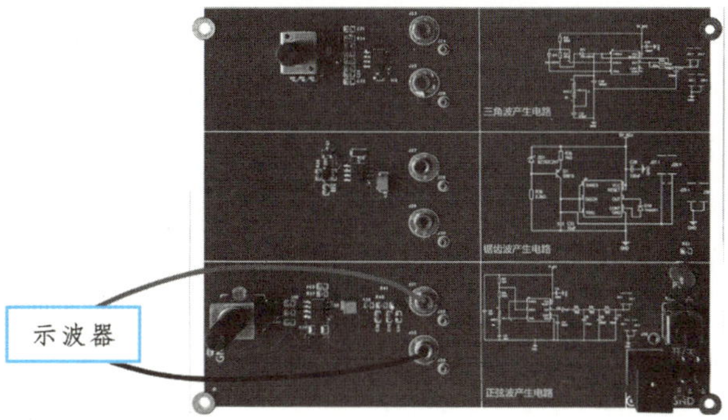

图 5.5.4　示波器连接示意

连接方式：

① 示波器的红色表笔（测试引脚）连接至测试点 J_{31}。

② 黑色表笔（GND 测试引脚）连接至测试点 J_{33}。

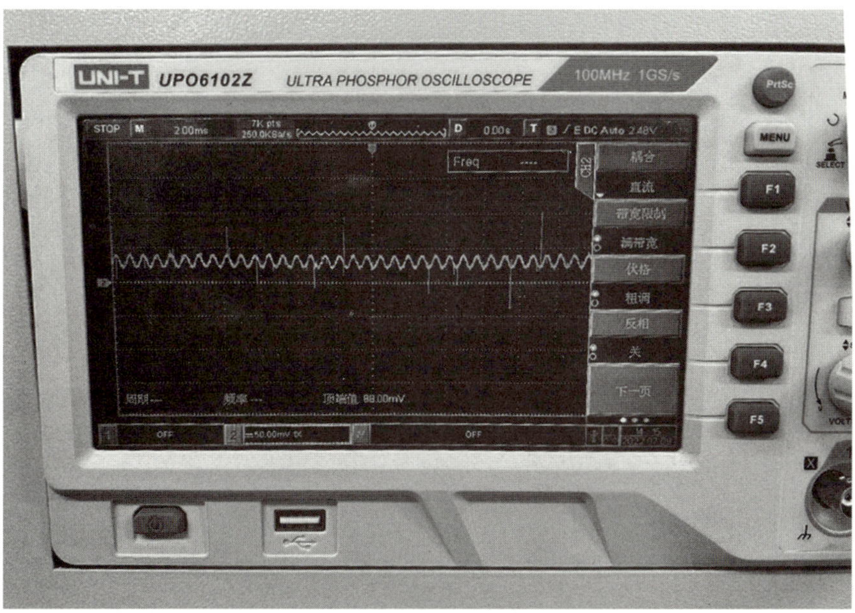

图 5.5.5　正弦波输出

表 5.5.1　测试结果

序号	V_{CC}	周期	频率	波峰电压	波谷电压
1					
2					
3					
4					

项目六　编译码器认识使用

编码，简单来说，就是运用文字、符号或者数码来表征特定对象的过程，其本质是把原始的数据或信息转化为另一种形式或格式，目的是让信息在传输、存储或者处理过程中，变得更加高效和可靠。

举例来说，假如有满满一屋子厚厚的书，为了方便搬运这些书，可以按照书籍的不同类别，如小说、科学书籍、教材等，将它们分别放进不同的盒子里，接着给每个盒子贴上对应的标签。这个过程，就如同给书进行编码，把书这种原始信息，转化成了盒子和标签组成的新形式，从而让整理和搬运工作变得更加有条理。

而译码，则是编码的逆过程，也就是将经过编码的数据或信号重新转换回原始的数据或信息。这一过程需要理解并解读编码规则，进而还原出最初的信息。

同样以搬书为例，当你到达新家后，你得打开每个盒子，把里面的书本一本本拿出来，再整齐地放到书架上。这个过程就好像是译码，把之前打包好的信息（装在盒子里的书籍），重新变回原始的模样（摆放在书架上的书本），这样我们就能方便地阅读和使用这些书籍了。

在数字世界中，编码和译码是信息传输和处理的基础，无论是发送电子邮件、观看视频，还是存储照片，都离不开这两个过程。编码让信息更高效地传输和存储，而译码则确保接收方能正确地理解和使用这些信息。

任务 6.1　8 线-3 线编码器认识与应用

6.1.1　二进制编码器

普通二进制编码器是一种多输入、多输出的组合电路，在某一时刻只能对一个输入信号进行编码，不允许有两个或两个以上信号同时有效，具有相互排斥性。

表 6.1.1 是普通 8-3 编码器的功能表。

根据功能表可以写出该器件的逻辑表达式。

$$Y_2 = I_4 + I_5 + I_6 + I_7$$
$$Y_1 = I_2 + I_3 + I_6 + I_7$$
$$Y_0 = I_1 + I_3 + I_5 + I_7$$

表 6.1.1 普通 8-3 编码器的功能表

输入								输出		
I_7	I_6	I_5	I_4	I_3	I_2	I_1	I_0	Y_2	Y_1	Y_0
0	0	0	0	0	0	0	1	0	0	0
0	0	0	0	0	0	1	0	0	0	1
0	0	0	0	0	1	0	0	0	1	0
0	0	0	0	1	0	0	0	0	1	1
0	0	0	1	0	0	0	0	1	0	0
0	0	1	0	0	0	0	0	1	0	1
0	1	0	0	0	0	0	0	1	1	0
1	0	0	0	0	0	0	0	1	1	1

在实际电路设计中，使用与非门、或非门远远多于使用基本的门电路，因此通常会将设计的逻辑函数表达式化成与非门、或非门的形式。由摩根定律，可将该器件的逻辑表达式化为与非门的形式，如下。

$$Y_2=(I_4' I_5' I_6' I_7')'$$
$$Y_1=(I_2' I_3' I_6' I_7')'$$
$$Y_0=(I_1' I_3' I_5' I_7')'$$

由逻辑表达式可以画出逻辑，如图 6.1.1 所示。

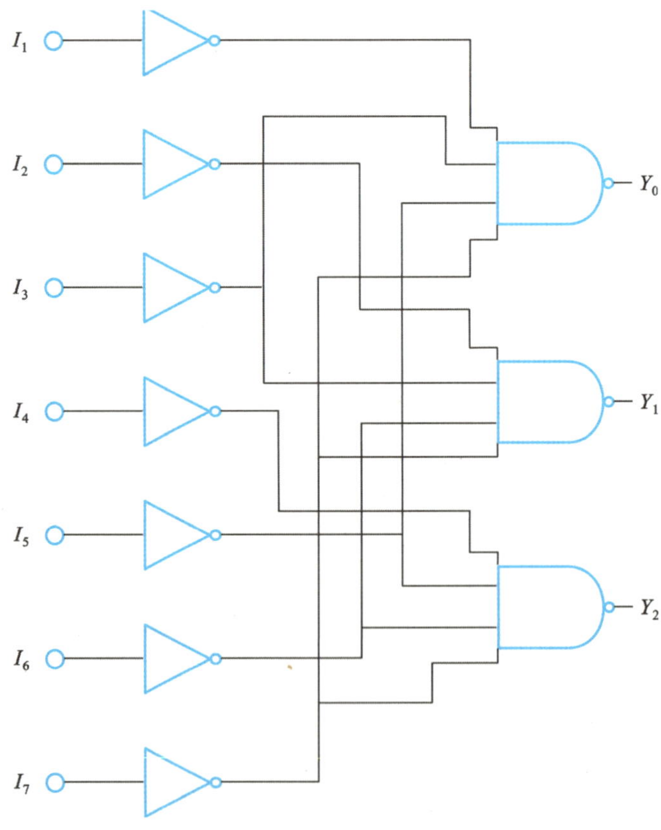

图 6.1.1 二进制编码器逻辑图

6.1.2　8 线-3 线优先编码器

8 线-3 线优先编码器是一种允许同时输入多个编码信号，并只对其中优先级别最高的信号进行编码输出的电路。

表 6.1.2 是优先编码器的真值表。设 I_7 优先级最高，I_6 次之，依次 I_0 最低。优先级高的信号排斥级别低的，具有单方面排斥的特性。

表 6.1.2　8 线-3 线优先编码器的真值表

输入								输出		
I_7	I_6	I_5	I_4	I_3	I_2	I_1	I_0	Y_2	Y_1	Y_0
1	×	×	×	×	×	×	×	**1**	**1**	**1**
0	**1**	×	×	×	×	×	×	**1**	**1**	**0**
0	**0**	**1**	×	×	×	×	×	**1**	**0**	**1**
0	**0**	**0**	**1**	×	×	×	×	**1**	**0**	**0**
0	**0**	**0**	**0**	**1**	×	×	×	**0**	**1**	**1**
0	**0**	**0**	**0**	**0**	**1**	×	×	**0**	**1**	**0**
0	**0**	**0**	**0**	**0**	**0**	**1**	×	**0**	**0**	**1**
0	**0**	**0**	**0**	**0**	**0**	**0**	**1**	**0**	**0**	**0**

根据真值表可以写出该器件的逻辑表达式，由 $A+A'B=A+B$ 得

$$
\begin{aligned}
Y_2 &= I_7 + I_7'I_6 + I_7'I_6'I_5 + I_7'I_6'I_5'I_4 \\
&= I_7 + I_6 + I_5 + I_4 \\
Y_1 &= I_7 + I_7'I_6 + I_7'I_6'I_5'I_4'I_3 + I_7'I_6'I_5'I_4'I_3'I_2 \\
&= I_7 + I_6 + I_5'I_4'I_3 + I_5'I_4'I_2 \\
Y_0 &= I_7 + I_7'I_6'I_5 + I_7'I_6'I_5'I_4'I_3 + I_7'I_6'I_5'I_4'I_3'I_2'I_1 \\
&= I_7 + I_6'I_5 + I_6'I_4'I_3 + I_6'I_4'I_2'I_1
\end{aligned}
$$

为了扩展电路的功能和增加使用的灵活性，实际应用电路中，如 74HC148 优先编码器，在上述逻辑函数的基础上，增加了选通信号 S，只有在 $S=\mathbf{0}$ 的时候，编码器才工作，而在 $S=\mathbf{1}$ 时，所有的输出被封锁在高电平。且输入信号和输出信号一般为低电平有效。写出输出逻辑式如下：

$$
\begin{aligned}
Y_2' &= ((I_7 + I_6 + I_5 + I_4)S)' \\
Y_1' &= ((I_7 + I_6 + I_5'I_4'I_3 + I_5'I_4'I_2)S)' \\
Y_0' &= ((I_7 + I_6'I_5 + I_6'I_4'I_3 + I_6'I_4'I_2'I_1)S)'
\end{aligned}
$$

74HC148 优先编码器的内部逻辑，如图 6.1.2 所示。

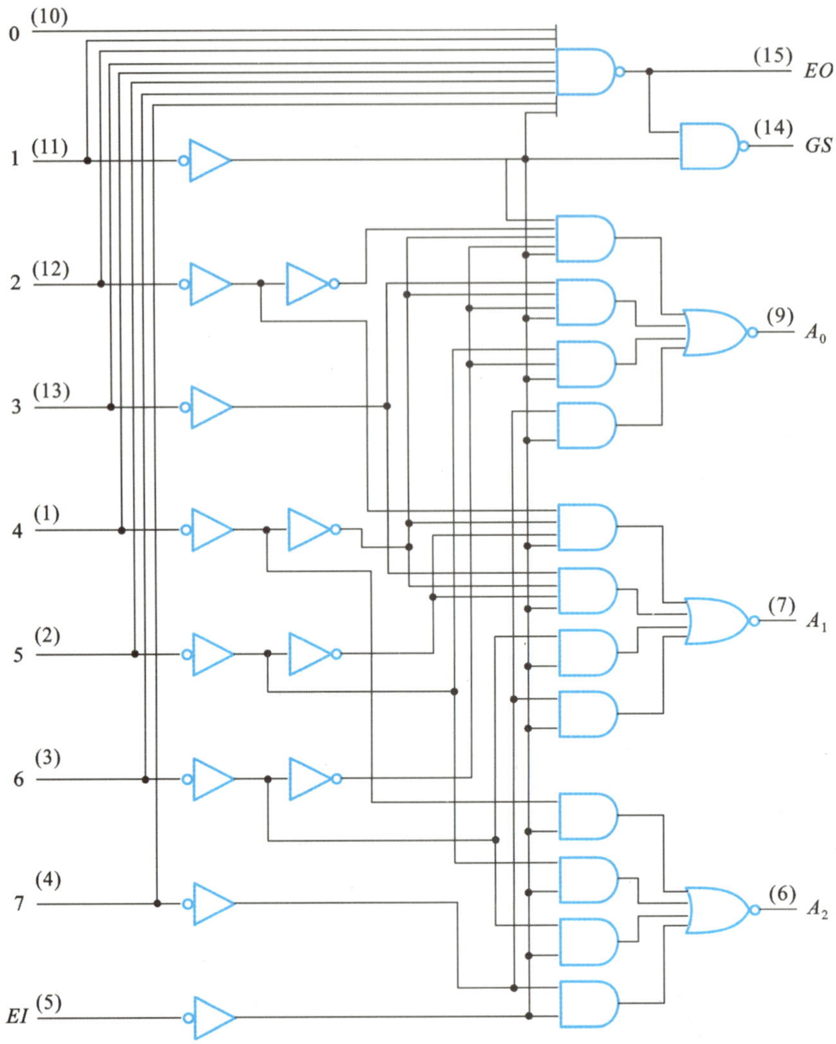

图 6.1.2　74HC148 优先编码器的内部逻辑图

图中的 *EI* 与上式的 S' 一致。另外，在图中可以看到还有 *EO* 信号和 *GS* 信号，其中 *EO* 信号为选通输出端，*GS* 为扩展端。由图可知

$$EO=(I_0'I_1'I_2'I_3'I_4'I_5'I_6'I_7'S)'$$

$$\begin{aligned}GS&=((I_0'I_1'I_2'I_3'I_4'I_5'I_6'I_7'S)'S)'\\&=((I_0+I_1+I_2+I_3+I_4+I_5+I_6+I_7)S)'\end{aligned}$$

上式表明，只有当所有的编码输入端都是高电平（无有效编码输入），且 $S=\mathbf{1}$（$S'=\mathbf{0}$ 输入选通有效）时，*EO* 才是低电平，即 *EO* 输出低电平信号表明“电路工作，但无编码输入”。只要任意一个编码输入端有低电平信号输入，且 $S=\mathbf{1}$ 时，*GS* 为低电平，即 *GS* 低电平输出信号表明了“电路工作，且有编码输入”。

根据上式，可以完善得到 74HC148 编码器的功能表，如表 6.1.3 所示。

表 6.1.3　74HC148 编码器的功能表

输入									输出				
EI'	I'_0	I'_1	I'_2	I'_3	I'_4	I'_5	I'_6	I'_7	Y'_2	Y'_1	Y'_0	EO'	GS'
1	×	×	×	×	×	×	×	×	1	1	1	1	1
0	1	1	1	1	1	1	1	1	1	1	1	0	1
0	×	×	×	×	×	×	×	0	0	0	0	1	0
0	×	×	×	×	×	×	0	1	0	0	1	1	0
0	×	×	×	×	×	0	1	1	0	1	0	1	0
0	×	×	×	×	0	1	1	1	0	1	1	1	0
0	×	×	×	0	1	1	1	1	1	0	0	1	0
0	×	×	0	1	1	1	1	1	1	0	1	1	0
0	×	0	1	1	1	1	1	1	1	1	0	1	0
0	0	1	1	1	1	1	1	1	1	1	1	1	0

6.1.3　8 线-3 线编码器测试验证

M302 板卡上板载了 74LS148 型 8-3 优先编码器，并将其输入选通端接地（即始终有效），其输入端信号的高低决定了输出信号的编码。连接示意如图 6.1.3 所示，可以使用板载的自锁开关作为编码器信号输入，其中按下为高电平，弹起为低电平，也可使用香蕉线从测试孔输入信号。板载了 10 颗 LED 灯，作为输出信号的显示，低电平有效，可使用香蕉线将编码器输出信号测试孔连接到 LED 指示灯，观察编码器输出结果。完成后续测试的真值表 6.1.4。

图 6.1.3　8 线-3 线编码器测试连接示意

连接方式：

① 先连接电源，将 V_{CC}（5 V）测试口连接至 74LS148 的电源测试口。

② 将测试点 J_{68} 连接至测试点 J_{70}。

③ 测试点 J_{69} 连接至测试点 J_{55}。

④ 测试点 J_{67} 连接至测试点 J_{72}。

⑤ 测试点 J_{66} 连接至测试点 J_{71}。

⑥ 测试点 J_{65} 连接至测试点 J_{56}。

表 6.1.4　8 线-3 线编码器测试结果

输入								输出				
IN_0	IN_1	IN_2	IN_3	IN_4	IN_5	IN_6	IN_7	A_2	A_1	A_0	EO	GS

任务 6.2　10 线-4 线编码器认识与运用

6.2.1　10 线-4 线编码器

在常用的优先编码器中，除了上述的二进制编码器外，还有一类为 10 线-4 线编码器，这种编码器可以将 10 个输入信号编码成 10 个 BCD 码。其中，I'_{10} 的优先级最高，I'_0 的优先级最低。

对于 BCD 码，英文全称是 Binary-Coded Decimal，简称 BCD。按字面解释是二进制十进制代码，是一种二进制的数字编码形式。我们平常用的十进制，每一位分别用二进制来保存，这种编码形式利用了四个位元来储存一个十进制的数码，使二进制和十进制之间的转换得以快捷地进行。

由于十进制数共有 0, 1, 2, …, 9 十个数码，因此至少需要 4 位二进制码来表示 1 位十进制数。4 位二进制码共有 $2^4 = 16$ 种码组，在这 16 种代码中，可以任选 10 种来表示 10 个十进制数码。

最常用的 BCD 编码，就是使用“0”至“9”这十个数值的二进制码来表示。这种编码方式，也称之为“8421 码”。除此以外，对应不同需求，还有不同的编码方法，以适应不同的需求。这些编码，大致可以分为 2 类：

（1）有权 BCD 码，如 8421（最常用）、2421、5421 等。

（2）无权 BCD 码，如余 3 码、格雷码等。

对于“8421”BCD 码，其对应关系如表 6.2.1 所示。

表 6.2.1　“8421”BCD 码对应关系

十进制数	8421 码	十进制数	8421 码
0	**0000**	5	**0101**
1	**0001**	6	**0110**
2	**0010**	7	**0111**
3	**0011**	8	**1000**
4	**0100**	9	**1001**

10 线-4 线优先编码器 74HC147 的函数表达式为

$$
\begin{aligned}
Y'_3 &= (I_8 + I_9)' \\
Y'_2 &= (I_7 I'_8 I'_9 + I_6 I'_8 I'_9 + I_5 I'_8 I'_9 + I_4 I'_8 I'_9)' \\
Y'_1 &= (I_7 I'_8 I'_9 + I_6 I'_8 I'_9 + I_3 I'_4 I'_5 I'_8 I'_9 + I_2 I'_4 I'_5 I'_8 I'_9)' \\
Y'_0 &= (I_9 + I_7 I'_8 I'_9 + I_5 I'_6 I'_8 I'_9 + I_3 I'_4 I'_6 I'_8 I'_9 + I_1 I'_2 I'_4 I'_6 I'_8 I'_9)'
\end{aligned}
$$

功能如表 6.2.2 所示。

表 6.2.2　74HC147 功能表

输入									输出			
I'_1	I'_2	I'_3	I'_4	I'_5	I'_6	I'_7	I'_8	I'_9	Y'_3	Y'_2	Y'_1	Y'_0
1	1	1	1	1	1	1	1	1	1	1	1	1
×	×	×	×	×	×	×	×	0	0	1	1	0
×	×	×	×	×	×	×	0	1	0	1	1	1
×	×	×	×	×	×	0	1	1	1	0	0	0
×	×	×	×	×	0	1	1	1	1	0	0	1
×	×	×	×	0	1	1	1	1	1	0	1	0
×	×	×	0	1	1	1	1	1	1	0	1	1
×	×	0	1	1	1	1	1	1	1	1	0	0
×	0	1	1	1	1	1	1	1	1	1	0	1
0	1	1	1	1	1	1	1	1	1	1	1	0

由表可知，编码器的输出是反码形式的 BCD（8421）码。

其内部逻辑如图 6.2.1 所示。

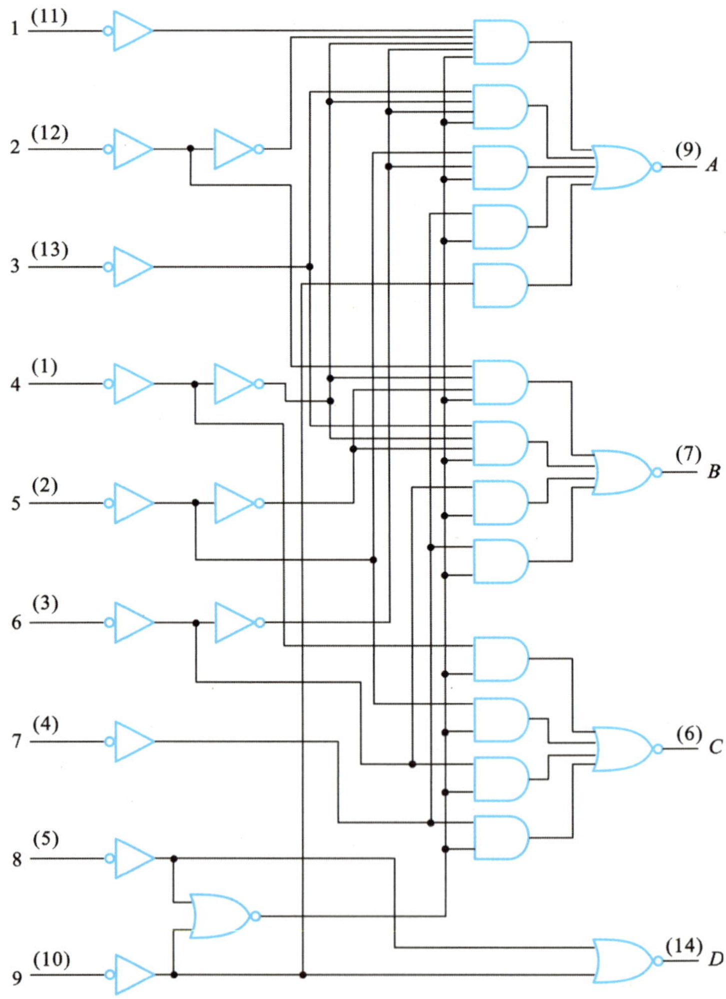

图 6.2.1　10 线-4 线编码器内部逻辑图

6.2.2　10 线-4 线编码器测试验证

M302 板卡上板载了 74LS147 型 10-4 优先编码器，连接示意如图 6.2.2 所示，可以使用板载的自锁开关作为编码器信号输入，其中按下为高电平，弹起为低电平，也可使用香蕉线从测试孔输入信号。板载了 10 颗 LED 灯，作为输出信号的显示，低电平有效，可使用香蕉线将编码器输出信号测试孔连接到 LED 指示灯，观察编码器输出结果。完成后续测试的真值表 6.2.3。

图 6.2.2　10 线-4 线编码器测试连接示意

连接方式：

① 先连接电源 V_{CC}（5 V）测试口连接至 74LS147 的 V_{CC} 测试口。

② 将测试点 J_{80} 连接至测试点 J_{50}。

③ 测试点 J_{54} 连接至测试点 J_{48}。

④ 测试点 J_{70} 连接至测试点 J_{47}。

⑤ 测试点 J_{55} 连接至测试点 J_{49}。

表 6.2.3　10 线-4 线编码器测试结果

输入									输出			
IN_1	IN_2	IN_3	IN_4	IN_5	IN_6	IN_7	IN_8	IN_9	D	C	B	A

任务 6.3　3 线-8 线译码器认识与运用

译码是将具有特定意义的二进制代码转换为相应信号输出的过程。

译码器就是实现译码功能的电路，一般可分为二进制译码器、二-十进制译码器以及用于驱动数码管的显示译码器等。

6.3.1　二进制译码器

二进制译码器是将输入二进制代码的各种组合按其原意转换为对应信号输出的逻辑电路。表 6.3.1 是二进制译码器的功能表。

表 6.3.1　二进制译码器的功能表

输入			输出							
A_2	A_1	A_0	Y_0	Y_1	Y_2	Y_3	Y_4	Y_5	Y_6	Y_7
0	**0**	**0**	**1**	**0**	**0**	**0**	**0**	**0**	**0**	**0**
0	**0**	**1**	**0**	**1**	**0**	**0**	**0**	**0**	**0**	**0**
0	**1**	**0**	**0**	**0**	**1**	**0**	**0**	**0**	**0**	**0**
0	**1**	**1**	**0**	**0**	**0**	**1**	**0**	**0**	**0**	**0**
1	**0**	**0**	**0**	**0**	**0**	**0**	**1**	**0**	**0**	**0**
1	**0**	**1**	**0**	**0**	**0**	**0**	**0**	**1**	**0**	**0**
1	**1**	**0**	**0**	**0**	**0**	**0**	**0**	**0**	**1**	**0**
1	**1**	**1**	**0**	**0**	**0**	**0**	**0**	**0**	**0**	**1**

根据功能表可以写出输出逻辑函数表达式为

$$Y_0 = A_2' A_1' A_0'$$
$$Y_1 = A_2' A_1' A_0$$
$$Y_2 = A_2' A_1 A_0'$$
$$Y_3 = A_2' A_1 A_0$$
$$Y_4 = A_2 A_1' A_0'$$
$$Y_5 = A_2 A_1' A_0$$
$$Y_6 = A_2 A_1 A_0'$$
$$Y_7 = A_2 A_1 A_0$$

将这些输出用最小项的形式表达为

$$Y_0 = m_0$$
$$Y_1 = m_1$$
$$Y_2 = m_2$$
$$Y_3 = m_3$$
$$Y_4 = m_4$$
$$Y_5 = m_5$$
$$Y_6 = m_6$$
$$Y_7 = m_7$$

可以发现，该译码器的输出正好是输入变量的最小项，通过对输出变量进行与运算，就可以构造得到不同的逻辑函数。因此，译码器也可以作为函数发生器使用。

通过上述的逻辑函数可以得到逻辑图（见图 6.3.1）。

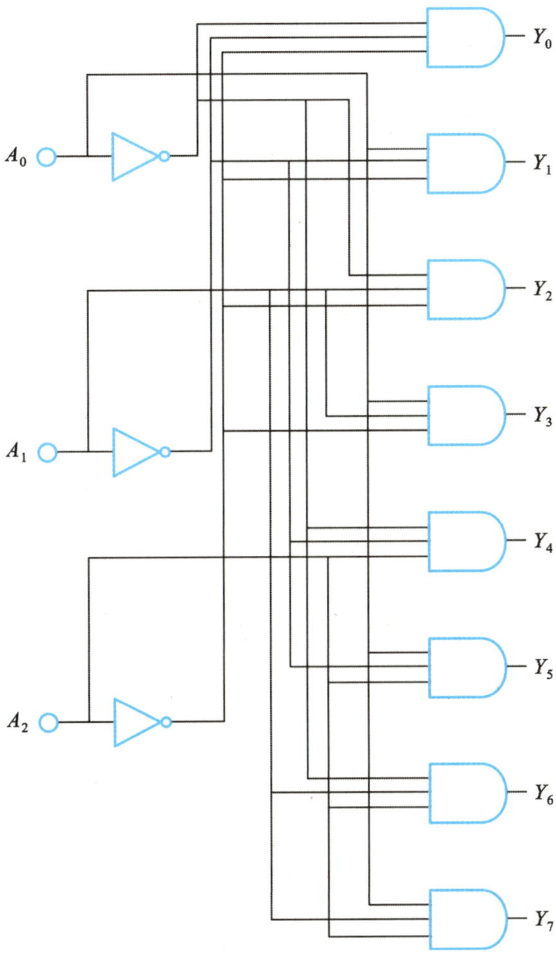

图 6.3.1　译码器逻辑图

6.3.2 3 线-8 线译码器

通常使用的 3 线-8 线译码器型号为 74LS138 或 74HC138，74HC138 的封装如图 6.3.2 所示。其中 A_0、A_1、A_2 为 3 位二进制码信号输入端；$Y_0 \sim Y_7$ 为 8 个译码输出端，低电平有效；E_1、E_2、E_3 为译码器译码使能控制端，其电平组合决定了译码器的工作状态。

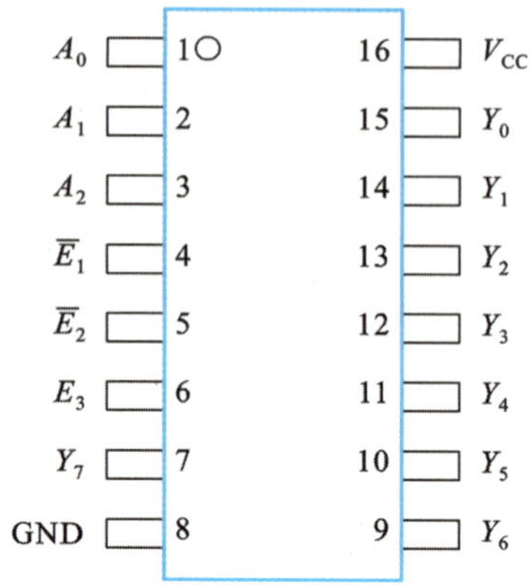

图 6.3.2 74HC138 译码器封装图

74HC138 内部逻辑如图 6.3.3 所示。

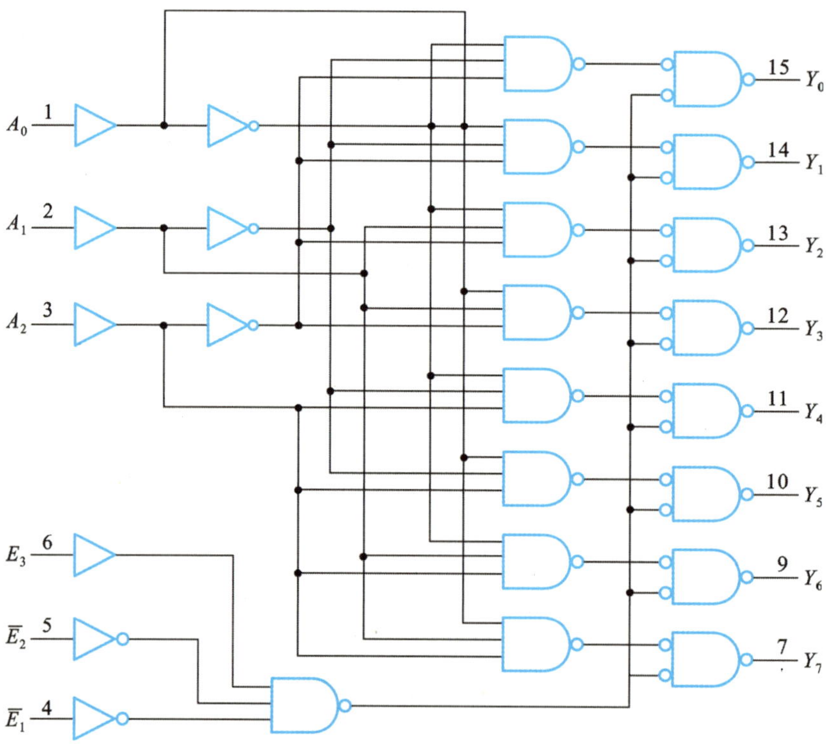

图 6.3.3 3 线-8 线译码器内部逻辑图

74HC138 功能如表 6.3.2 所示。

表 6.3.2　3 线-8 线译码器功能表

使能		输入			输出							
E_3	$E_2'+E_1'$	A_2	A_1	A_0	Y_0	Y_1	Y_2	Y_3	Y_4	Y_5	Y_6	Y_7
×	**1**	×	×	×	**1**	**1**	**1**	**1**	**1**	**1**	**1**	**1**
0	×	×	×	×	**1**	**1**	**1**	**1**	**1**	**1**	**1**	**1**
1	**0**	**0**	**0**	**0**	**0**	**1**	**1**	**1**	**1**	**1**	**1**	**1**
1	**0**	**0**	**0**	**1**	**1**	**0**	**1**	**1**	**1**	**1**	**1**	**1**
1	**0**	**0**	**1**	**0**	**1**	**1**	**0**	**1**	**1**	**1**	**1**	**1**
1	**0**	**0**	**1**	**1**	**1**	**1**	**1**	**0**	**1**	**1**	**1**	**1**
1	**0**	**1**	**0**	**0**	**1**	**1**	**1**	**1**	**0**	**1**	**1**	**1**
1	**0**	**1**	**0**	**1**	**1**	**1**	**1**	**1**	**1**	**0**	**1**	**1**
1	**0**	**1**	**1**	**0**	**1**	**1**	**1**	**1**	**1**	**1**	**0**	**1**
1	**0**	**1**	**1**	**1**	**1**	**1**	**1**	**1**	**1**	**1**	**1**	**0**

由逻辑图和功能表可知，74HC138 译码器的输出为低电平有效，只有当 E_3 为 **1**，且 $E_2'+E_1'$ 为 **0**（两者同时为 **0**）时，译码器才会处于工作状态，否则禁止译码。

由功能表可以写出该译码器的函数逻辑表达式为

$$
\begin{aligned}
Y_0' &= (A_2'A_1'A_0')' \\
Y_1' &= (A_2'A_1'A_0)' \\
Y_2' &= (A_2'A_1A_0')' \\
Y_3' &= (A_2'A_1A_0)' \\
Y_4' &= (A_2A_1'A_0')' \\
Y_5' &= (A_2A_1'A_0)' \\
Y_6' &= (A_2A_1A_0')' \\
Y_7' &= (A_2A_1A_0)'
\end{aligned}
$$

将这些输出用最小项的形式表达为

$$
\begin{aligned}
Y_0' &= m_0' \\
Y_1' &= m_1' \\
Y_2' &= m_2' \\
Y_3' &= m_3' \\
Y_4' &= m_4' \\
Y_5' &= m_5' \\
Y_6' &= m_6' \\
Y_7' &= m_7'
\end{aligned}
$$

由上，二进制译码器又称变量译码器，其输出端能提供输入变量的全部最小项。另外，其使能端也称为片选端，利用片选的作用可以将多片译码器连接起来扩展为多位译码器。如将两片 74LS138 译码器级联起来扩展为 4 线-16 线译码器，如图 6.3.4 所示。

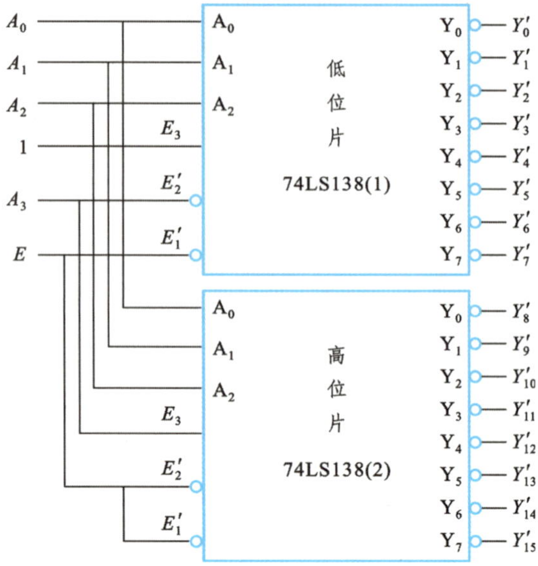

图 6.3.4　4 线-16 线译码器

其中，低 3 位码从各译码器的码输入端输入，低位片 E_3 接有效电平高电平；高位片 A_3 与高位片 E_3 和低位片 E_2' 相连，A_3 为 **0** 时低位片工作，为 **1** 时高位片工作。另外，高位片的 E_2'、E_1' 与低位片的 E_1' 相连，作 4 线-16 线译码器的使能端，低电平有效。

其工作原理如下：

$E'=1$ 时，两个译码器都不工作，输出 $Y_0' \sim Y_{15}'$ 均为高电平；$E'=\mathbf{0}$ 时，允许译码。

$A_3=0$ 时，高位片不工作，低位片工作，译出与输入 **0000** ~ **0111** 分别对应的 8 个输出信号 $Y_0' \sim Y_7'$。

$A_3=1$ 时，低位片不工作，高位片工作，译出与输入 **1000** ~ **1111** 分别对应的 8 个输出信号 $Y_8' \sim Y_{15}'$。

于是，我们可以得出其功能表，如表 6.3.3 所示。

表 6.3.3　4 线-16 线译码器功能表

使能		输入				输出															
E_3	E'	A_3	A_2	A_1	A_0	Y_0	Y_1	Y_2	Y_3	Y_4	Y_5	Y_6	Y_7	Y_8	Y_9	Y_{10}	Y_{11}	Y_{12}	Y_{13}	Y_{14}	Y_{15}
×	**1**	×	×	×	×	**1**	**1**	**1**	**1**	**1**	**1**	**1**	**1**	**1**	**1**	**1**	**1**	**1**	**1**	**1**	**1**
0	×	×	×	×	×	**1**	**1**	**1**	**1**	**1**	**1**	**1**	**1**	**1**	**1**	**1**	**1**	**1**	**1**	**1**	**1**
1	**0**	**0**	**0**	**0**	**0**	**0**	**1**	**1**	**1**	**1**	**1**	**1**	**1**	**1**	**1**	**1**	**1**	**1**	**1**	**1**	**1**
1	**0**	**0**	**0**	**0**	**1**	**1**	**0**	**1**	**1**	**1**	**1**	**1**	**1**	**1**	**1**	**1**	**1**	**1**	**1**	**1**	**1**
1	**0**	**0**	**0**	**1**	**0**	**1**	**1**	**0**	**1**	**1**	**1**	**1**	**1**	**1**	**1**	**1**	**1**	**1**	**1**	**1**	**1**
1	**0**	**0**	**0**	**1**	**1**	**1**	**1**	**1**	**0**	**1**	**1**	**1**	**1**	**1**	**1**	**1**	**1**	**1**	**1**	**1**	**1**
1	**0**	**0**	**1**	**0**	**0**	**1**	**1**	**1**	**1**	**0**	**1**	**1**	**1**	**1**	**1**	**1**	**1**	**1**	**1**	**1**	**1**
1	**0**	**0**	**1**	**0**	**1**	**1**	**1**	**1**	**1**	**1**	**0**	**1**	**1**	**1**	**1**	**1**	**1**	**1**	**1**	**1**	**1**
1	**0**	**0**	**1**	**1**	**0**	**1**	**1**	**1**	**1**	**1**	**1**	**0**	**1**	**1**	**1**	**1**	**1**	**1**	**1**	**1**	**1**
1	**0**	**0**	**1**	**1**	**1**	**1**	**1**	**1**	**1**	**1**	**1**	**1**	**0**	**1**	**1**	**1**	**1**	**1**	**1**	**1**	**1**

续表

使能		输入				输出															
1	0	1	0	0	0	1	1	1	1	1	1	1	1	0	1	1	1	1	1	1	1
1	0	1	0	0	1	1	1	1	1	1	1	1	1	1	0	1	1	1	1	1	1
1	0	1	0	1	0	1	1	1	1	1	1	1	1	1	1	0	1	1	1	1	1
1	0	1	0	1	1	1	1	1	1	1	1	1	1	1	1	1	0	1	1	1	1
1	0	1	1	0	0	1	1	1	1	1	1	1	1	1	1	1	1	0	1	1	1
1	0	1	1	0	1	1	1	1	1	1	1	1	1	1	1	1	1	1	0	1	1
1	0	1	1	1	0	1	1	1	1	1	1	1	1	1	1	1	1	1	1	0	1
1	0	1	1	1	1	1	1	1	1	1	1	1	1	1	1	1	1	1	1	1	0

6.3.3　3 线-8 线译码器测试验证

M302 板卡上板载了 74LS138 型 3 线-8 线译码器，并将其使能端 E_2'、E_1' 接地，E_3' 接高电平（即译码器始终有效），连接示意如图 6.3.5 所示。可以使用板载的自锁开关作为编码器信号输入，其中按下为高电平，弹起为低电平，也可使用香蕉线从测试孔输入信号。板载了 10 颗 LED 灯，作为输出信号的显示，低电平有效，可使用香蕉线将译码器输出信号测试孔连接到 LED 指示灯，观察译码器输出结果。完成后续测试的真值表 6.3.4。

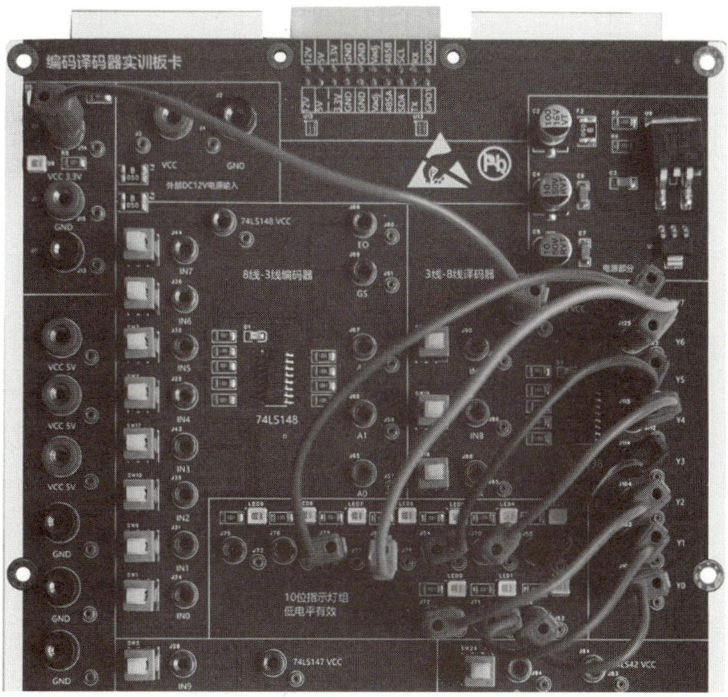

图 6.3.5　3 线-8 线译码器测试连接示意

连接方式：

① 先连接电源，将 V_{CC}（5 V）测试口连接至 74LS138_VCC 测试口。

② 测试点 J_{126} 连接到测试点 J_{79}。
③ 测试点 J_{125} 连接到测试点 J_{80}。
④ 测试点 J_{116} 连接到测试点 J_{54}。
⑤ 测试点 J_{115} 连接到测试点 J_{70}。
⑥ 测试点 J_{114} 连接到测试点 J_{55}。
⑦ 测试点 J_{104} 连接到测试点 J_{72}。
⑧ 测试点 J_{103} 连接到测试点 J_{71}。
⑨ 测试点 J_{102} 连接到测试点 J_{56}。

表 6.3.4 3 线-8 线译码器测试结果

输 入			输 出							
IN_C	IN_B	IN_A	Y_0	Y_1	Y_2	Y_3	Y_4	Y_5	Y_6	Y_7

任务 6.4　4 线-10 线译码器认识与运用

6.4.1　4 线-10 线译码器

4 线-10 线译码器也称为二-十进制译码器，其作用为将输入的 10 组 4 位二进制代码翻译成 0 ~ 9 十个对应信号输出的逻辑电路。

常用的 4 线-10 线译码器为 74LS42，图 6.4.1 为其芯片引脚图。

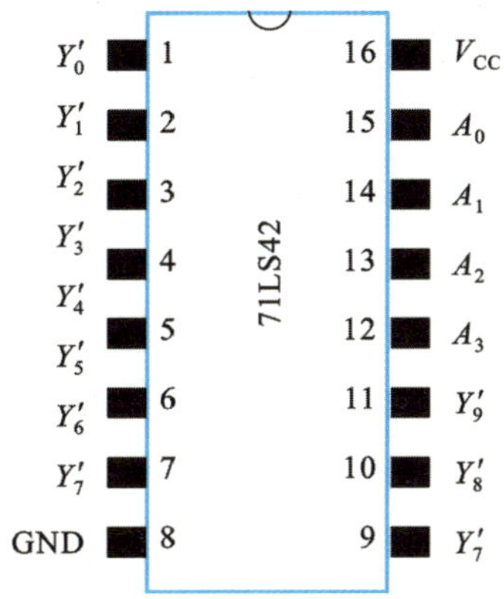

图 6.4.1　74LS42 芯片引脚

其中，A_3 ~ A_0 为 8421 BCD 码输入端，从高位到低位依次为 A_3、A_2、A_1、A_0，Y_9' ~ Y_0' 为 10 个译码输出端，低电平有效。

74LS42 的功能如表 6.4.1 所示。

表 6.4.1　74LS42 的功能表

输　入				输　出									
A_3	A_2	A_1	A_0	Y_0	Y_1	Y_2	Y_3	Y_4	Y_5	Y_6	Y_7	Y_8	Y_9
0	0	0	0	0	1	1	1	1	1	1	1	1	1
0	0	0	1	1	0	1	1	1	1	1	1	1	1
0	0	1	0	1	1	0	1	1	1	1	1	1	1
0	0	1	1	1	1	1	0	1	1	1	1	1	1
0	1	0	0	1	1	1	1	0	1	1	1	1	1
0	1	0	1	1	1	1	1	1	0	1	1	1	1
0	1	1	0	1	1	1	1	1	1	0	1	1	1
0	1	1	1	1	1	1	1	1	1	1	0	1	1
1	0	0	0	1	1	1	1	1	1	1	1	0	1
1	0	0	1	1	1	1	1	1	1	1	1	1	0

续表

输　入				输　出									
1	0	1	0	1	1	1	1	1	1	1	1	1	1
1	0	1	1	1	1	1	1	1	1	1	1	1	1
1	1	0	0	1	1	1	1	1	1	1	1	1	1
1	1	0	1	1	1	1	1	1	1	1	1	1	1
1	1	1	0	1	1	1	1	1	1	1	1	1	1
1	1	1	1	1	1	1	1	1	1	1	1	1	1

由于 4 个输入的 BCD 码共有 16 种，但是该译码器只有 10 个输出，因此上表中深色部分编码没有使用，在输入这些 BCD 码时，输出全为无效电平（**1**）。

4 线-10 线译码器的逻辑如图 6.4.2 所示。

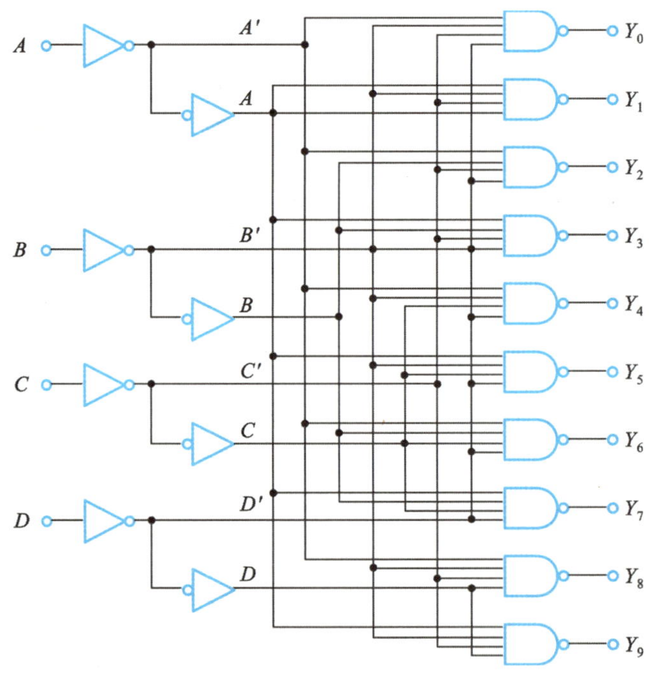

图 6.4.2　4 线-10 线译码器的逻辑图

6.4.2　4 线-10 线译码器测试验证

M302 板卡上板载了 74LS42 4 线-10 线译码器，连接示意如图 6.4.3 所示。可以使用板载的自锁开关作为编码器信号输入，其中按下为高电平，弹起为低电平，也可使用香蕉线从测试孔输入信号。板载了 10 颗 LED 灯，作为输出信号的显示，低电平有效，可使用香蕉线将译码器输出信号测试孔连接到 LED 指示灯，观察译码器输出结果。完成后续测试的真值表 6.4.2。

图 6.4.3　4 线-10 线译码器测试连接示意

连接方式：

① 先连接电源，将 V_{CC}（5 V）测试口连接至 74LS42_VCC 测试口。

② 测试点 J_{75} 连接到测试点 J_{134}。

③ 测试点 J_{76} 连接到测试点 J_{133}。

④ 测试点 J_{79} 连接到测试点 J_{132}。

⑤ 测试点 J_{80} 连接到测试点 J_{131}。

⑥ 测试点 J_{54} 连接到测试点 J_{122}。

⑦ 测试点 J_{70} 连接到测试点 J_{121}。

⑧ 测试点 J_{55} 连接到测试点 J_{120}。

⑨ 测试点 J_{72} 连接到测试点 J_{110}。

⑩ 测试点 J_{71} 连接到测试点 J_{109}。

⑪ 测试点 J_{56} 连接到测试点 J_{108}。

表 6.4.2　4 线-10 线译码器测试结果

输入				输出									
D	C	B	A	Y_9	Y_8	Y_7	Y_6	Y_5	Y_4	Y_3	Y_2	Y_1	Y_0

项目七　AD 和 DA 转换电路设计与应用

任务 7.1　ADC 原理分析与验证

7.1.1　ADC 的历史

世界上记载的第一个“纯电子”的 A/D 转换器于 1939 年被亚历克·哈利·里夫斯（Alec Harley Reeves）发明，该设计的采样率为 6 kS/s，分辨率为 5 位。

图 7.1.1 为亚历克·哈利·里夫斯设计的 A/D 转换器原理图。

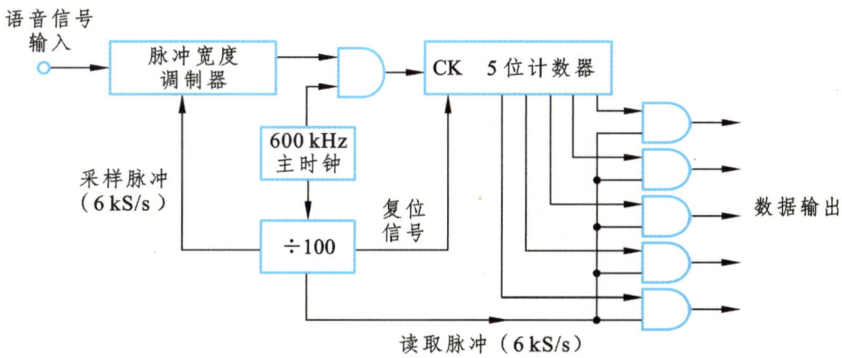

图 7.1.1　亚历克·哈利·里夫斯设计的 A/D 转换器原理图

1947 年，锗晶体管于贝尔实验室诞生。

1946 年，ENIAC 问世，现代数字计算机的鼻祖，为 A/D 转换器的蓬勃发展做铺垫。（实际上，世界上第一台电子计算机是由艾奥瓦州立大学的数学与物理学教授约翰·文森特·阿塔纳索夫和他的研究生克里福德·贝里于 1939 年研发的阿塔纳索夫-贝里（ABC）计算机）。

1948 年，贝尔实验室发明了 5 位、8 kS/s 的逐次逼近型 A/D 转换器。

得益于电子束编码管技术，在 1960 年左右出现了 12 MS/s、9 位的编码器（A/D）。图 7.1.2 为电子束编码管原理图。

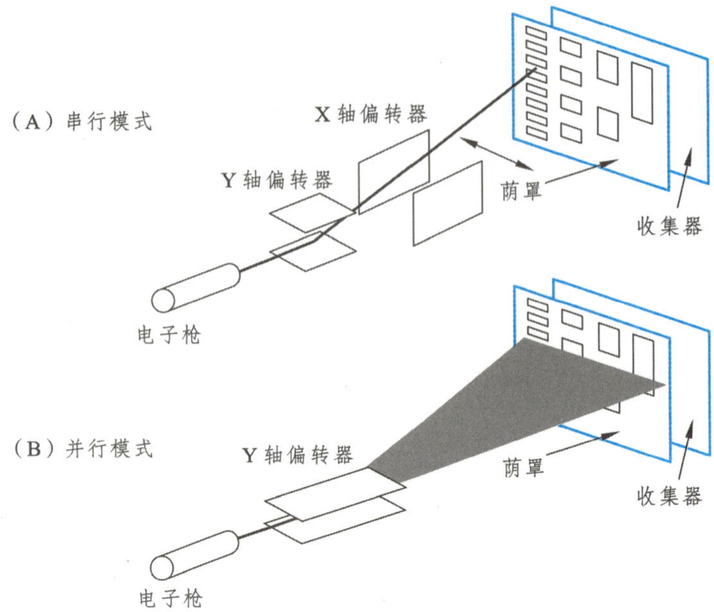

图 7.1.2　电子束编码管原理图

1954 年，硅晶体管于德州仪器诞生。

1954 年，伯纳德 · M · 戈登（Bernard M. Gordon）发明了 11 位、50 kS/s 的基于真空管的 A/D 转换器“Datrac”，如图 7.1.3 所示。这被认为是世界上第一个商业化的 A/D 转换器，其功率为 500 W，当时售价 8 000 ~ 9 000 美元。

1958/1959，集成电路问世，德州仪器（1958），仙童半导体（1959）。

1963—1965 年，为了给美国军方的雷达提供高速 A/D，贝尔实验室的 John M.Eubanks 和 Robert C. Bedingfield 研发了 8 位、10 MS/s 的 A/D，其功率为 150 W、售价 10 000 美元。

John M. Eubanks 和 Robert C. Bedingfield 研发的 A/D 如图 7.1.4 所示。

图 7.1.3　伯纳德 · M · 戈登发明的“Datrac”

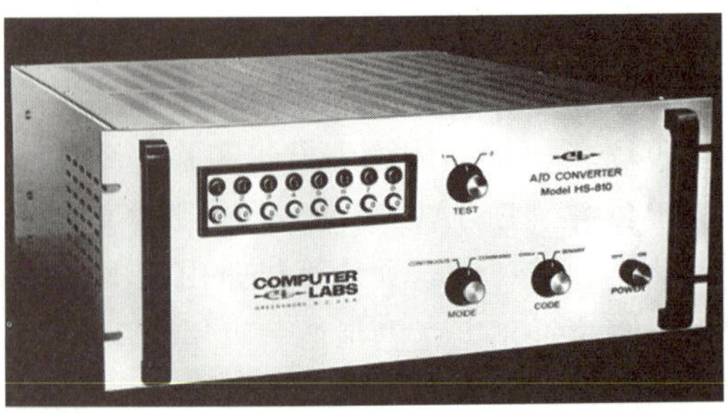

图 7.1.4　John M.Eubanks 和 Robert C. Bedingfield 研发的 A/D

1969 年，Pastoriza 公司利用分立元件制造了 12 位、10 μs、2.3 W 的逐次逼近型 A/D 样机（ADC-12U），当时售价 800 美元，其原型机如图 7.1.5 所示。

1978 年，Paul Brokaw 设计了第一个完整的单芯片 ADC，型号为 AD571，如图 7.1.6 所示。它使用了双极型工艺，参数为：10 位、25 μs、SAR 结构，其原理如图 7.1.7 所示。同年，诞生了最具重要意义的 SAR ADC，型号为 AD574。

图 7.1.5　ADC-12U

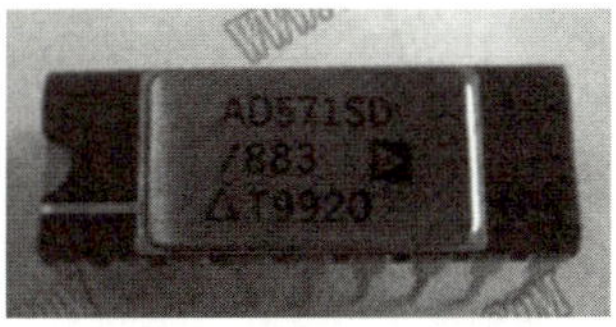

图 7.1.6　AD571 器件外形

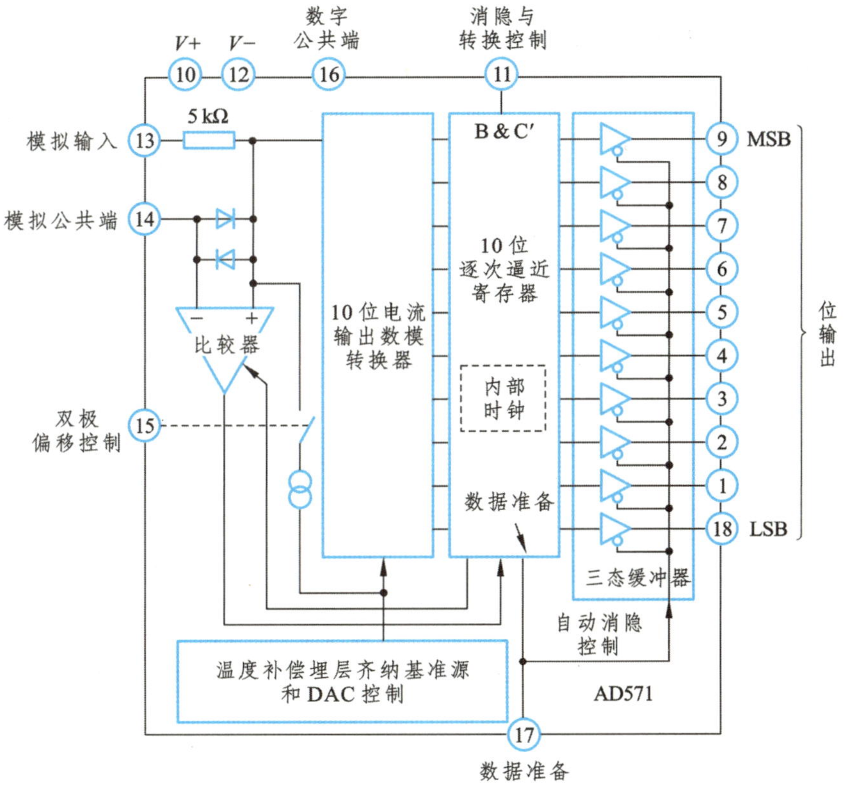

图 7.1.7　AD571 原理框图

1988 年，Crystal Semiconductor 推出了世界上第一个单芯片商业化的 ε-Δ ADC，型号为 CSZ5316，参数为：16 位、20kS/s，可以用于语音处理。

接下来的发展中，各厂商不断改进 ADC 的性能，推出更多不同用途的 ADC，让 ADC 进入了千家万户。

7.1.2 ADC的基本原理

能将模拟信号（连续信号）转换为数字信号（离散信号）的器件称为模数转换器，简称A/D转换器或ADC（Analog to Digital Converter）。按原理可分为：并行比较型A/D转换器（FLASH ADC）、逐次比较型A/D转换器（SAR ADC）和双积分式A/D转换器（Double Integral ADC）。

图7.1.8中的$u_i(t)$是输入的模拟电压信号，可以想象成从一个麦克风输出的音频信号。数字信号是现代计算机能够处理的信号，表现为图中的"n位数字量输出"。

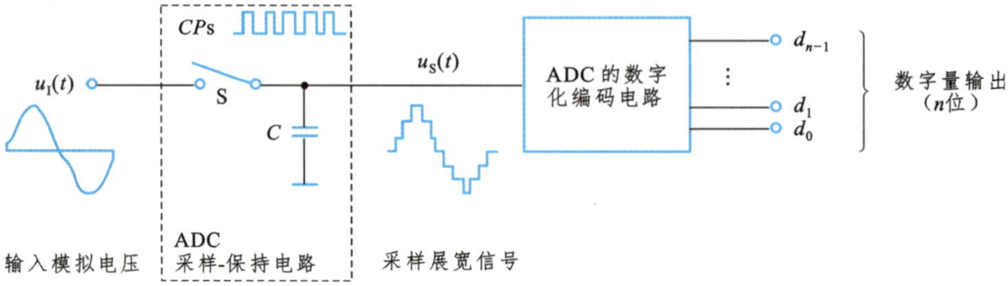

图7.1.8 模拟-数字转换过程

香农-奈奎斯特（Shannon & Nyquist）采样定理规定，使恢复出的信号不失真的条件为：采样频率大于原始信号频率的两倍，即$f_S \geqslant 2f_I$。

一个连续的电压信号$u_I(t)$通过一个由方波CP_S控制的开关S之后施加到电容C上，由于电容两端的电压不会突变，可知在S断开时，C将维持$u_I(t)$在开关断开瞬间的电压一段时间，直到开关S再次打开。这样，一个模拟的电压信号就转换成了采样展宽信号$u_S(t)$，其中CP_S的频率就是采样频率f_S。然后，由ADC的数字编码电路将采样展宽信号$u_S(t)$转换成n位的数字量$d_{n-1}:d_0$并输出。

通过上述步骤，一个连续的电压信号就转换成了n位的数字量，其曲线表现如图7.1.9所示，而实现该过程的器件叫作模拟-数字转换器（ADC）。

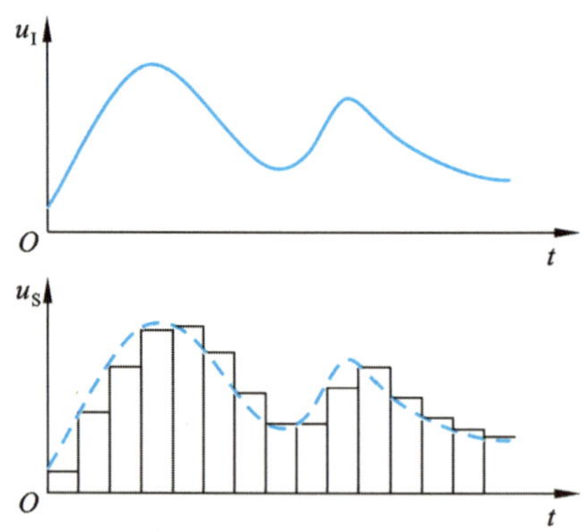

图7.1.9 模拟-数字转换曲线

7.1.3 ADC的主要性能指标

1. 分辨率

分辨率是指ADC能分辨的最小电压，通常用位数表示，如8位。一个$n=8$位的ADC，参考电压为 5 V，则其能分辨的最小电压为 $5/2^n = 19.53$ mV。

2. 转换时间

转换时间是 ADC 从控制信号到来开始，到输出端得到稳定的数字信号所经历的时间。

3. 转换精度

转换时间是指 ADC 输出的数字量所表示的模拟值与实际输入的模拟量之间的偏差。

7.1.4　ADC 的分类

1. 并行比较型 A/D 转换器

并行比较型 A/D 转换器原理如图 7.1.10 所示，由电阻分压器、电压比较器（运算放大器）、*D* 触发器和优先级编码器构成。

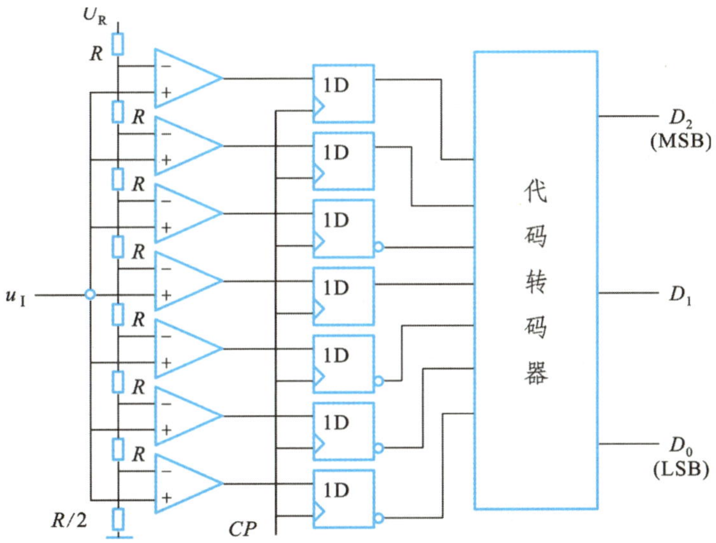

图 7.1.10　并行比较型 A/D 转换器逻辑图

优点：转换时间短，其转换周期为通过比较器、触发器和优先级编码器的时间总和，即 $T_{转} = T_{比} + T_{触} + T_{编}$，这个数值通常很小，一般为几十纳秒，是所有 A/D 转换器中转换速度最快的一种。当模拟信号加到电路输入端之后，只需经过电压比较器、触发器和代码转换电路的传输延迟时间即可完成一次转换。

缺点：

（1）造价高昂。随着分辨位数的提高，所需的电压比较器和规模较大的代码转换电路几乎按几何级数增长，输出为 *n* 位的二进制代码转换电路，需要 2^n-1 个电压比较器和相应的代码转换电路。随输出数字代码位数的增加，电路的规模将急剧膨胀。

（2）对集成电路的工艺要求很高。

目前常见的并联比较型 A/D 转换器产品输出多在 8 位以下。

2. 逐次比较型 A/D 转换器

逐次比较型 A/D 转换器原理如图 7.1.11 所示，对输入的模拟电压信号与不同权值的电压做多次比较，使得转换所得的数字量在数值上不断逼近输入的模拟量。通常由控制逻辑电路、数据寄存器、移位寄存器、D/A 转换器和电压比较器构成。

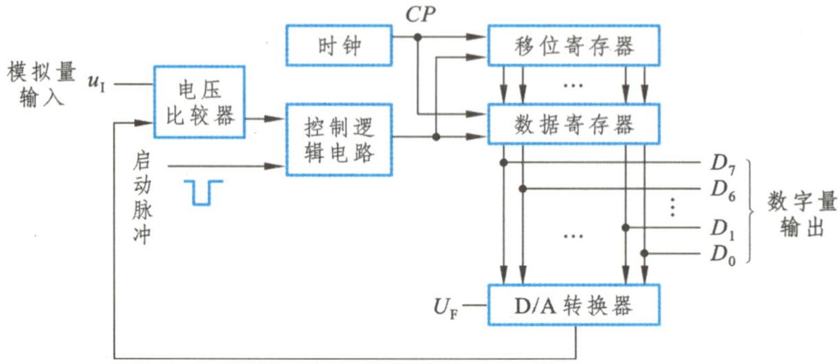

图 7.1.11　逐次比较型 A/D 转换器

优点：转换速度快，其转换周期 $T_{转}$ = 分辨率 n × 时钟周期 T_{clk}。一个 8 位的逐次比较型 A/D 转换器，时钟周期为 10 μs，则其转换周期为 80 μs。

3. 双积分式 A/D 转换器

双积分式 A/D 转换器如图 7.1.12 所示，是一种间接的 A/D 转换器，其分别对输入电压和参考电压进行两次积分，将输入电压平均值变换成与之成正比的时间间隔，然后利用时钟脉冲和计数器测出此时间间隔，进而在输出端得到与模拟量相应的数字量。通常由积分器（运算放大器及相应的外部电路）、过零比较器（运算放大器）、时钟脉冲控制门和计数器等构成。

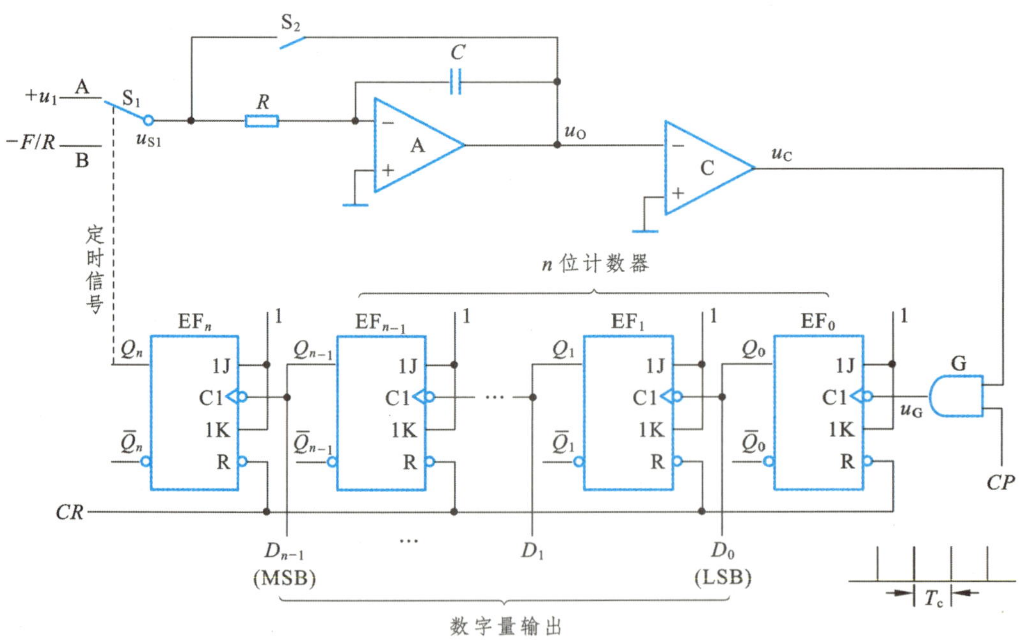

图 7.1.12　双积分式 A/D 转换器电路

优点：抗工频干扰能力强，通过对输入电压的平均值进行变换来实现抗干扰。
缺点：转换速度慢。

7.1.5　并行比较型 ADC 原理分析

并联比较型 A/D 转换器属于直接型 A/D 转换器，其原理如图 7.1.13 所示，能将输入模拟电压直接转换为输出的数字信号而不需要中间变量。

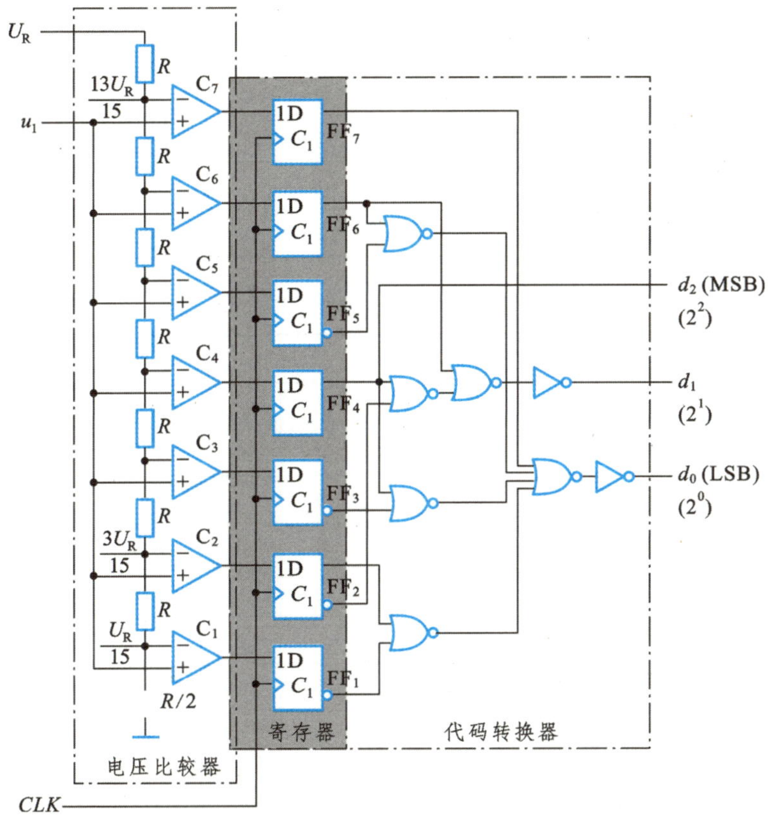

图 7.1.13　并联比较型 A/D 转换器逻辑图

首先，左侧由一系列的电阻串联，对参考电压 U_R 进行分压。得到从 $\frac{1}{15}U_R$ 到 $\frac{13}{15}U_R$ 之间 7 个比较电压，量化单位 $\Delta=\frac{2}{15}U_R$。

然后，将这 7 个比较电压分别接到 7 个电压比较器 $C_1\sim C_7$ 的输入端，作为比较基准，同时将输入的模拟电压 u_I 同时加到每个比较器的另一个输入端上，与这 7 个比较基准进行比较。

电压比较器的作用是当输入的电压 u_I 大于基准电压时，输出为 **1**，反之输出为 **0**。因此，我们可以列出每个比较器的输出状态，如表 7.1.1 所示。

D 触发器的作用为输出寄存器，主要是在 *CLK* 时钟的上升沿将输出信号保持。

后续所有信号进入代码转换器，这部分主要是将电压比较器的输出状态转换为 3 位的二进制代码。那么完善表 7.1.1，可以得到表 7.1.2。

表 7.1.1　每个比较器的输出状态

输入电压 u_I（$\times U_R$）	Q_7	Q_6	Q_5	Q_4	Q_3	Q_2	Q_1
0 ~ 1/15	0	0	0	0	0	0	0
1/15 ~ 3/15	0	0	0	0	0	0	1
3/15 ~ 5/15	0	0	0	0	0	1	1
5/15 ~ 7/15	0	0	0	0	1	1	1
7/15 ~ 9/15	0	0	0	1	1	1	1
9/15 ~ 11/15	0	0	1	1	1	1	1
11/15 ~ 13/15	0	1	1	1	1	1	1
13/15 ~ 1	1	1	1	1	1	1	1

表 7.1.2　输出状态转换为二进制代码

输入电压 u_I（$\times U_R$）	比较器输出（代码转换器输入）							数字量输出		
	Q_7	Q_6	Q_5	Q_4	Q_3	Q_2	Q_1	d_1	d_2	d_3
0 ~ 1/15	0	0	0	0	0	0	0	0	0	0
1/15 ~ 3/15	0	0	0	0	0	0	1	0	0	1
3/15 ~ 5/15	0	0	0	0	0	1	1	0	1	0
5/15 ~ 7/15	0	0	0	0	1	1	1	0	1	1
7/15 ~ 9/15	0	0	0	1	1	1	1	1	0	0
9/15 ~ 11/15	0	0	1	1	1	1	1	1	0	1
11/15 ~ 13/15	0	1	1	1	1	1	1	1	1	0
13/15 ~ 1	1	1	1	1	1	1	1	1	1	1

根据上表，可以得到代码转换器的逻辑函数式为

$$\begin{cases} d_2 = Q_4 \\ d_1 = Q_6 + Q_4'Q_2 \\ d_0 = Q_7 + Q_6'Q_5 + Q_4'Q_3 + Q_2'Q_1 \end{cases}$$

按照该式可以得到相应的代码转换器的电路。

7.1.6　ADC 原理测试与验证

在 M209 板卡上，板载了并联比较型 A/D 转换器。其原理如图 7.1.14 所示，包括电阻分压网络与电压比较电路。

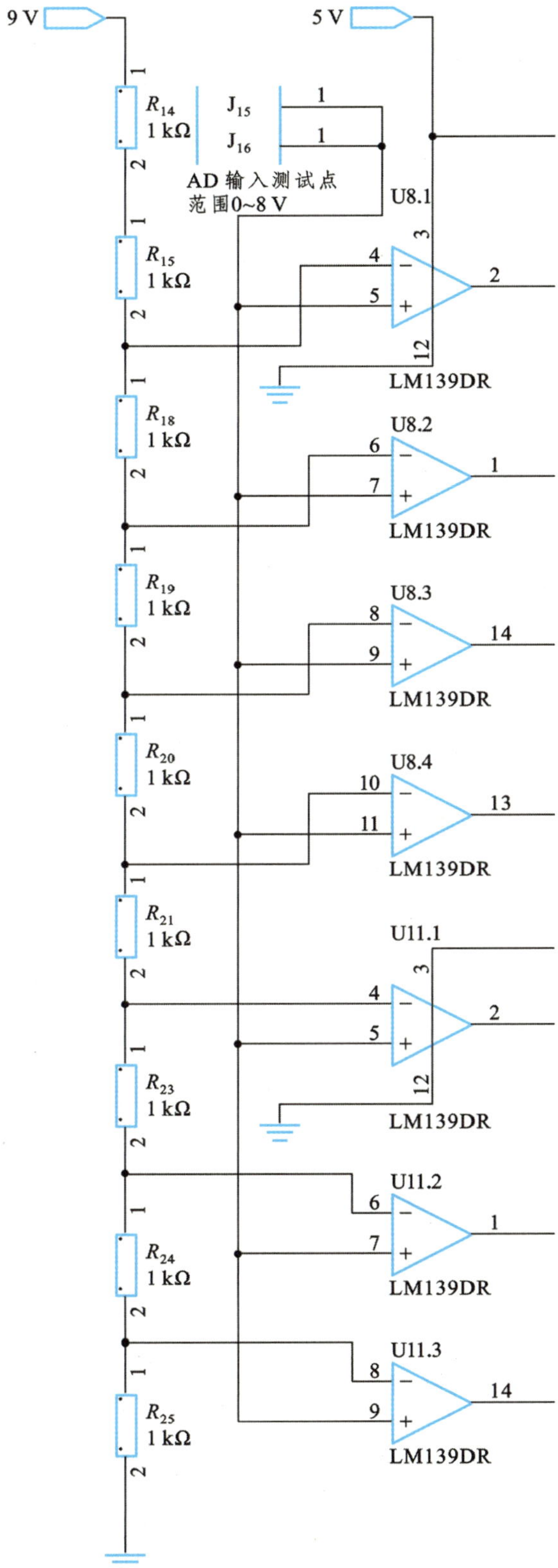

图 7.1.14　并联比较型 A/D 转换器原理电路

参考电压为 9 V，并且量化单位为 $\Delta=\frac{1}{9}U_R$。意味着每个电压比较器的输入参考电压均为 1 V 的递增值。

后续比较信号输出后接到 *D* 触发器，如图 7.1.15 所示。

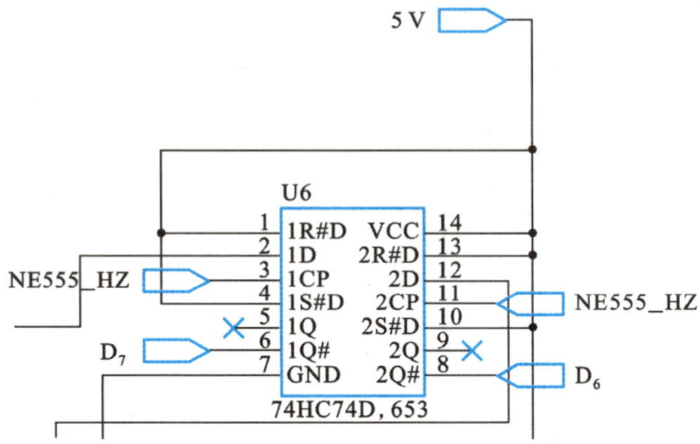

图 7.1.15　后接到 *D* 触发器电路

D 触发器使用的时钟源是由 NE555 定时器组成的占空比可调的多谐振荡电路，如图 7.1.16 所示。

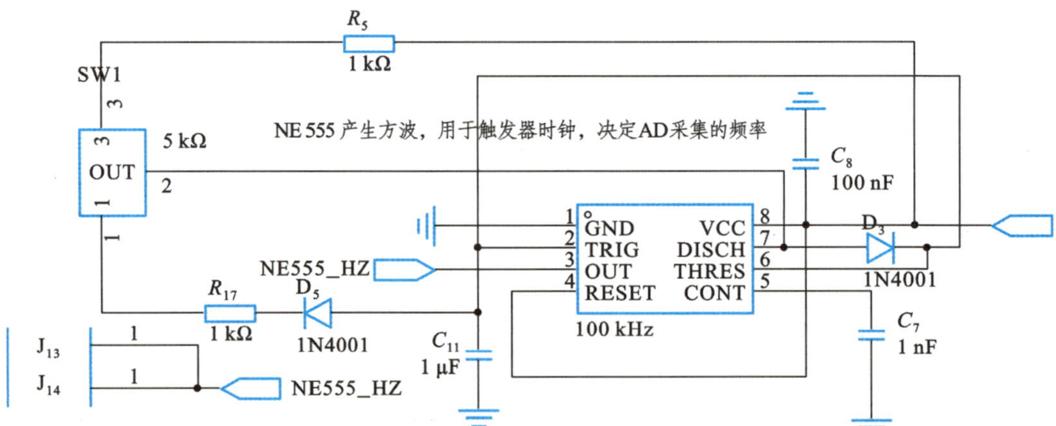

图 7.1.16　占空比可调的多谐振荡电路

最后使用 74LS148 将从 *D* 触发器反相输出端输出的信号进行编码，并用三颗 LED 灯表示编码输出后的信号，如图 7.1.17 所示。

在设计 74LS148 优先编码器输入信号的时候，由于从 *D* 触发器输出的信号只有 7 个，而优先编码器的输入信号需要 8 个，因此将优先编码器的第 0 位始终置高（无效电平）。

由优先编码器的知识可以得知，电路中的优先编码器的功能如表 7.1.3 所示。

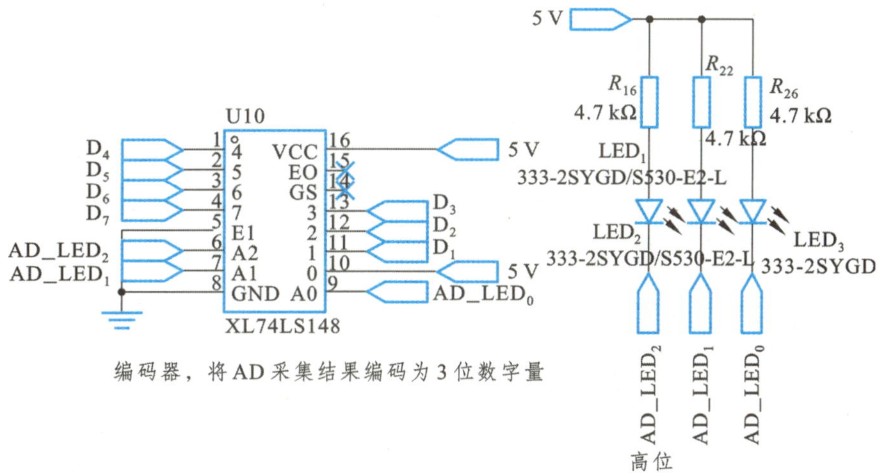

图 7.1.17　编码电路

表 7.1.3　优先编码器的功能表

输　入								输　出		
D_7	D_6	D_5	D_4	D_3	D_2	D_1	D_0	A_2	A_1	A_0
1	1	1	1	1	1	1	1	1	1	1
1	1	1	1	1	1	0	1	1	1	0
1	1	1	1	1	0	×	1	1	0	1
1	1	1	1	0	×	×	1	1	0	0
1	1	1	0	×	×	×	1	0	1	1
1	1	0	×	×	×	×	1	0	1	0
1	0	×	×	×	×	×	1	0	0	1
0	×	×	×	×	×	×	1	0	0	0

三颗 LED 灯为低电平点亮，因此可以通过 LED 灯的亮灭来表现该电路输出的数字信号。

按照图 7.1.18 接线示意完成硬件接线，并给该电路的 AD 输入测试端输入 A/D 转换的电压值，通过 LED 灯亮灭确定输出的数字量信号。

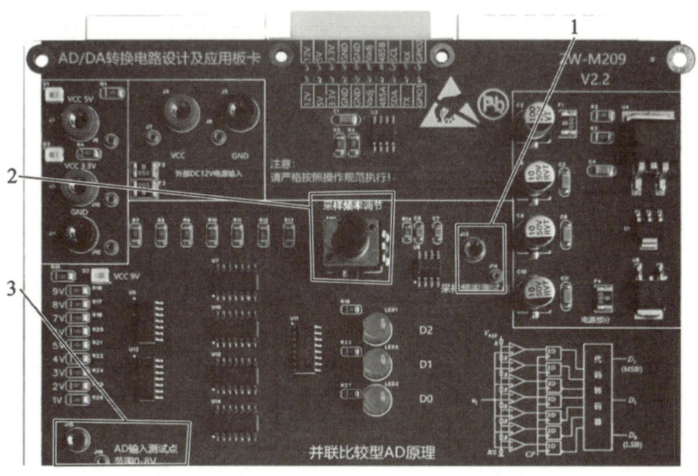

图 7.1.18　ADC 原理测试连接示意

使用示波器连接 1 号框输出信号，信号地连接 GND，可以测得并联比较型 A/D 转换电路的采样时钟信号；调节 2 号框中的电阻器，可以看到采样波形的频率变化，如图 7.1.19 所示。

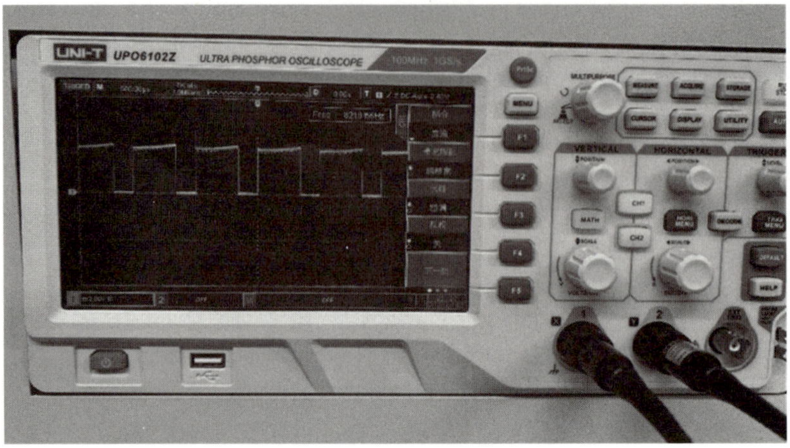

图 7.1.19　采样波形的频率变化

使用直流可调电源，正极连接示意图中 3 号框，负极连接示意图中的 GND，向电路输入不同幅值的电压，观察 LED 灯亮灭情况，确定 A/D 变换后的数字量输出，完成表 7.1.4。

表 7.1.4　ADC 原理测试结果

输入电压/V	理论值			实测值		
	A_2	A_1	A_0	A_2	A_1	A_0
0						
1.2						
2.2						
3.2						
4.2						
5.2						
6.2						
7.2						

任务 7.2　DAC 原理分析与验证

7.2.1　DAC 转换器的基本原理

数模转换是将数字量转换为模拟电量（电流或电压），使输出的模拟电量与输入的数字量成正比，实现这种转换功能的电路叫数模转换器，简称 D/A 转换器或 DAC（Digital to Analog Converter）。

一个 n 位二进制数可以表示为 $D=D_{n-1}D_{n-2}\cdots D_1D_0$，其中最高有效位 MSB 到最低有效位 LSB 的权依次为 $2^{n-1},2^{n-2},\cdots,2^1,2^0$。为了将数字量转换为模拟量，将二进制的每一位与加权计算得到对应的模拟量，然后将代表各位的模拟量相加，就得到了与该数字量成正比的模拟量。

设输入的数字量为 D，输出模拟量为 u_{O}，则 D/A 转换的关系可表述为

$$
\begin{aligned}
u_{\mathrm{O}} &= kD = k\sum_{i=0}^{n-1} D_i 2^i \\
&= k(2^{n-1}D_{n-1} + 2^{n-2}D_{n-2} + \cdots + 2^1 D_1 + 2^0 D_0)
\end{aligned}
$$

k 为比例系数，又叫转换系数，D 为输入的 n 位二进制数。

7.2.2　DAC 转换器的基本组成与分类

如图 7.2.1 所示，n 位二进制 DAC 组成一般包括数字寄存器、模拟开关、基准电压源、解码网络和放大器几个组成部分。

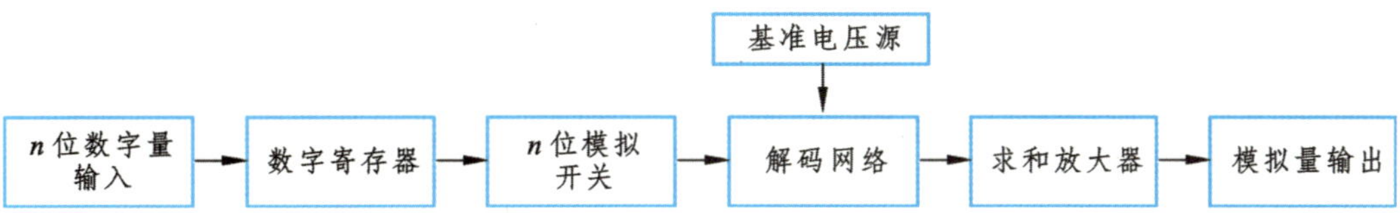

图 7.2.1　n 位二进制 DAC 组成

D/A 转换器一般有两种分类方式。

（1）按解码网络结构不同可分为以下几类：

① T 型电阻网络 D/A 转换器；

② 倒 T 型电阻网络 D/A 转换器；

③ 权电流 D/A 转换器；

④ 权电阻网络 D/A 转换器。

（2）按模拟电子开关电路的不同可分为以下几类：

① CMOS 开关型 D/A 转换器；

② 双极型开关 D/A 转换器-电流开关型；

③ 双极型开关 D/A 转换器-ECL 电流开关型。

1. T 型电阻网络 D/A 转换器

图 7.2.2 为 T 型电阻网络 D/A 转换器原理图。

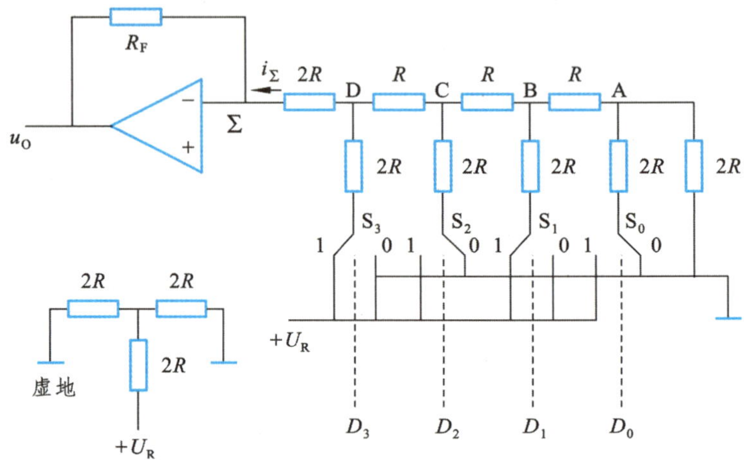

图 7.2.2　T 型电阻网络 D/A 转换器原理

可以看出，T 型电阻网络有如下特点：

（1）从任何一个节点向左或向右到地或虚地端的等效电阻相等均为 R。

（2）从任何一模拟开关到地或虚地端的等效电阻相等，均为 $3R$。

模拟开关 S_i 是接地还是接基准电压 U_R，受输入的二进制码 D_3、D_2、D_1、D_0 控制。总电流为

$$
\begin{aligned}
i_\Sigma &= \frac{I}{2}D_3 + \frac{I}{4}D_2 + \frac{I}{8}D_1 + \frac{I}{16}D_0 \\
&= \frac{1}{2^4}\frac{U_R}{3R}(2^3 D_3 + 2^2 D_2 + 2^1 D_1 + 2^0 D_0)
\end{aligned}
$$

由运放的工作原理可知，输出电压 u_O 为

$$u_O = -\frac{R_F}{2^4}\frac{U_R}{3R}(2^3 D_3 + 2^2 D_2 + 2^1 D_1 + 2^0 D_0)$$

以此类推，n 位 T 型电阻网络 DAC，则输出电压为

$$u_O = -\frac{R_f}{2^4}\frac{U_R}{3R}(2^{n-1} D_{n-1} + 2^{n-2} D_{n-2} + \cdots + 2^1 D_1 + 2^0 D_0)$$

2. 倒 T 型电阻网络 D/A 转换器

图 7.2.3 为倒 T 型电阻网络 D/A 转换器的原理图。从节点 A、B、C、D 向右看，其等效电阻均为 R，基准电源的总电流为 $\frac{U_R}{R}$，电流每流过一个节点，就均分为两路相等的电流。

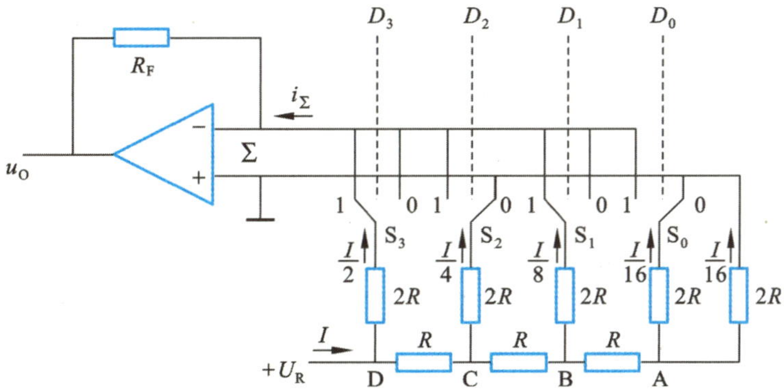

图 7.2.3　倒 T 型电阻网络 D/A 转换器的原理

因此，各模拟开关 S_3、S_2、S_1、S_0 流过的电流分别为 $\frac{I}{2}$、$\frac{I}{4}$、$\frac{I}{8}$、$\frac{I}{16}$，而与开关的状态无关。

流入求和运算放大器的电流为

$$\begin{aligned} i_\Sigma &= \frac{I}{2}D_3 + \frac{I}{4}D_2 + \frac{I}{8}D_1 + \frac{I}{16}D_0 \\ &= \frac{U_R}{2^4 R}(2^3 D_3 + 2^2 D_2 + 2^1 D_1 + 2^0 D_0) \end{aligned}$$

这样就实现了数字量到模拟量的转换。

求和运算放大器的输出电压为

$$u_O = -R_F \frac{U_R}{2^4 R}(2^3 D_3 + 2^2 D_2 + 2^1 D_1 + 2^0 D_0)$$

当 $R_F = R$ 时，有

$$u_O = -\frac{U_R}{2^4}(2^3 D_3 + 2^2 D_2 + 2^1 D_1 + 2^0 D_0)$$

如果是 n 位的 DAC，且当 $R_F = R$，则 u_O 表达式为

$$u_O = -\frac{U_R}{2^n}(2^{n-1} D_{n-1} + 2^{n-2} D_{n-2} + \cdots + 2^1 D_1 + 2^0 D_0)$$

倒 T 形电阻网络 D/A 转换器由于流过各支路的电流恒定不变，故在开关状态变化时，不需电流建立时间，所以该电路转换速度快，尖峰脉冲干扰较小，是使用最广泛的一种 D/A 转换器。

3. 权电流 D/A 转换器

由于电路中存在模拟开关电压降，当流过各支路的电流稍有变化时，就会产生转换误差。为进一步提高 D/A 转换器的精度，可采用权电流型 D/A 转换器。图 7.2.4 为权电流 D/A 转换器的原理图。

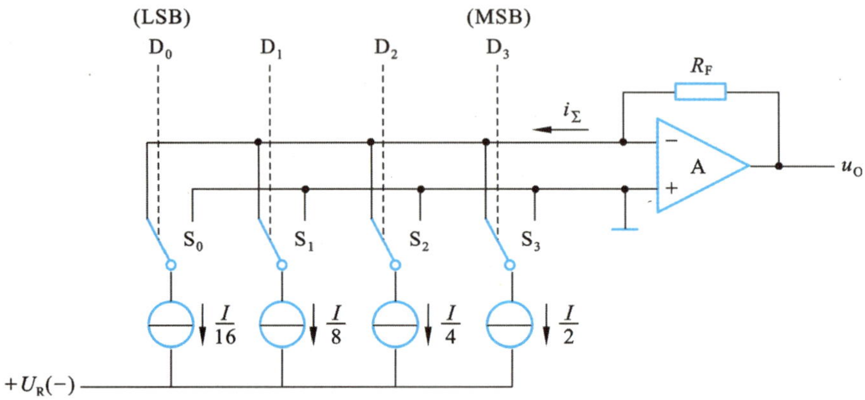

图 7.2.4 权电流 D/A 转换器的原理

当输入数字量的某一位数码 $D_i = \mathbf{1}$ 时，开关 S_i 接运算放大器的反向端，相应权电流流出求和电路；$D_i = \mathbf{0}$ 时，开关 S_i 接地。分析该电路，可得

$$
\begin{aligned}
u_O &= i_\Sigma R_F\left(\frac{I}{2}D_3 + \frac{I}{4}D_2 + \frac{I}{8}D_1 + \frac{I}{16}D_0\right) \\
&= \frac{I}{2^4}R_F(2^3 D_3 + 2^2 D_2 + 2^1 D_1 + 2^0 D_0) \\
&= \frac{I}{2^4}R_F D
\end{aligned}
$$

权电流 D/A 转换器的优点是速度快，并且当采用了恒流源电路后，各支路权电流的大小均不受开关导通电阻和压降的影响，降低了对开关电路的要求，提高了转换精度。

4. 权电阻网络 D/A 转换器

图 7.2.5 为权电阻网络 D/A 转换器的原理图。

该电路由权电阻网络、模拟开关和求和放大器组成，$S_0 \sim S_3$ 为模拟开关，它们的状态分别受输入代码 D_i 的取值控制。$D_i = \mathbf{1}$ 时，开关接参考电压 V_{REF} 上，此时有支路电流 I_i 流向求和放大器；$D_i = \mathbf{0}$ 时开关接地，此时支路电流为零。

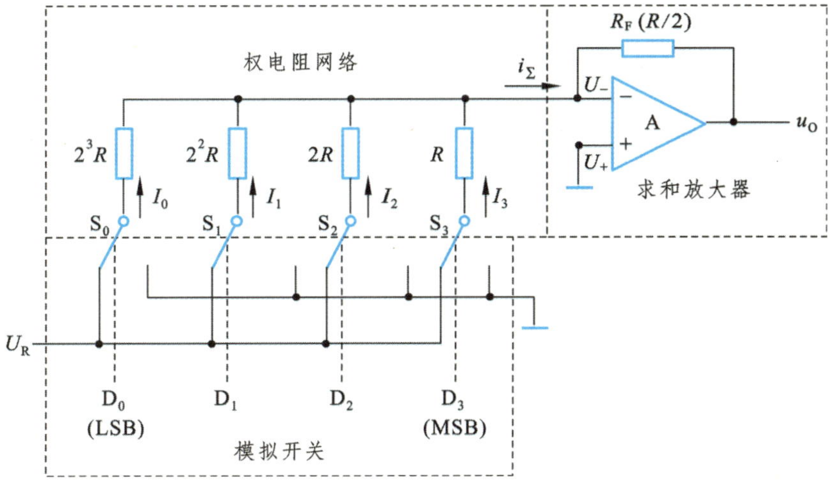

图 7.2.5　权电阻网络 D/A 转换器的原理

权电流：

$$I_0 = \frac{U_R}{2^3 R} D_0$$

$$I_1 = \frac{U_R}{2^2 R} D_1$$

$$I_2 = \frac{U_R}{2^1 R} D_2$$

$$I_3 = \frac{U_R}{2^0 R} D_3$$

求和放大器是一个接成负反馈的运算放大器。为了简化分析计算，可以把运算放大器近似地看成理想放大器，即它的开环放大倍数为无穷大，输入电流为 0（输入电阻为无穷大），输出电阻为 0。

那么根据运算放大器的知识，可得求和放大器输出为

$$\begin{aligned} u_O &= -R_F i_\Sigma \\ &= -R_F\left(\frac{U_R}{R}D_3 + \frac{U_R}{2R}D_2 + \frac{U_R}{2^2 R}D_1 + \frac{U_R}{2^3 R}D_0\right) \end{aligned}$$

若取 $R_F = \dfrac{R}{2}$，则上式可化简为

$$\begin{aligned} u_O &= -\frac{U_R}{2^4}(2^3 D_3 + 2^2 D_2 + 2^1 D_1 + 2^0 D_0) \\ &= -\frac{U_R}{2^4} D \end{aligned}$$

上式表明，输出的模拟电压正比于输入的数字量 D，从而实现了从数字量到模拟量的转换。当 $D = \mathbf{0}$ 时，$u_O = \mathbf{0}$。从上面的分析计算可以看到，在 U_R 为正电压时，输出电压 u_O 始终为负值。

要想得到正的输出电压，可以将 U_R 取为负值。

权电阻网络 D/A 转换器的优点是结构比较简单，所用的电阻元件数很少。其缺点是各个电阻阻值相对较大，尤其在输入信号的位数较多时，这个问题更加突出。要想在极为宽广的阻值范围内保证每个电阻都有很高的精度是十分困难的，尤其对制作集成电路更加不利。

7.2.3 DAC 的主要性能指标

1. 分辨率

分辨率能体现 D/A 转换器分辨最小输出电压的能力，通常用最小输出电压与最大输出电压之比表示。

对于一个 n 位的 D/A 转换器，分辨率可表示为

$$\text{分辨率}=\frac{U_{\text{LSB}}}{U_{\text{OMAX}}}=\frac{1}{2^n-1}$$

式中，n 为输入数字量的位数，U_{LSB} 为最小输出电压，U_{OMAX} 为最大输出电压。

2. 转换误差

转换误差是指 D/A 转换器输入端加最大数字量时，实际输出的模拟电压与理论输出模拟电压的最大误差。通常要求 D/A 转换器的误差小于 $\frac{U_{\text{LSB}}}{2}$。

3. 转换速度

转换速度是指 D/A 转换器从数码输入开始，到输出的模拟电压达到稳定值所需的时间，也称为转换时间。

一般取输入由全 **0** 变成全 **1** 或反之，其输出达到稳定值所需要的时间。转换时间越小，工作速度就越快。

7.2.4 DAC 原理测试与验证

M209 板卡上的为倒 T 型电阻网络 D/A 转换器，其电路原理如图 7.2.8 所示。

$$u_{\text{O}}=-\frac{U_{\text{R}}}{2^4}(2^3D_3+2^2D_2+2^1D_1+2^0D_0)$$

可见当输入参考电压为正电压时，输出为负电压，因此，在电路图中，在求和运算放大器后级加上了一个负反馈比例运算放大器，比例系数为 1，目的是将 D/A 得出的电压反相为正电压。

因此，输出电压为

$$u_{\text{O}}=\frac{U_{\text{R}}}{2^4}(2^3D_3+2^2D_2+2^1D_1+2^0D_0)$$

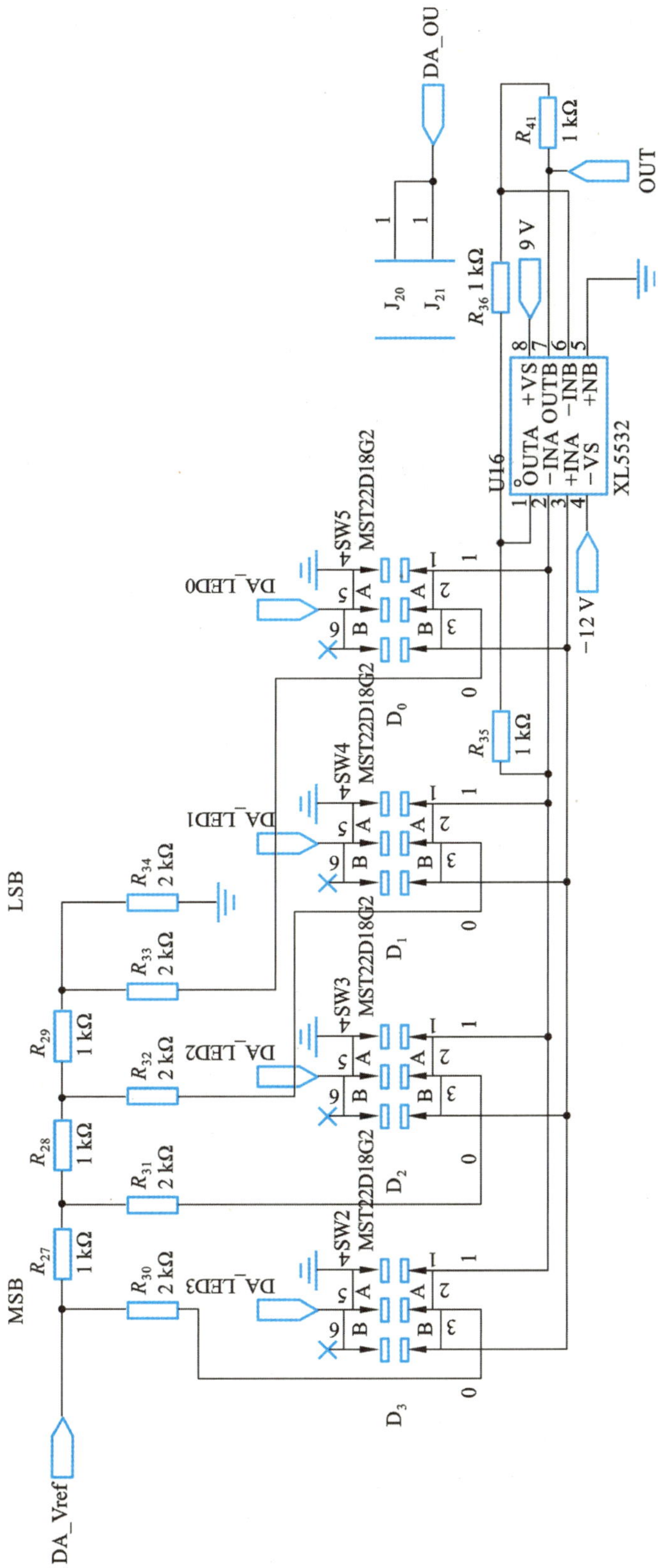

图 7.2.8　倒 T 型电阻网络 D/A 转换原理电路

根据前面的分析，该 4 位倒 T 型电阻网络 D/A 转换电路的计算公式为

按照图 7.2.9 连接示意完成连线，拨动开关输入不同的数字量值，使用万用表测量输出的模拟量值，填写表 7.2.1。

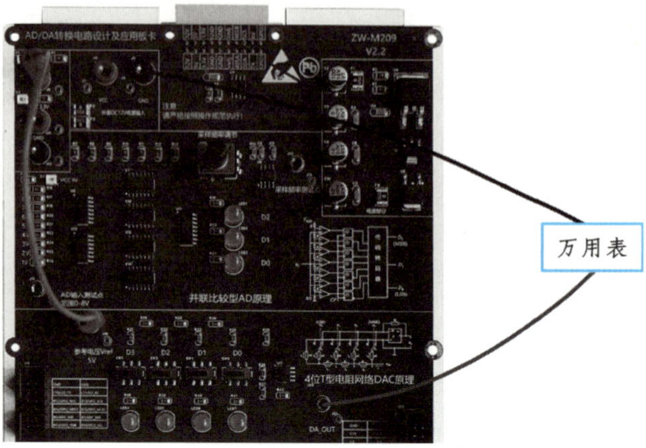

图 7.2.9　DAC 原理测试连接示意

连接方式：

① 先连接电源，将 V_{CC} 测试口 J_3 连接至参考电压 V_{ref} 测试口 J_{17}。

② 将万用表的黑色表笔（负极）连接至 GND 测试口 J_5。

③ 红色表笔（正极）连接至 AD_OUT 测试点 J_{20}。

表 7.2.1　DAC 原理测试测试结果

参考电压/V	数字量				模拟量理论值/V	模拟量实测值/V
	D_3	D_2	D_1	D_0	DA_0	DA_1

任务 7.3　ADC 与 DAC 应用

7.3.1　ADC 单片机应用

ADC 广泛应用于单片机的各种场景中，如传感器数据采集、音频信号处理、电力电子控制等。它可以帮助单片机实现对外部环境的感知和控制，从而丰富了单片机的应用领域。

在 M209 板卡上板载了 STM32F103RCT6 单片机，该单片机拥有 3 个独立的 ADC，STM32 的 ADC 是 12 位逐次逼近型的模拟数字转换器。它有 18 个通道，可测量 16 个外部和 2 个内部信号源，各通道的 A/D 转换可以单次、连续、扫描或间断模式执行。ADC 的结果可以左对齐或右对齐方式存储在 16 位数据寄存器中。

下面测试 M209 板卡板载单片机的 ADC 功能。

第一步，硬件连线与环境准备。

使用 USB 线连接 M209 板卡与计算机，如图 7.3.1 所示。

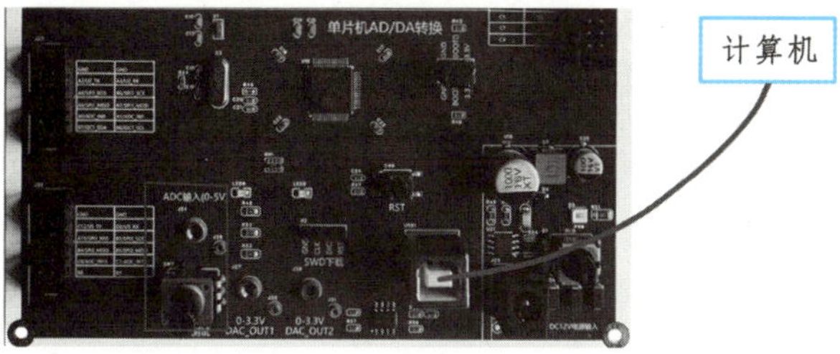

图 7.3.1　连接示意

将板卡的 USB_1 引脚与计算机相连，并在计算机上安装 Xshell 软件，如图 7.3.2 所示。

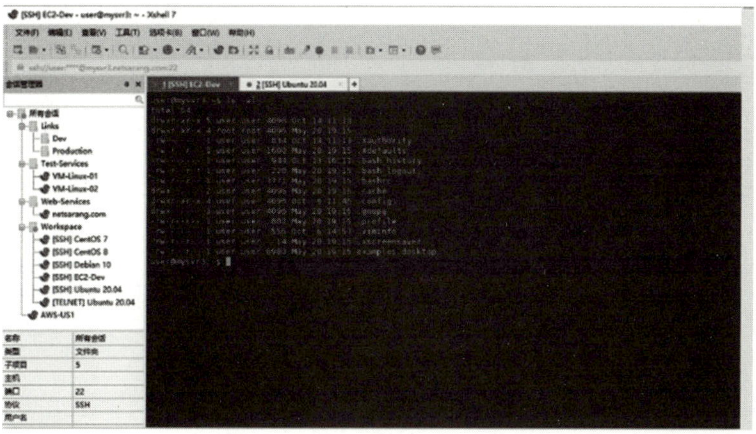

图 7.3.2　Xshell 软件界面

第二步，在 Xshell 软件中新建一个串口连接。

首先，新建窗口，如图 7.3.3 所示。

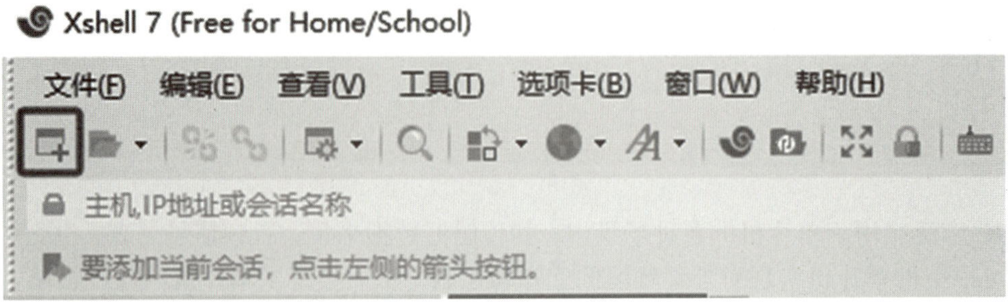

图 7.3.3　新建窗口

然后填写窗口名称及协议，选择为“串口”，如图 7.3.4 所示。

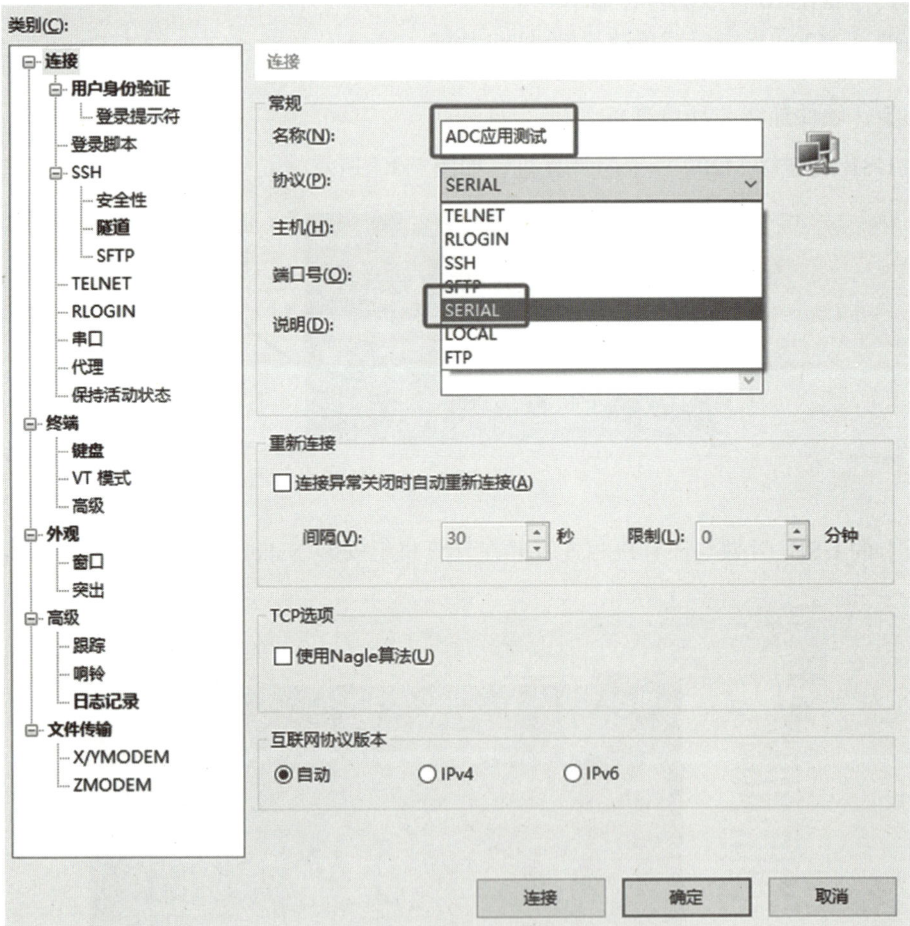

图 7.3.4　常规设置

接着在【设备管理器】中查看连接的串口的 COM 端口号，如图 7.3.5 所示。

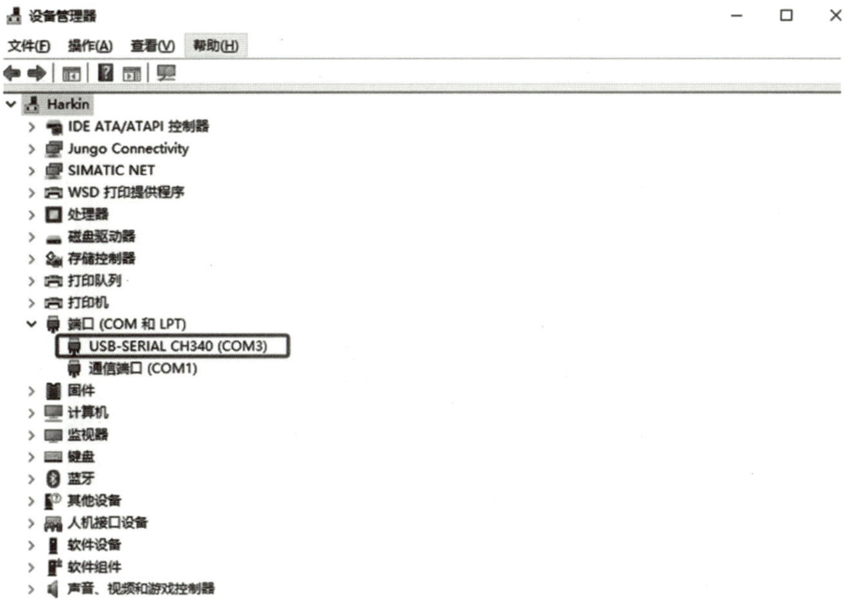

图 7.3.5　查看端口号

配置串口参数，如图 7.3.6 所示。

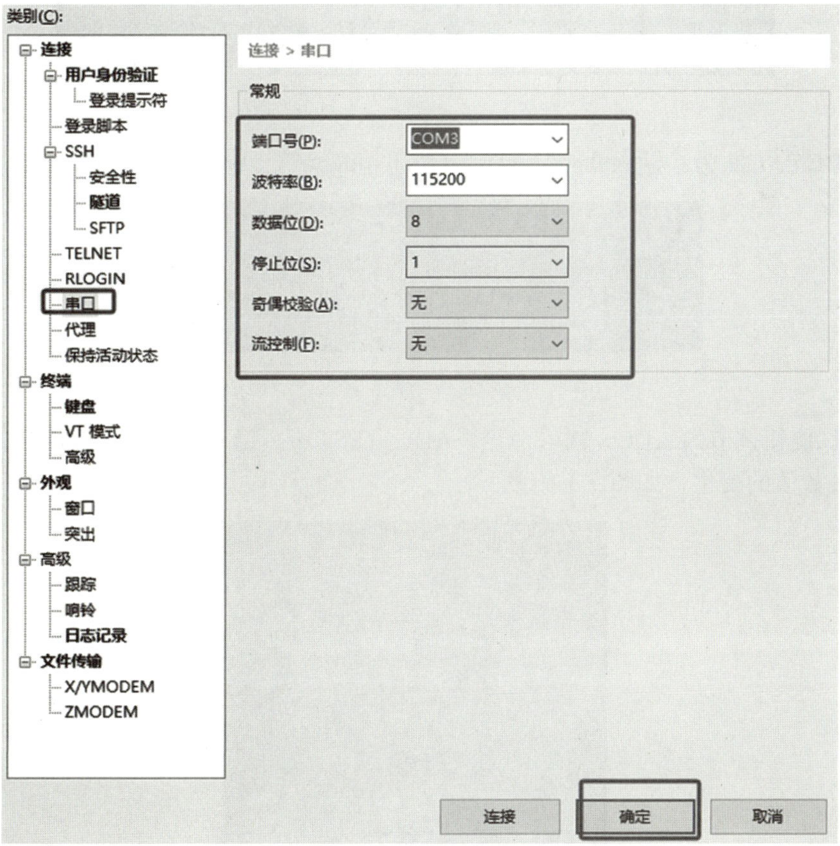

图 7.3.6　配置串口参数

第三步，ADC 测试。

连接好硬件后，按下 M209 板卡上的“复位”按键，LED_2 闪烁表示程序运行，如图 7.3.7 所示。可在 Xshell 软件中看到单片机程序运行结果，如图 7.3.8 所示。

图 7.3.7　“复位”按键

```
=================== FAL partition table ===================
| name | flash_dev |   offset   |    length   |
-----------------------------------------------------------
| cfg  | flash_0   | 0x00000000 | 0x00000800 |
===========================================================
Start ADC DMA!

sh>
```

图 7.3.8　运行结果界面

测试 ADC 的方法为：输入命令“ADC_TEST <func>”，回车确认，用法如图 7.3.9 所示。

```
sh>ADC_TEST
usage: ADC_TEST <func>
       func:<0>  start test ADC_IN0(PA0)
       func:<1>  start test ADC_IN1(PA1)
       func:<2>  stop test
```

图 7.3.9　测试 ADC

首先测试旋钮调节的 ADC，输入命令“ADC_TEST 0”，回车确认。调节旋钮，可以看到采集到的 ADC 数值的变化，如图 7.3.10 所示。

```
sh>ADC_TEST 0

ADC_IN0(PA0) =     , Voltage0 = 0.0000
adc_test_task start OK!
sh>
ADC_IN0(PA0) =     , Voltage0 = 0.0000

ADC_IN0(PA0) =    2, Voltage0 = 0.0016

ADC_IN0(PA0) =  992, Voltage0 = 0.7992

ADC_IN0(PA0) = 1847, Voltage0 = 1.4881

ADC_IN0(PA0) = 2701, Voltage0 = 2.1761

ADC_IN0(PA0) = 3112, Voltage0 = 2.5072
```

图 7.3.10　采集到的 ADC 数值

接着测试另外一个 ADC 通道。输入命令“ADC_TEST 2”，以停止旋钮 ADC 测试，接着输入“ADC_TEST 1”，测试 ADC（0 ~ 5 V 输入）。如图 7.3.11 所示，若给输入口输入 0 ~ 5 V 电压，将可以看到采集到的 ADC 数值。

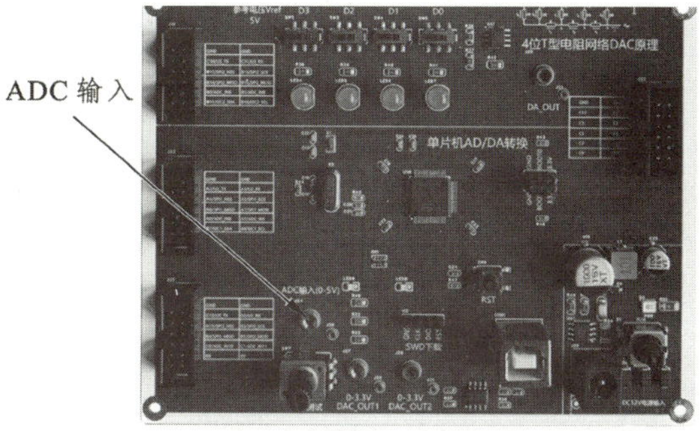

图 7.3.11　ADC 输入通道

如测试 0 V、3.3 V、5 V，输出结果如图 7.3.12 所示。

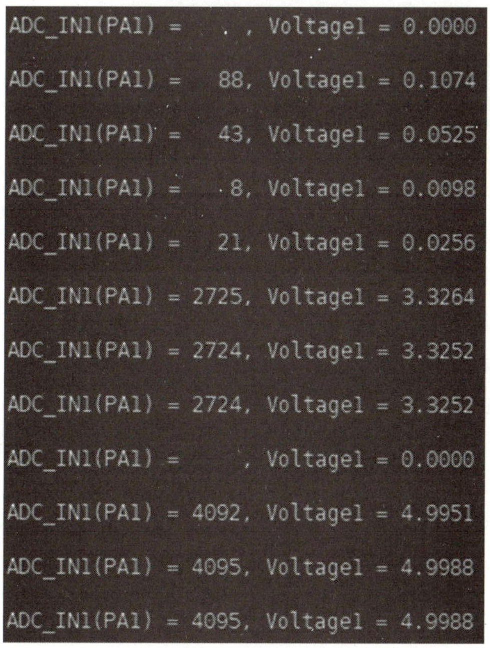

```
ADC_IN1(PA1) =     . , Voltage1 = 0.0000
ADC_IN1(PA1) =    88, Voltage1 = 0.1074
ADC_IN1(PA1) =    43, Voltage1 = 0.0525
ADC_IN1(PA1) =     8, Voltage1 = 0.0098
ADC_IN1(PA1) =    21, Voltage1 = 0.0256
ADC_IN1(PA1) =  2725, Voltage1 = 3.3264
ADC_IN1(PA1) =  2724, Voltage1 = 3.3252
ADC_IN1(PA1) =  2724, Voltage1 = 3.3252
ADC_IN1(PA1) =      , Voltage1 = 0.0000
ADC_IN1(PA1) =  4092, Voltage1 = 4.9951
ADC_IN1(PA1) =  4095, Voltage1 = 4.9988
ADC_IN1(PA1) =  4095, Voltage1 = 4.9988
```

图 7.3.12　测试结果

7.3.2　DAC 单片机应用

M209 板卡板载的 STM32F103RCT6 单片机拥有 2 个 DAC 转换器，每个转换器对应一个输出通道，支持 8 位或 12 位单调输出，12 位模式下数据可左对齐或右对齐。

本次测试设计了两路 DAC 输出，一路输出锯齿波，一路输出正弦波。

第一步，硬件连接。

硬件连接上，依旧需要使用 USB 线连接板卡，接着使用双通道示波器连接 DAC 输出口，如图 7.3.13 所示。

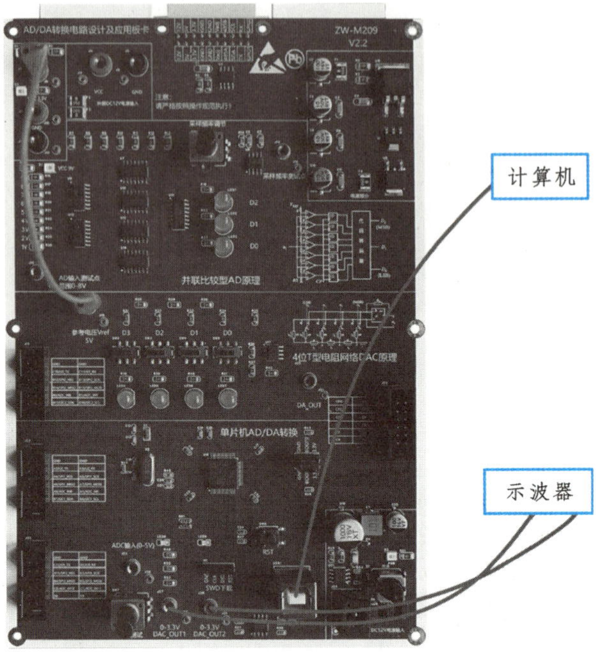

图 7.3.13　连接示意

连接方式：

① 将板卡与计算机通过 USB$_1$ 接口相连。

② 用示波器的 A、B 通道分别连接至板卡的 J_{27}、J_{28} 测试口。

③ 两通道测试线的接地端连接至板卡的 GND 测试口。

第二步，DAC 测试。

电脑上打开 Xshell 软件，并配置好串口协议。

连接好硬件后，按下 M209 板卡上的“复位”按键，LED$_2$ 闪烁表示程序运行。

输入命令“DAC_TEST <func>”，用法如图 7.3.14 所示

```
sh>DAC_TEST
usage: DAC_TEST <func>
       func:<0>  start test DAC_OUT1(PA4)
       func:<1>  start test DAC_OUT2(PA5)
       func:<2>  stop test
```

图 7.3.14　测试 DAC

DAC 锯齿波输出测试：输入“DAC_TEST 0”，回车，可见示波器输出如图 7.3.15 所示。

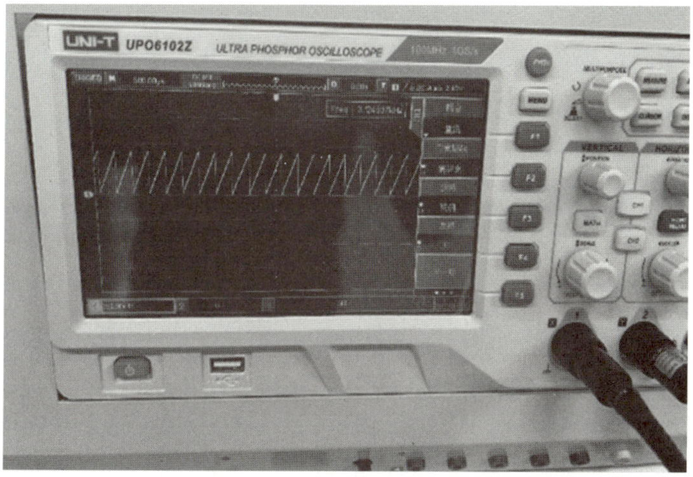

图 7.3.15　示波器锯齿波输出波形

DAC 正弦波输出测试：先输入“DAC_TEST 2”停止锯齿波输出测试，然后输入“DAC_TEST 1”命令启动正弦波输出测试，示波器输出波形如图 7.3.16 所示。

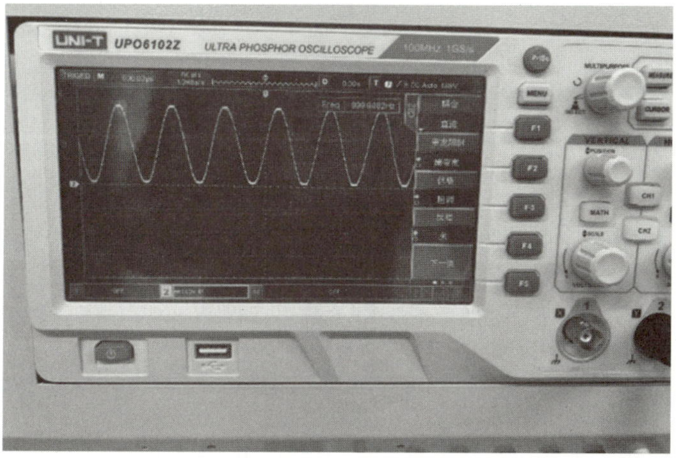

图 7.3.16　示波器正弦波输出波形

综合实战篇

项目八　数显直流可调电源设计

任务 8.1　项目总体设计

8.1.1　电路组成与设计要求

1. 项目目标

本项目目标是设计一种可输出一定电压范围并具有特定功能的数控电源。其原理如图 8.1.1 所示。

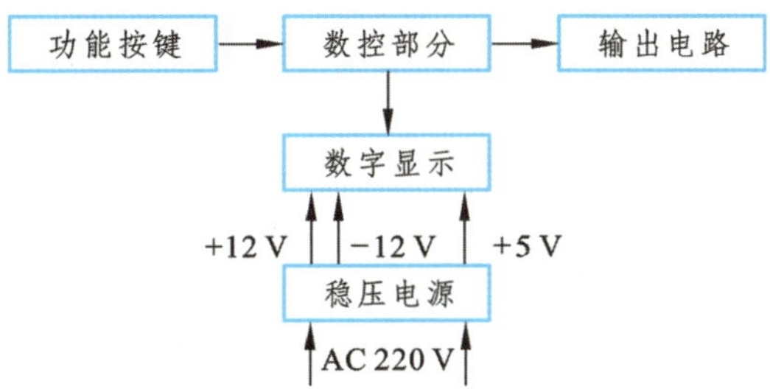

图 8.1.1　数显直流可调电源电路

该电源电路由 5 部分组成，分别是功能按键部分、稳压电源部分、数字显示部分、数控部分、输出电路部分。其中：

（1）按键部分主要用于控制指令的输入。

（2）稳压电源部分主要作用是将 220 V 交流输入变换为直流电源，为后续的显示部分、数控部分、输出电路部分提供工作电源。

（3）显示部分主要用于显示当前调节输出的电压值大小。

（4）数控部分主要作用是将功能按键部分得到的控制指令转换为指定的电压值。

（5）输出电路部分主要用于输出指定的稳压电压以及足够的驱动电流。

2. 设计要求

（1）输出电压：范围为 0 ~ 9.9 V，步进为 0.1 V，纹波不大于 10 mV。

（2）输出电流：500 mA。

（3）输出电压值由数码管显示。

（4）由“+”“−”两键分别控制输出电压步进增减。

（5）输出电压可预置在 0～9.9 V 之间的任意一个值。

（6）为实现上述几部件工作，制作稳压直流电源，可提供 ± 12 V 和+5 V 电压。

8.1.2 项目总体框架

根据项目目标与设计要求，画出项目总体框架，如图 8.1.2 所示。

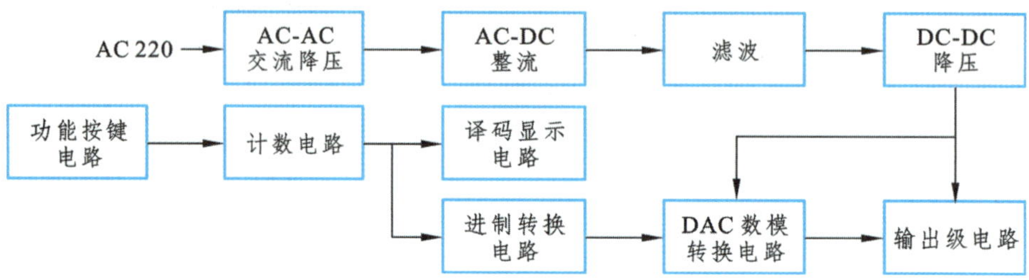

图 8.1.2 项目总体框架

（1）AC-AC 交流降压、AC-DC 整流、滤波、DC-DC 降压对应项目目标中的稳压电源部分，为整个电路提供能源。

（2）功能按键电路对应项目目标中的按键部分，用于调节电路输出电压的幅值。

（3）计数电路用于对功能按键电路输入的信号进行计数，得到控制指令。

（4）译码显示电路对应项目目标中的数字显示部分，将从计数电路中得到的数据进行显示。

（5）进制转换电路用于将计数电路得到的数据转换为二进制数，供后续 DAC 电路使用。

（6）DAC 数模转换电路用于将前面得到的包含控制电压信息的二进制数转换为模拟电压。

（7）由于 DAC 模数转换电路的输出驱动能力较弱，因此增加输出级电路，将输出电流增大，提高电路的驱动能力。

任务 8.2　交流变压与整流电路

交流变压与整流电路一般使用变压器实现交流变压功能，使用二极管整流桥完成整流功能。

8.2.1　交流变压电路

1. 变压器的基本组成

变压器是一种利用磁耦合原理实现能量或信号传输的多端电路器件，有着广泛的应用，其实物如图 8.2.1 所示。变压器具有变换电压、变换电流、变换阻抗的作用。

图 8.2.1　变压器

油式变压器由器身（铁心、绕组、绝缘、引线等）、变压器油、油箱和冷却装置、调压装置、保护装置（包括吸湿器、安全气道、气体继电器、储油柜及测温装置等）和出线套管组成。

铁心是变压器中主要的磁路部分，通常由含硅量较高、厚度为 0.35 mm/0.3 mm/0.27 mm、表面涂有绝缘漆的热轧或冷轧硅钢片叠装而成。铁心分为铁心柱和横片两部分，其中铁心柱套有绕组，横片用于闭合磁路。铁心结构的基本形式有心式和壳式两种。

绕组是变压器的电路部分，用双丝包绝缘扁线或漆包圆线绕成。

2. 变压器的工作原理

以单相变压器为例，单相变压器有两个线圈共同绕在一个闭合铁心上，如图 8.2.2 所示。其中，与电源相连的线圈称为一次绕组，与一次线圈相关的各量的标示符号均在右下角标注以角码 1，如 u_1、i_1 等；与负载相连的线圈称为二次绕组，相关各量的标示符号均在右下角标注角码 2，如 u_2、i_2 等。

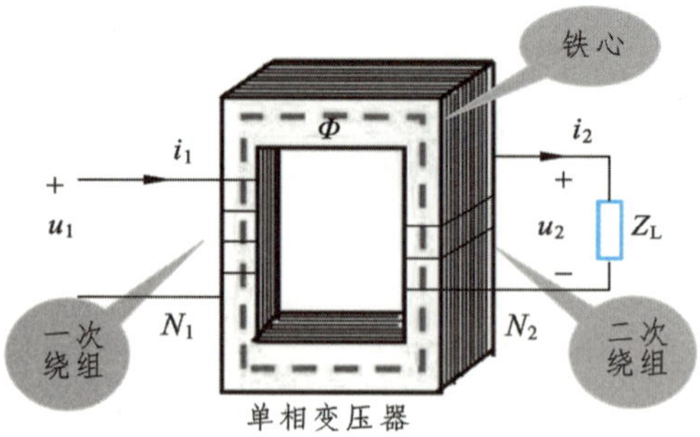

图 8.2.2　单相变压器

当变压器的一次绕组施以交变电压 u_1 时，便在原绕组中产生一个交变电流 i_1，这个电流在铁心中产生交变磁通 Φ。因一、二次绕组在同一个铁心上，所以当磁通 Φ 穿过二次绕组时，便在变压器二次产生感应电动势 e_2（即变压电压）。变压器中感应电动势的大小和线圈的匝数、磁通的大小及电源的频率成正比。

当一次线圈与二次线圈的电压“+”位于同名端时，如图 8.2.3 所示。

$$\frac{u_1}{u_2}=\frac{N_1}{N_2}$$

其中，$n=\dfrac{N_1}{N_2}$ 称为匝数比，或变比。

当一次线圈与二次线圈的电压“+”位于异名端时，如图 8.2.4 所示。

$$\frac{u_1}{u_2}=-\frac{N_1}{N_2}$$

在本项目使用的板卡中，配备的变压器输出电压为 AC 15 V。

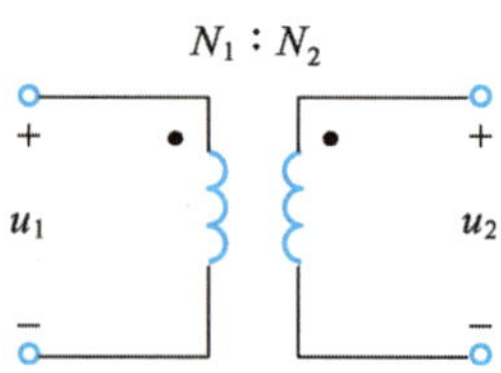

图 8.2.3　两电压“+”位于同名端

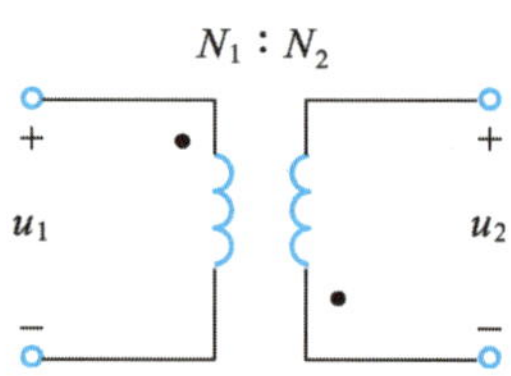

图 8.2.4　两电压“+”位于异名端

8.2.2　整流电路

1. 整流电路原理

整流电路一般使用二极管来组成的整流桥，基于二极管的单相导通性，来实现将交流信号转换为直流信号的功能，如图 8.2.5 所示。

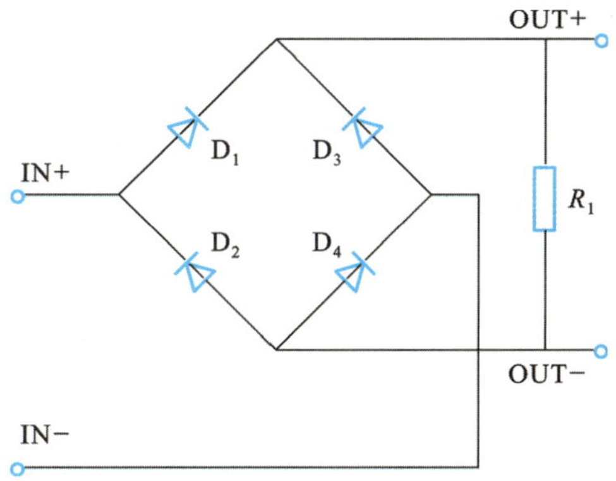

图 8.2.5　整流电路

给输入端输入交流信号，如正弦信号，那么：

（1）在电源正半周时，IN + 为正，IN –为负，整流二极管 D_1 和 D_4 导通，电流回路为：IN + →D_1→R_1→D_4→IN–。

（2）在电源负半周时，IN + 为负，IN–为正，整流二极管 D_2 和 D_3 导通，电流回路为：IN– →D_3→R_1→D_2→IN + 。

（3）R_1 两端的电压始终是上正下负。

于是交变的正弦电压经过整流桥后，变成了如图 8.2.6 所示的单相脉动直流电压。

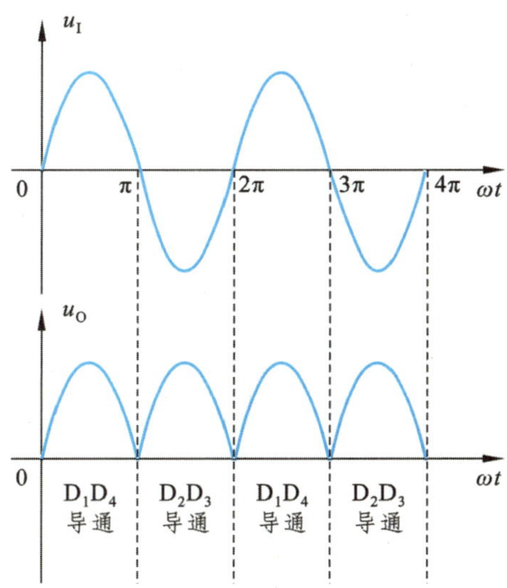

图 8.2.6　输入波形与输出波形

2. 整流电路测试与验证

1）电路连接

使用 M212 板卡上的 MB10S 集成整流桥芯片作为本任务中的整流电路，其内部电路原理如图 8.2.7 所示，由 4 个二极管构成整流桥堆。

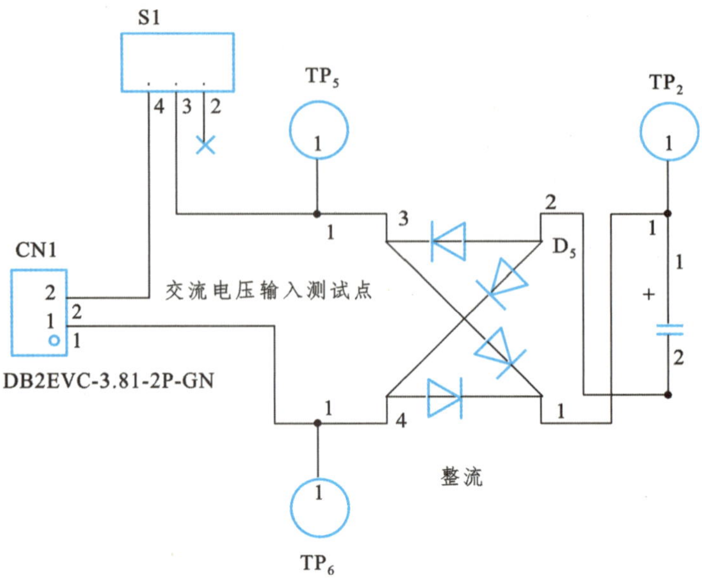

图 8.2.7　MB10S 集成整流桥芯片电路

降压后的交流电源经过整流桥，被整流成单相脉动直流电压，按照图 8.2.8 示意连接，测试该电路。

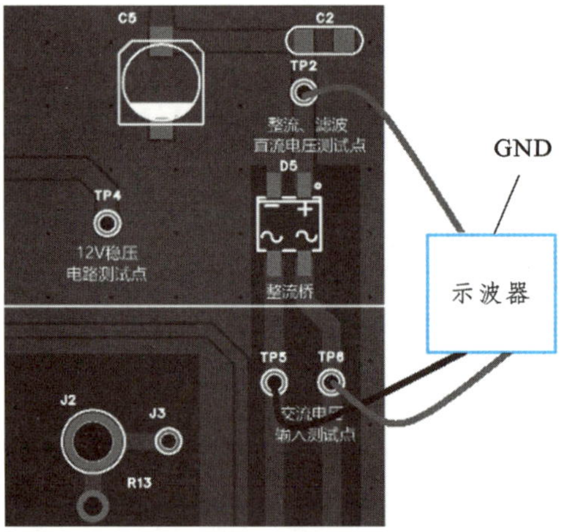

图 8.2.8　整流电路测试连接示意

2）测试降压后的交流电源

测试降压后的交流电源时，使用示波器连接 TP_5、TP_6 测试点，调整并观察示波器波形，如图 8.2.9 所示。

其中交流电压有效值可以使用万用表测量，将万用表打到交流电压挡测量，如图 8.2.10 所示。

连接方式：

① 将功能量程开关拨到交流电压挡“60 V”。

② 将红表笔插入“VΩ”插孔，黑表笔插入“COM”插孔，并将两支表笔笔尖分别接触 TP_5、TP_6 进行测量。

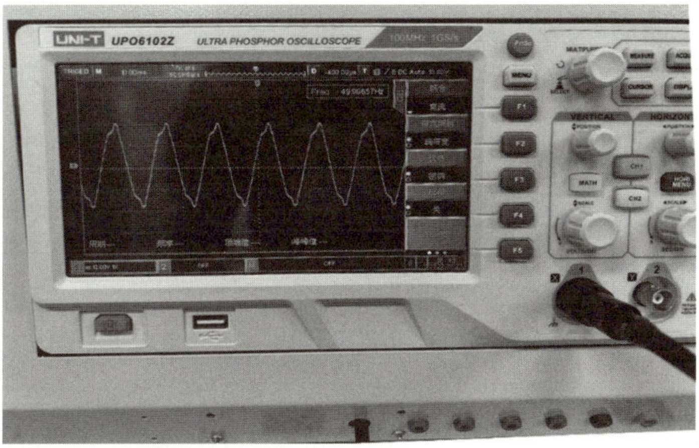

图 8.2.9　示波器波形

③ 读取结果，如图 8.2.11 所示。

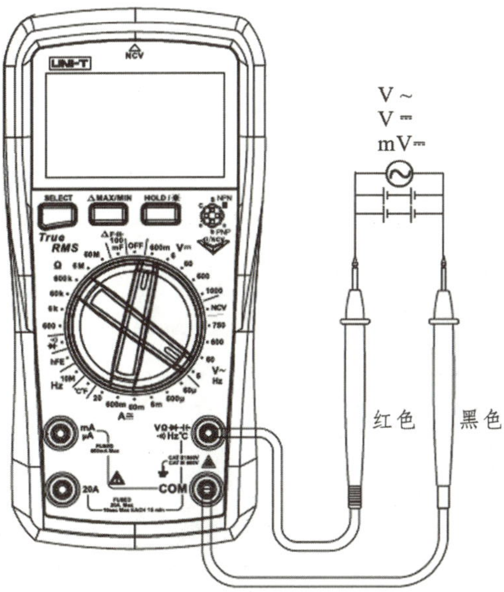

图 8.2.10　交流电压测试连接

图 8.2.11　交流电压读取

将读取结果填入表 8.2.1，并绘制波形图在图 8.2.12。

表 8.2.1　交流电压测试读取结果

序号	正向峰值/V	负向峰值/V	频率值/Hz	电压有效值/V

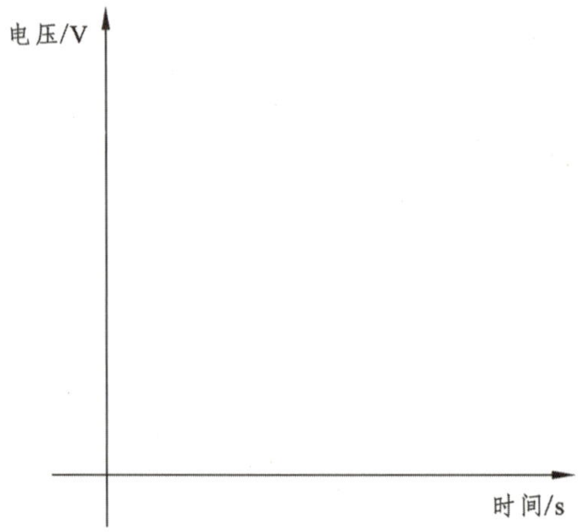

图 8.2.12　绘制波形图

3）测量整流后的直流电源

测量整流后的直流电源时，使用示波器连接 TP_2 测试点与 GND，调整并观察示波器波形。理论波形应为单相脉动直流电压，但由于在整流桥的直流输出端存在滤波电容，起到平滑波形的作用，因此实际波形如图 8.2.13 所示。

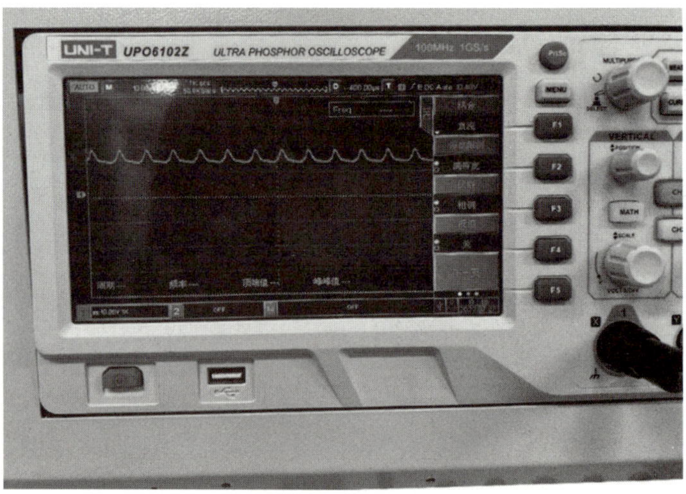

图 8.2.13　整流后的直流电源实际波形

其中直流电压有效值可以使用万用表测量，将万用表打到直流电压挡测量，如图 8.2.14 所示。

连接方式：

① 将功能量程开关拨到直流电压挡“60 V”。

② 将红表笔插入“VΩ”插孔，黑表笔插入“COM”插孔，并将两支表笔笔尖分别接触 TP_2、GND 进行测量。

③ 读取结果，如图 8.2.15 所示。

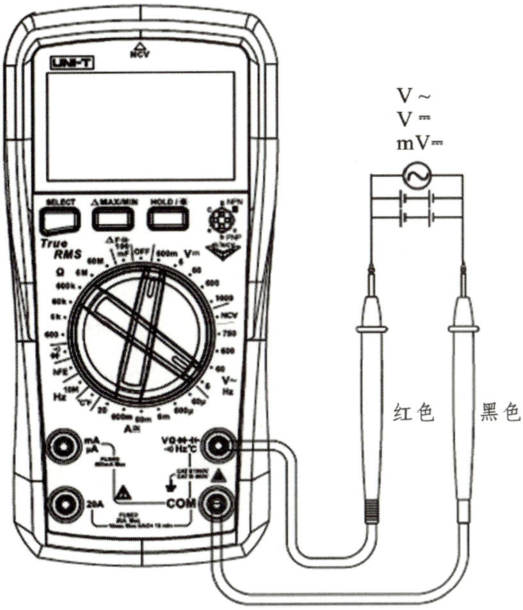

图 8.2.14　直流电压连接

8.2.15　直流电压读取

将读取结果填入表 8.2.2，并绘制波形在图 8.2.16 中。

表 8.2.2　直流电压读取结果

序号	正向峰值/V	负向峰值/V	频率值/Hz	电压有效值/V

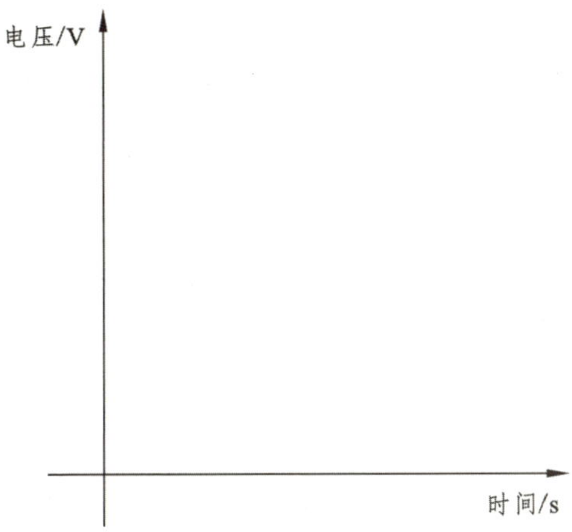

图 8.2.16　绘制曲线

任务 8.3　直流滤波与稳压电路

8.3.1　直流滤波电路

直流滤波电路利用储能元件电容两端的电压（或通过电感中的电流）不能突变的特性，滤掉整流电路输出电压中的交流成分，保留其直流成分，达到平滑输出电压波形的目的。

1. 电容滤波电路原理分析

图 8.3.1 为电容滤波电路，当输入电压升高时，给并联的电容器 C_1 充电，可把部分能量存储在电容器中。而当输入电压降低时，电容两端电压以指数规律放电，把存储的能量释放出来。再经过滤波电路向负载放电，负载上得到的输出电压会比较平滑，起到了平波作用。

细分其工作过程如下：

（1）整流输出的脉动直流：在整流桥（或二极管整流器）之后，输出的电压是脉动直流电压，如图 8.3.2 所示。这个电压虽然是直流，但由于是正弦波的整流，包含了较大的波动成分。

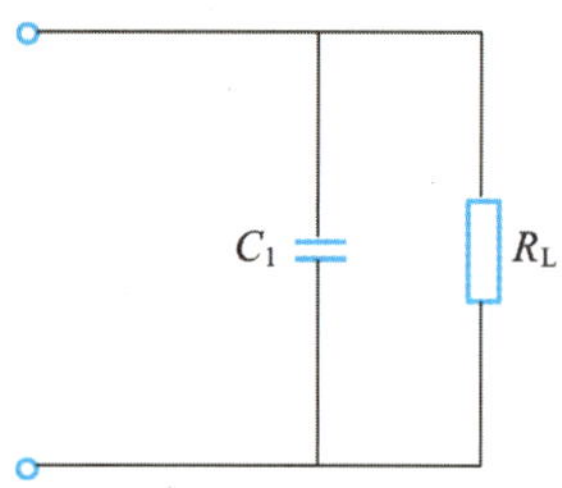

图 8.3.1　电容滤波电路

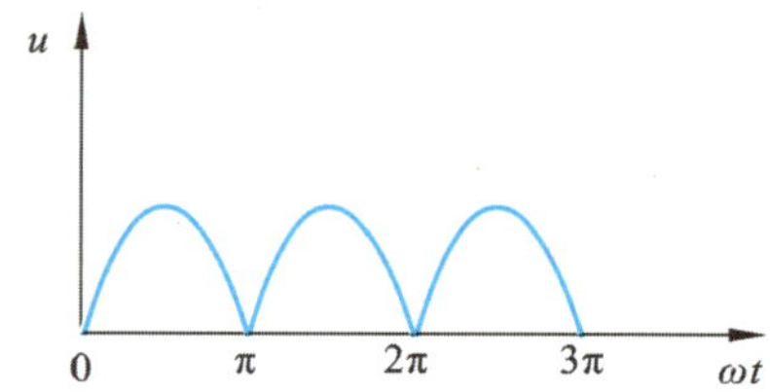

图 8.3.2　单向脉动性直流电压

（2）电容充电：当整流器输出电压上升时，电容器通过整流器进行充电。这个充电过程非常快，电容器的电压迅速上升，几乎跟随整流后的电压波形。

（3）电容放电：当整流输出电压下降时，电容器开始通过负载放电。由于电容器储存了电荷，它可以在整流电压下降时维持负载电压，避免电压快速下降。电容的放电过程相对较慢，这取决于负载的大小和电容的容量。

（4）平滑输出电压：通过充放电过程，电容器在脉动电压的峰值之间起到了“填充”的作用，使输出电压的波动减小，从而得到一个更加平滑的直流电压，如图 8.3.3 所示。

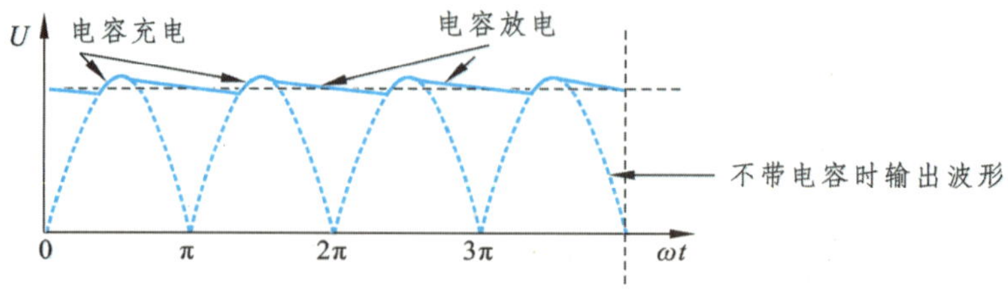

图 8.3.3　平滑输出电压

2. 电容滤波电路的关键参数

电容滤波电路的关键参数包括：

（1）电容值（C）。滤波电容值的选择非常重要，电容值越大，滤波效果越好，但成本和体积也会增加。一般在电源滤波中，电容值从几十微法（μF）到几千微法不等，具体取决于电路的电流需求和电源频率。

（2）电容类型。常用的滤波电容包括铝电解电容和陶瓷电容。铝电解电容具有较大的容量，适合低频滤波，陶瓷电容适合高频滤波。

（3）纹波电压。滤波后的电压仍然会有一些波动，称为纹波电压。纹波电压的大小取决于电容值和负载电流，增大电容值或减少负载电流可以减少纹波电压。

（4）负载电流。较大的负载电流会加速电容的放电过程，从而增加纹波电压。

3. 电容滤波电路测试验证

M212 板卡上的整流滤波电路如图 8.3.4 所示，可见整流电路与滤波电路连接在一起，该测试与验证已在整流电路中完成，参照之前的测试验证过程。

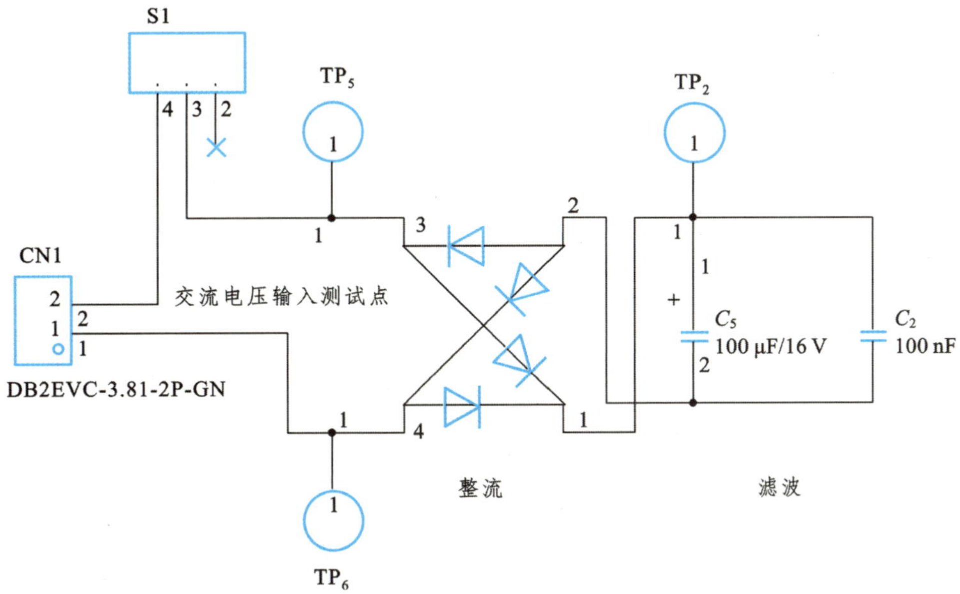

图 8.3.4　M212 板卡上的整流滤波电路

8.3.2　直流稳压电路

1. 直流稳压电路分类

直流稳压电路用于将不稳定的直流电压转变为稳定的直流电压，常用于电源设计中。

稳压电路的基本原理是通过稳压器（如线性稳压器或开关稳压器）将滤波后的直流电压稳定在所需的电压水平。

稳压集成电路常见类型有线性稳压器和开关稳压器两种。

（1）线性稳压器适用于低功率应用和需要低噪声的场合，如模拟电路和音频设备，如图 8.3.5 所示。

优点：设计简单，输出纹波低；噪声小，响应速度快。

缺点：效率低（特别是在输入电压和输出电压差别较大时）；发热量大，需要散热片。

示例：7805（5 V 稳压器）、7812（12 V 稳压器）。

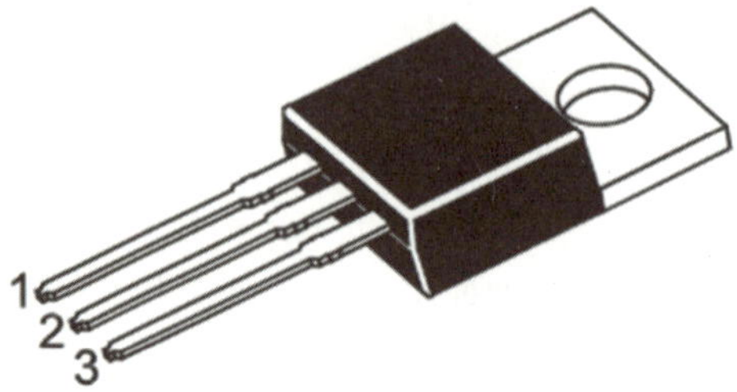

图 8.3.5　线性稳压器

（2）开关稳压器适用于需要高效率的应用，如电池供电设备、计算机电源和高功率设备，如图 8.3.6 所示。

优点：高效率，一般在 80%以上，特别适合输入电压和输出电压差较大的情况；可以用于升压、降压、反向等多种电路。

缺点：电路复杂，设计要求高；输出纹波较高，需要额外的滤波电路。

示例：LM2596（降压稳压器）、MC34063（通用开关稳压器）。

图 8.3.6　开关稳压器

线性稳压器和开关稳压器是两种常见的直流稳压电源，它们各自有不同的工作原理和应用场景。

2. 线性稳压器工作原理

线性稳压器工作原理是通过调整其内部的电阻，来保持输出电压稳定。它工作在其输入电压和输出电压之间的压降上，消耗多余的功率，以维持一个恒定的输出电压。

如图 8.3.7 所示为 78 系列的线性稳压器的内部框图，其基本工作过程为：通过误差放大器比较输出电压和参考电压，产生误差信号；误差信号控制一个可变电阻元件（通常是一个晶体管），调整其导通状态，从而控制输出电压；反馈回路持续监控输出电压，并调节误差放大器的输出，以维持稳定的电压。

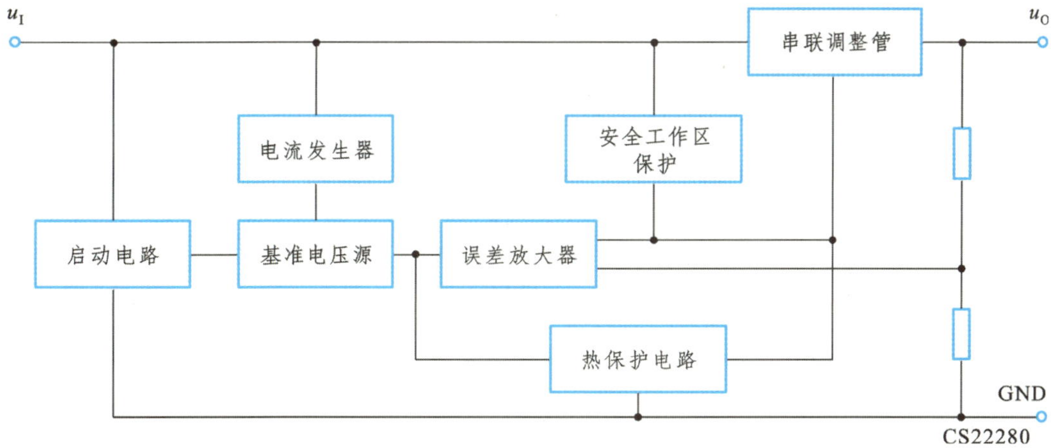

图 8.3.7　78 系列的线性稳压器的内部框图

3. 开关稳压器工作原理

开关稳压器工作原理是通过高速开关元件（如晶体管）在导通和截止状态之间切换，并通过电感和电容的滤波作用，将开关信号转换为稳定的直流输出电压。

如图 8.3.8 所示为 LM2596 开关稳压器的功能框图，其基本工作过程为：高速开关晶体管控制输入电压的通断；电感和电容作为储能元件，滤除开关频率的高频成分，产生平滑的直流电压；输出电压通过反馈回路与参考电压进行比较，调节占空比，以保持输出电压稳定。

交流电压经过变压、整流、滤波、稳压，就可以得到较好的直流电压。

4. 直流稳压电路测试验证

M212 板卡上的直流稳压电路，如图 8.3.9 所示，使用 LM7812 集成芯片进行稳压，该稳压器为线性稳压器，具有较好的纹波和噪声特性。

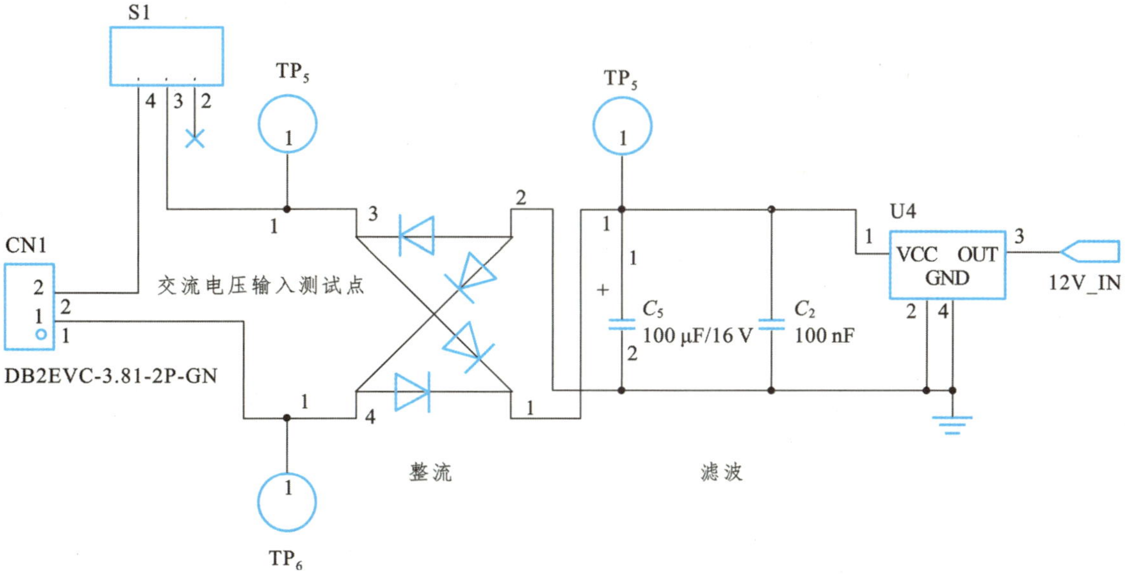

图 8.3.9　M212 板卡上的直流稳压电路

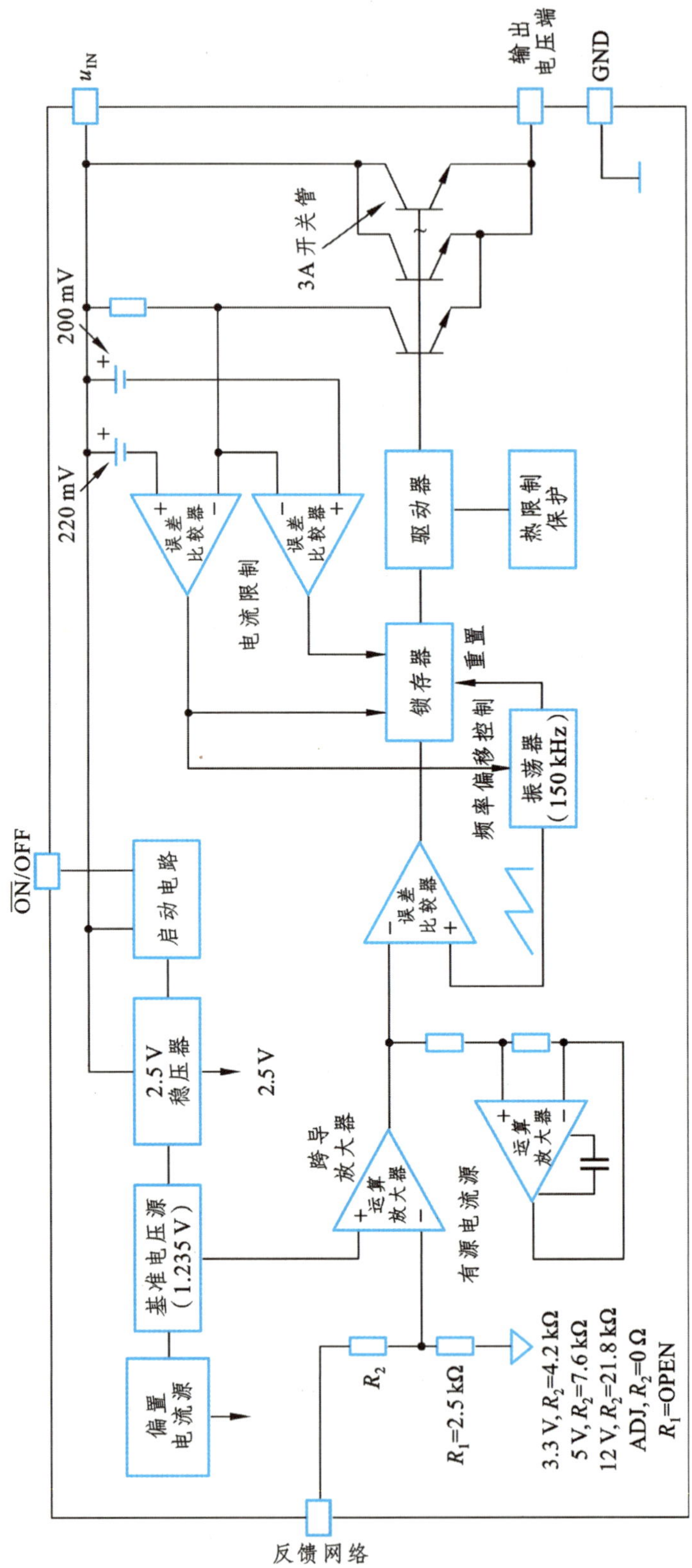

图 8.3.8　LM2596 开关稳压器的功能框图

如图 8.3.10 所示，在后级使用了一颗 LED 灯作为稳压后的电源指示灯，使用了一个保险丝后连接了两颗电容，其中电解电容 C_9 用于储能，电容 C_7 用于解耦。另外，这两颗电容还有一定的滤波作用，能够使得输出电压波形更加平滑。

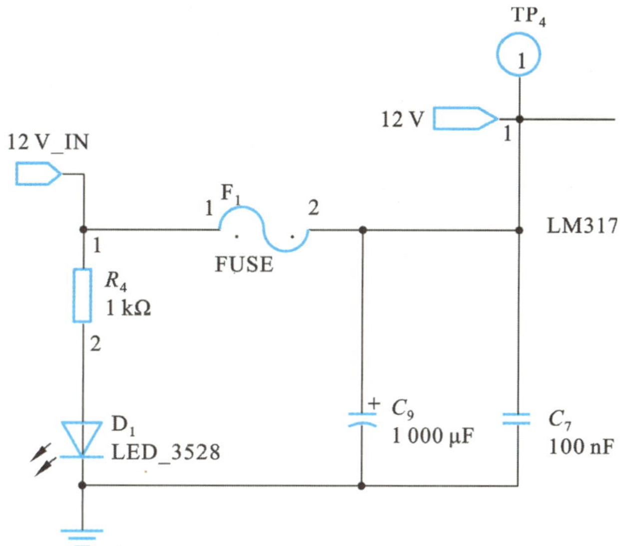

图 8.3.10　直流稳压电路测试电路

按照图 8.3.11 连接示意进行连接，测试稳压电路的输出，并填写后表。

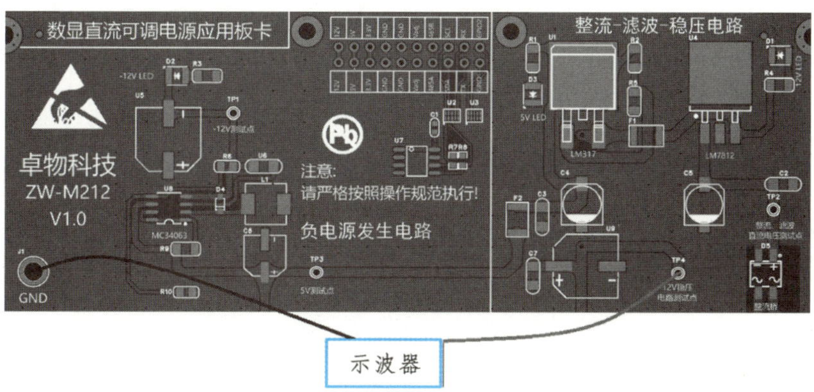

图 8.3.11　连接示意

连接方式：

① 将示波器的接地端连接至板卡的 J_1 引脚。

② 测试端连接至板卡的 TP_4 引脚。

输出电压显示如图 8.3.12 所示，可见输出电压为直流 12 V，且波形相对平滑。

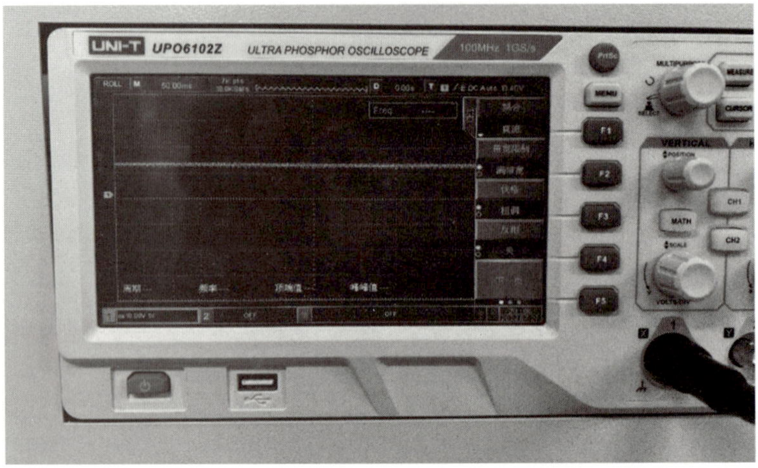

图 8.3.12　输出电压

测试结果填入表 8.3.1。

表 8.3.1　测试结果

序号	正向峰值/V	负向峰值/V	频率值/Hz	电压有效值/V

绘制波形到图 8.3.13。

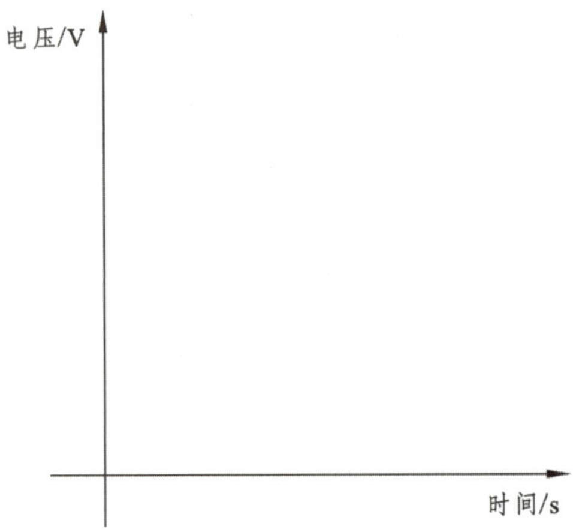

图 8.3.13　绘制波形图

任务 8.4　直流调压指令记录电路

根据项目总体设计框架，需要使用按键完成对电源的加、减、重置与置数功能。使用按键加计数器的方式，记录按键加、减的值，并将计数器的特殊功能脚引出作为重置与置数功能脚。

8.4.1　按键电路设计

按键电路的设计需要先确定按键输出的有效电平为高电平还是低电平，或者为上升沿还是下降沿，并需要考虑对按键的消抖处理。

常用的按键开关为机械弹性开关，其电路设计如图 8.4.1 所示。当机械触点断开或闭合时，因机械触点的弹性作用，按键开关在闭合时不会马上稳定地接通，在断开时也不会立刻断开。因而在闭合及断开的瞬间均伴随有一连串的抖动。为了不产生这种现象而做的措施是按键消抖，通常有两种方式，一种是硬件消抖，一种是软件消抖。

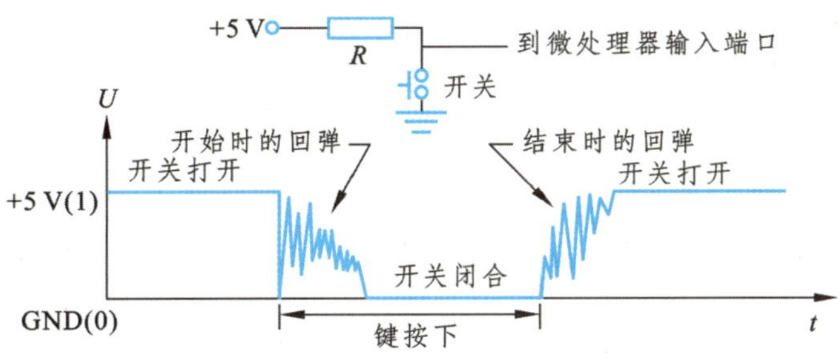

图 8.4.1　按键电路设计

抖动时间的长短取决于按键的机械特性，一般为 5 ~ 10 ms。而按键稳定闭合时间的长短，则由操作人员的按键动作决定，通常处于零点几秒到数秒之间。为保证微处理器对于按键的一次闭合操作仅进行一次有效处理，消除键抖动是必不可少的步骤。这就要求我们在键闭合稳定时读取键的状态，并且要在判别到键释放且稳定之后再进行相应处理。

在按键个数较少时可用硬件方法消除键抖动。如图 8.4.2 所示的 *RS* 触发器为常用的硬件去抖，由两个与非门构成一个 *RS* 触发器。当按键未按下时，输出为 **0**；当键按下时，输出为 **1**。即便因按键的机械性能导致其因弹性抖动产生瞬时断开（抖动跳开 B 点），只要按键没有返回至原始状态 A，双稳态电路的状态就不会改变，输出依旧保持为 **0**，从而不会产生抖动的波形。也就是说，即便 B 点的电压波形存在抖动情况，但经过双稳态电路处理后，其输出会是规整的矩形波。通过深入分析 *RS* 触发器的工作过程，便能很容易理解并验证这一点。

利用电容的放电延时特性，采用并联电容法同样能够实现硬件消抖。参照图 8.4.3，由于电容两端电压无法瞬间突变，这使得按键两端的电压变化趋于平缓，直到电容充放电达到一定的电压阈值后，后续电路才会输出电平变化信号。

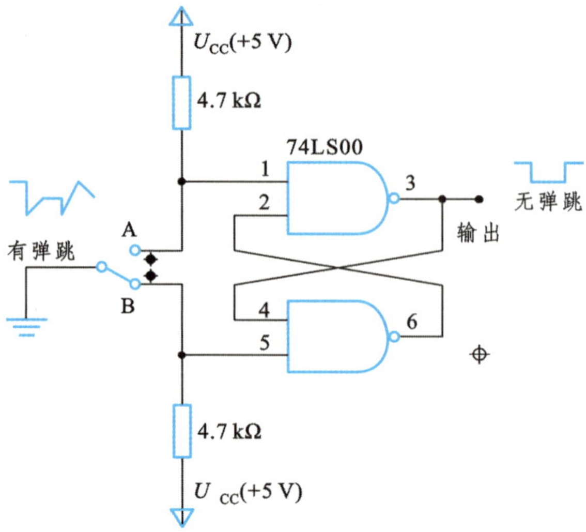

图 8.4.2　通过 *RS* 触发器消抖电路设计

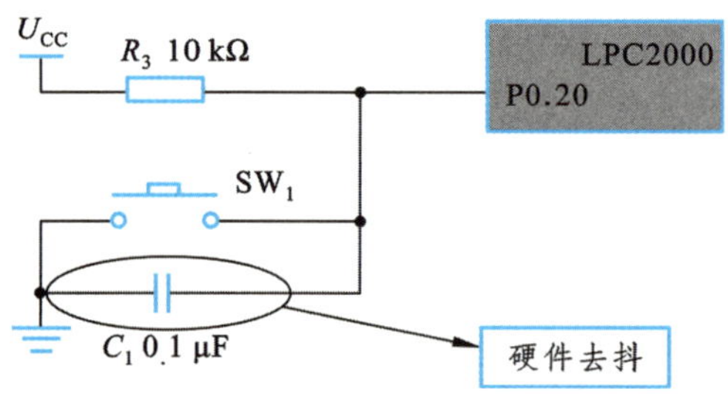

图 8.4.3　并联电容法消抖电路设计

在本项目中，按键的后续电路为计数器电路，为了确定按键的有效电平或有效跳变沿，查看计数器的数据手册，如图 8.4.4 所示。可以清楚看到，重置引脚（*MR*）的有效电平为高电平，置数（*PL'*）引脚的有效电平为低电平，加数引脚（CP_U）的有效跳变沿为上升沿，减数引脚（CP_D）的有效跳变沿为上升沿。

MR	*PL'*	CP_u	CP_D	操作模式
H	X	X	X	异步复位
L	L	X	X	异步预置数
L	H	H	H	无变化
L	H	↑	H	向上计数
L	H	H	↑	向下计数

H＝高电平
L＝低电平
X＝无效或无关条件

图 8.4.4　计数器的数据

经过以上分析，我们可以得知重置引脚的默认电平应为低电平，当按键按下时为高电平；置数引脚的默认电平为高电平，按键按下时为低电平；加数引脚与减数引脚的默认电平无要求，只要求当按键按下或在按键弹起时，产生一个上升沿。

于是，设计按键电路，如图 8.4.5 所示。

置位引脚默认连接到了高电平，并使用了电阻进行限流。当按键按下时，引脚接地，置位引脚取得有效电平，且并联的电容用于按键消抖，符合设计要求。

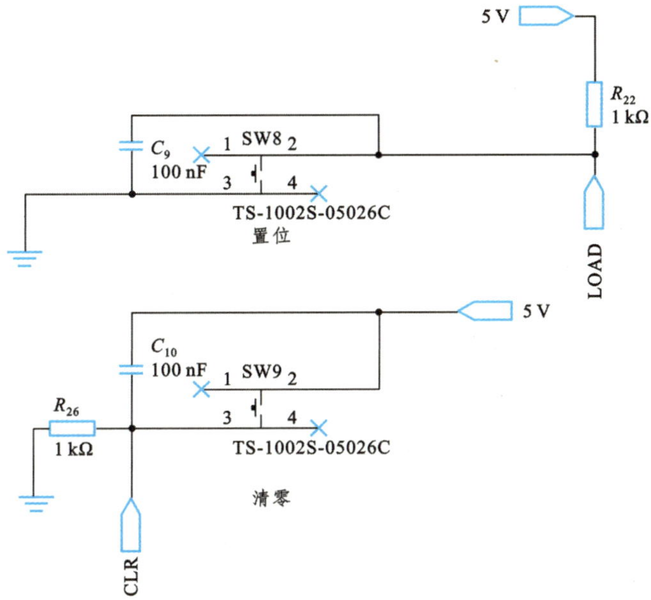

图 8.4.5　设计按键电路

重置（清零）引脚默认通过一个电阻接地。当按键按下时，该引脚连接到 5 V，重置引脚取得有效电平，且并联的电容用于按键消抖，符合设计要求。

如图 8.4.6 所示，加计数与减计数按键连接到了一块 74HC14D 反相器，输入被下拉到地，则 ADD、SUB 在按键未按下时经反相器输出为高电平；当按键按下时，反相器的输入为高电平，则 ADD、SUB 经反相器后输出为低电平；当按键松开弹起时，反相器输入又变为低电平，则 ADD、SUB 经反相器后输出为高电平。于是在按键弹起时，经反相器输出的电平变化为从低到高，产生上升沿跳变。

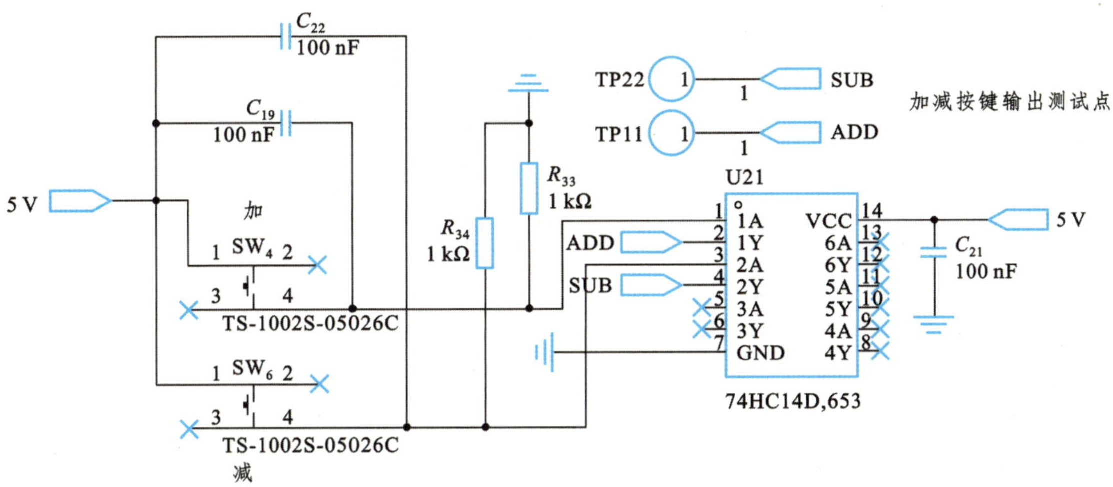

图 8.4.6　加减按键输出测试点

表 8.4.1 为 74HC14D 反相器的输入特性表，可见当芯片供电电压 $V_{CC}=4.5\ V$ 时，高压输入端最少输入 3.15 V 电压才可以被 74HC14 识别为高电平；同理，低压输入端只有输入不大于 1.35 V 的电压，才可以被识别为低电平。基于反相器有这个特性，可以很好地抑制按键产生的抖动。

表 8.4.1　74HC14 反相器的输入特性

符号	参数	测试条件		最小值	典型值	最大值	单位
		其他条件	U_{CC}/V				
Tamb= 25 °C							
U_{IH}	高电平输入电压		2.0	1.5	1.2	—	V
			4.5	3.15	2.4	—	V
			6.0	4.2	3.2	0.5	V
U_{IL}	低电平输入电压		2.0	—	0.8	1.35	V
			4.5	—	2.1	1.8	V
			6.0	—	2.8	2.8	V
U_{OH}	高电平输出电压	$U_I=U_{IH}$ or U_{IL}		—	—	—	
		$I_O=-20\ \mu A$	2.0	1.9	2.0	—	V
		$I_O=-20\ \mu A$	4.5	4.4	4.5	—	V
		$I_O=-4.0\ mA$	4.5	3.98	4.32	—	V
		$I_O=-20\ \mu A$	6.0	5.9	6.0	—	V
		$I_O=-5.2\ mA$	6.0	5.48	5.81	—	V
U_{OL}	低电平输出电压						
		$I_O=20\ \mu A$	2.0	—	0	0.1	V
		$I_O=20\ \mu A$	4.5	—	0	0.1	V
		$I_O=4.0\ mA$	4.5	—	0.15	0.26	V
		$I_O=20\ \mu A$	6.0	—	0	0.1	V
		$I_O=5.2\ mA$	6.0	—	0.16	0.26	V
I_{L1}	输入漏电流	$U_I=U_{CC}$ or GND	6.0	—	0.1	±0.1	μA
I_{OZ}	三态输出关断电流	$U_O=U_{CC}$ or GND $U_O=U_{CC}$ or GND	6.0	—	—	±0.5	μA
I_{CC}	静态电源电流	$U=U_{CC}$ or GND:$I_O=0$	6.0	—	—	2	μA

8.4.2　计数器原理与应用

计数器作为典型的时序逻辑电路，其核心功能在于累计并记忆输入脉冲的数量。在数字系统里，计数操作是一项至关重要的基本环节，而集成计数器则是应用极为广泛的逻辑部件之一。计数器种类较多，按构成计数器中的多触发器是否使用一个时钟脉冲源来分，可分为同步计数器和异步计数器；根据计数制的不同，可分为二进制计数器、十进制计数器和任意进制计数器；根据计数的增减趋势，又分为加法、减法和可逆计数器。除上述分类外，还有具备可预置数功能和可编程序功能的计数器。

1. 74LS192 同步十进制可逆计数器

74LS192 是同步十进制可逆计数器，具有双时钟输入、清除和置数等功能，其引脚排列及逻辑符号如图 8.4.7 所示。

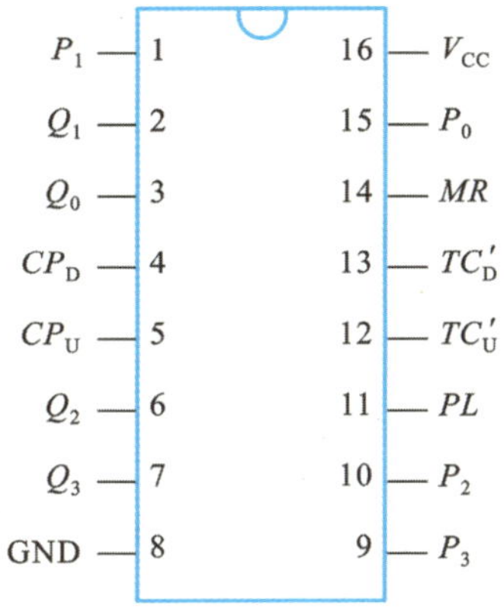

（a）引脚排列图

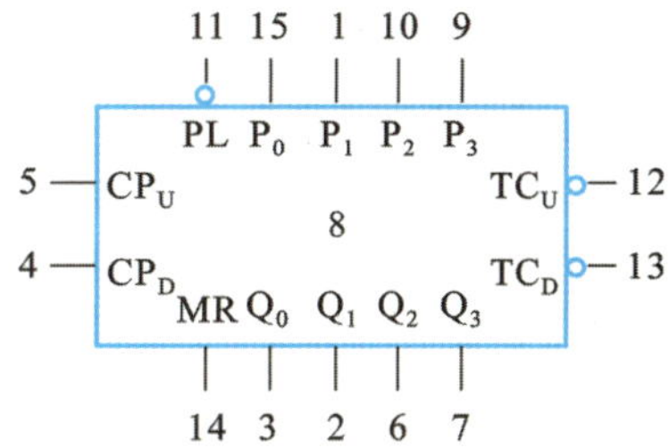

（b）逻辑符号

图 8.4.7　74LS192 同步十进制可逆计数器

图中，PL' 为置数端，CP_U 为加计数端，CP_D 为减计数端，TC'_U 为非同步进位输出端，TC'_D 为非同步借位输出端，P_0、P_1、P_2、P_3 为计数器输入端，MR 为清除端（重置端），Q_0、Q_1、Q_2、Q_3 为数据输出端。

74LS192 主要功能包括：

（1）置数：当 MR 为 **0**，PL' 为 **0**，CP_D、CP_U 为任意态时，74LS192 处于置数状态，P_0、P_1、P_2、P_3 任给一组数据，输出 Q_0、Q_1、Q_2、Q_3 与 P_0、P_1、P_2、P_3 数据相同。

（2）重置：令 MR 为 **1**，其他输入端状态为任意态，此时输出 Q_0、Q_1、Q_2、Q_3 将被重置为 **0**。

（3）加计数：令 MR 为 **0**，PL' 为 **1**，CP_D 为 **1**，当 CP_U 输入单次上升沿信号时，计数器加 **1**，Q_0、Q_1、Q_2、Q_3 输出数据加 **1**。

（4）减计数：令 MR 为 **0**，PL' 为 **1**，CP_U 为 **1**，当 CP_D 输入单次上升沿信号时，计数器减 **1**，Q_0、Q_1、Q_2、Q_3 输出数据减 **1**。

（5）进位输出：当计数器加计数到最大值 9 时，若下一次 CP_U 再来一个上升沿信号，此时计数器向上溢出，进位输出端 TC'_U 将输出有效电平 **0**。

（6）借位输出：当计数器减计数到最小值 **0** 时，若下一次 CP_D 再来一个上升沿信号，此时计数器向下溢出，借位输出端 TC'_D 将输出有效电平 **0**。

2. 计数器的级联使用

一个十进制计数器只能表示 0 ~ 9 十个数，为了扩大计数器范围，常用多个十进制计数器级联使用。同步计数器通常设有进位（或借位）输出端，因此可以选用其进位（或借位）输出端的输出信号驱动下一级计数器。

图 8.4.8 为使用 74LS192 计数器利用其进位输出信号 TC'_U 控制高位的 CP_U 端构成的加计数器级联图，可以实现 $10 \times 10 = 100$ 的计数。

如果要构成减计数电路，利用高位计数器的借位输出端信号 TC'_U 连接到低位计数器的减计数端 CP_D，实现 99 到 00 的减法计数器，如图 8.4.9 所示。

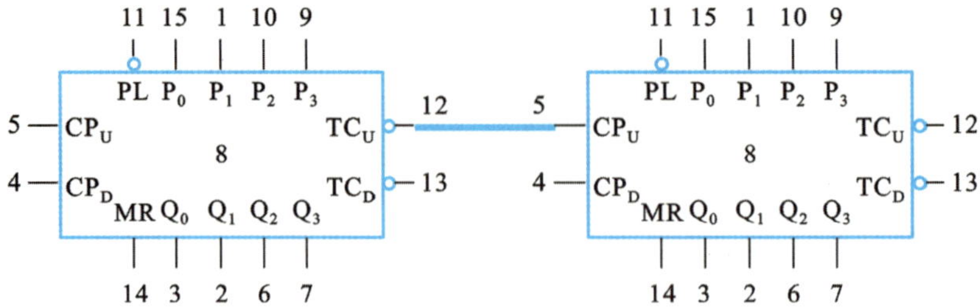

图 8.4.8　进位输出电路

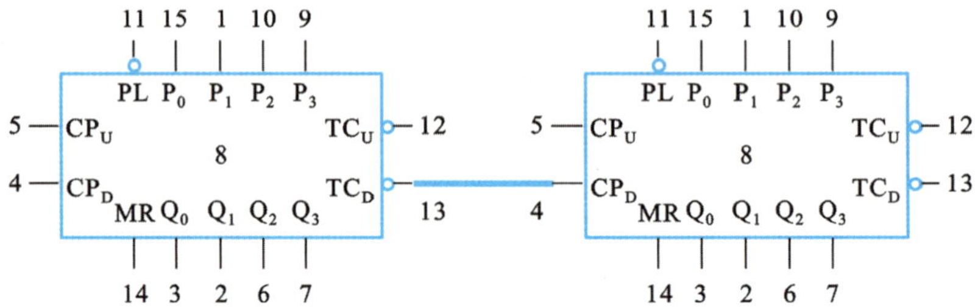

图 8.4.9　减计数电路

如果计数器的初始值为 0 ~ 99 其中一个数，则可以在 P_0、P_1、P_2、P_3 数据输入端预置所要开始计数的初始值，然后令 PL' 为 **0**，此时计数器被置数为 P_0、P_1、P_2、P_3，再令 PL' 为 **1**，完成置数。

3. 任意进制计数器的实现

平时我们用的都是十进制数，也就是 0 ~ 9 这样的数字，当计数到 10 的时候，就清零进位。然后就重新计数。同样地，可以通过 74LS192 芯片去实现计数器的功能，比如 $N=7$，即七进制计数器，那么计数范围就是 0 ~ 6。74LS192 芯片有多种计数方法，用加法计数比较多，下面主要通过加法计数去实现任意进制计数器的功能，其方式分为复位清零法和外部置数法。

1）复位清零法

假设用 74LS192 芯片去设计一个七进制的计数器（4 个输入），也就是 $N=7$ 的时候，0 ~ 6 为有效范围，数到 7 的时候就清零。画出状态转换图，如图 8.4.10 所示。

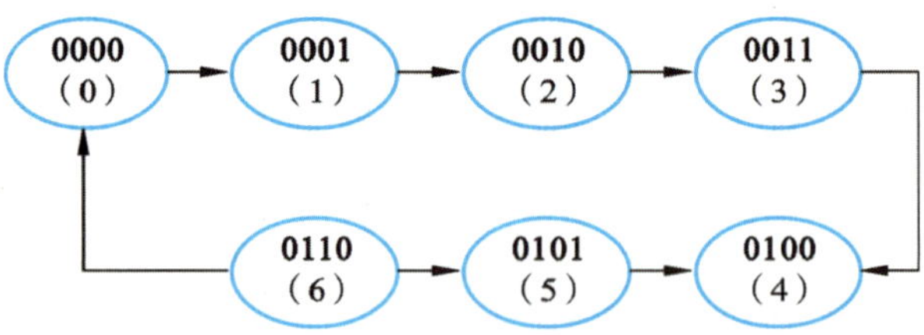

图 8.4.10　状态转换图

通过状态转换图可知，当计数到 7 也就是 **0111** 时候，我们就进行复位操作，回到 **0** 然后重新开始计数。

于是我们可以通过使用与门的形式，将计数器特定输出的信号转换为计数器的重置信号，如图 8.4.11 所示。

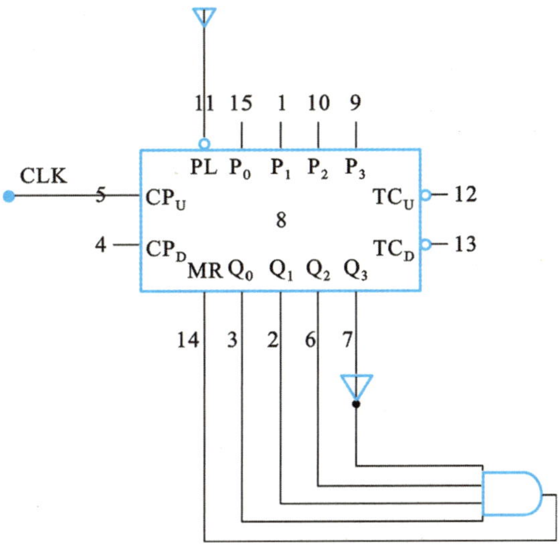

图 8.4.11　使用与门转换

当计数器输出为 **0111** 时，与门输入为 **1111**，此时与门输出为 **1**，连接到 *MR*，因此计数器被重置，输出为 **0000**。

2）外部反馈置数法

反馈置数法是利用计数器的同步置数控制端的数据输入端，把计数器状态置到某个数值来实现任意进制计数器。置入的数值可以是 **0000** 到 **1111** 之间的任意数值。当置入 **0000** 时，和复位或者清零的作用是相同的，因此这种方法比第一种反馈复位法更灵活。

假设用 74LS192 芯片去设计一个十一进制的计数器，需要从 1 计数到 11，因为一个十进制计数器只能表示 0 ~ 9 十个数，因此需要两片十进制计数器级联组成。画出状态转换图，如图 8.4.12 所示。

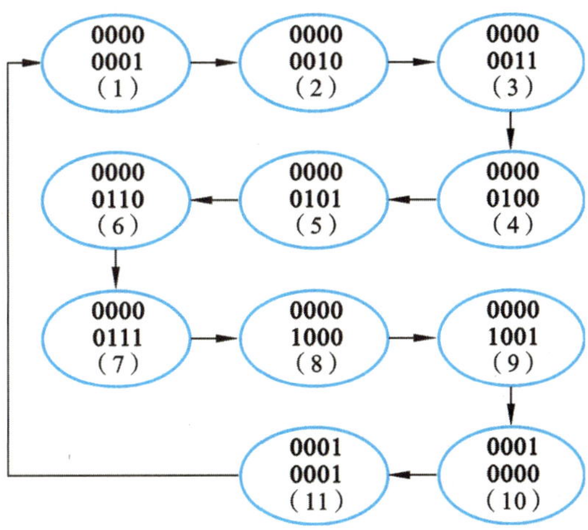

图 8.4.12　状态转换图

通过状态转换图可知，当计数到 12 的时候也就是 **0001 0010** 时候，进行置数操作，回到 1，然后重新开始计数。

于是可以通过使用与门的形式，将计数器特定输出的信号转换为计数器的置数信号，如图 8.4.13 所示。

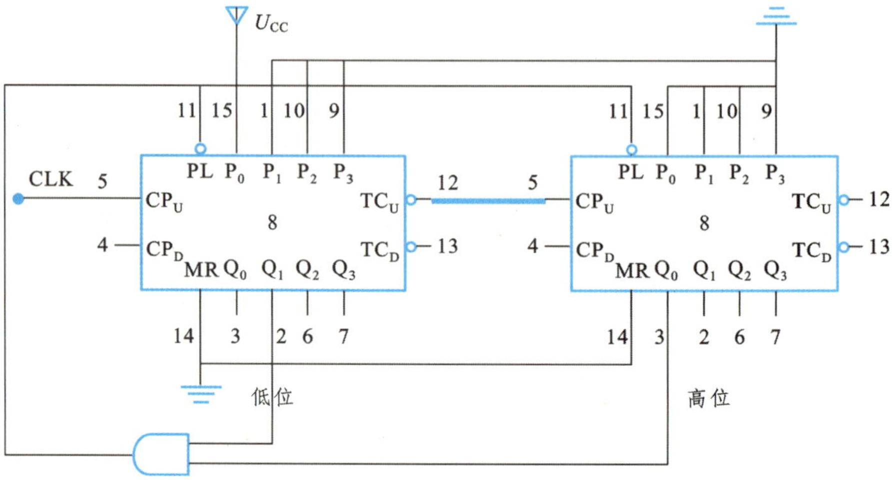

图 8.4.13　使用与门转换

当计数器输出为 **0001 0010** 时，与非门输入为 **1**、**1**，此时与非门输出为 **0**，连接到 *PL*，因此计数器被置数。而置数端连接的输入为 **0000 0001**，因此计数器被置数到 **1**，输出为 **0000 0001**，循环往复，就完成了十一进制计数器的设计。

8.4.3　直流调压指令记录电路功能设计与测试

1. 电路功能设计

经过上述的分析，我们可以设计一个直流调压指令记录的电路，用于记录想要生成电压的数值。使用十进制可逆计数器，配合按键电路，可完成对按键的加减计数。由于需要调节的范围是 0 ~ 9.9 V，而一个十进制可逆计数器的计数范围是 0 ~ 9，因此需要两个十进制可逆计数器级联，将计数范围扩展为 0 ~ 99。

另外，为了快速调节到想要的数字，避免多次按键，可以配合计数器的置数功能，设计一个按键和拨码开关进行快速置数。同样，可以使用计数器的重置功能，配合按键完成数据的清除。

如图 8.4.14 所示为设计电路原理图。电路中使用了 2 片 74LS192 十进制可逆计数器级联，低位片的进位输出端连接到高位片的加计数输入端，低位片的借位输出端连接到高位片的减计数输入端，形成 00 ~ 99 的可逆加减计数器。

两片计数器的数据输入端分别连接到两个 4 位拨码开关，默认电平下拉到地。当拨码开关拨通时，该路信号为高电平，并配合置数按键完成置数。

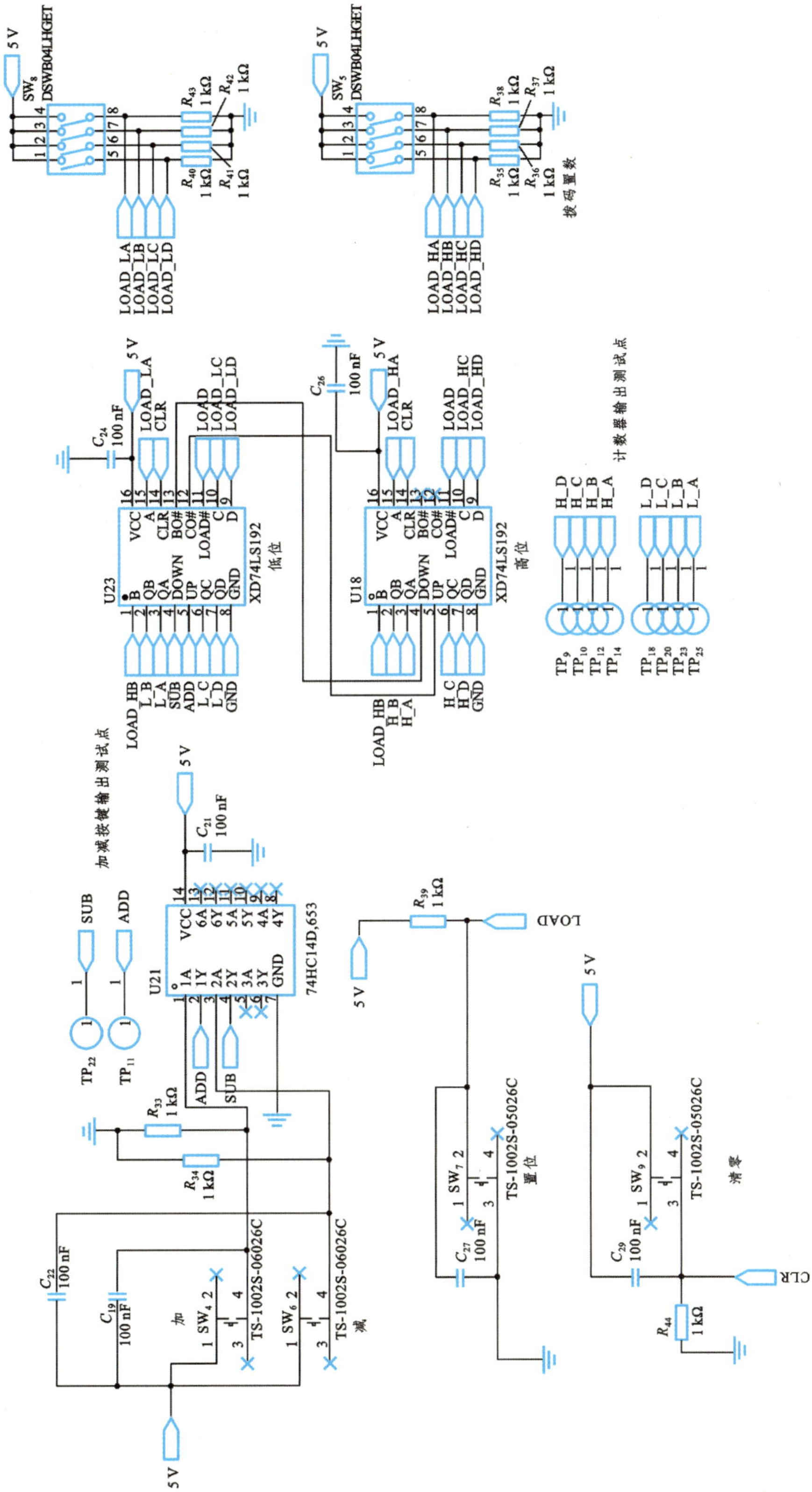

图 8.4.14　设计电路原理图

在置数的基础上，按下“ADD”按键，测量计数器输出测试点，填写表 8.4.4。

表 8.4.4　测试结果 3

<table>
<tr><td>拨码开关高位</td><td colspan="2">H_D</td><td colspan="2">H_C</td><td colspan="2">H_B</td><td colspan="2">H_A</td></tr>
<tr><td>电平</td><td colspan="2"></td><td colspan="2"></td><td colspan="2"></td><td colspan="2"></td></tr>
<tr><td>拨码开关低位</td><td colspan="2">L_D</td><td colspan="2">L_C</td><td colspan="2">L_B</td><td colspan="2">L_A</td></tr>
<tr><td>电平</td><td colspan="2"></td><td colspan="2"></td><td colspan="2"></td><td colspan="2"></td></tr>
<tr><td>ADD 次数</td><td colspan="8"></td></tr>
<tr><td>测试点</td><td>O_H_D</td><td>O_H_C</td><td>O_H_B</td><td>O_H_A</td><td>O_L_D</td><td>O_L_C</td><td>O_L_B</td><td>O_L_A</td></tr>
<tr><td>电平</td><td></td><td></td><td></td><td></td><td></td><td></td><td></td><td></td></tr>
<tr><td>ADD 次数</td><td colspan="8"></td></tr>
<tr><td>测试点</td><td>O_H_D</td><td>O_H_C</td><td>O_H_B</td><td>O_H_A</td><td>O_L_D</td><td>O_L_C</td><td>O_L_B</td><td>O_L_A</td></tr>
<tr><td>电平</td><td></td><td></td><td></td><td></td><td></td><td></td><td></td><td></td></tr>
<tr><td>ADD 次数</td><td colspan="8"></td></tr>
<tr><td>测试点</td><td>O_H_D</td><td>O_H_C</td><td>O_H_B</td><td>O_H_A</td><td>O_L_D</td><td>O_L_C</td><td>O_L_B</td><td>O_L_A</td></tr>
<tr><td>电平</td><td></td><td></td><td></td><td></td><td></td><td></td><td></td><td></td></tr>
</table>

在置数的基础上，按下“SUB”按键，测量计数器输出测试点，填写表 8.4.5。

表 8.4.5　测试结果 4

<table>
<tr><td>拨码开关高位</td><td colspan="2">H_D</td><td colspan="2">H_C</td><td colspan="2">H_B</td><td colspan="2">H_A</td></tr>
<tr><td>电平</td><td colspan="2"></td><td colspan="2"></td><td colspan="2"></td><td colspan="2"></td></tr>
<tr><td>拨码开关低位</td><td colspan="2">L_D</td><td colspan="2">L_C</td><td colspan="2">L_B</td><td colspan="2">L_A</td></tr>
<tr><td>电平</td><td colspan="2"></td><td colspan="2"></td><td colspan="2"></td><td colspan="2"></td></tr>
<tr><td>SUB 次数</td><td colspan="8"></td></tr>
<tr><td>测试点</td><td>O_H_D</td><td>O_H_C</td><td>O_H_B</td><td>O_H_A</td><td>O_L_D</td><td>O_L_C</td><td>O_L_B</td><td>O_L_A</td></tr>
<tr><td>电平</td><td></td><td></td><td></td><td></td><td></td><td></td><td></td><td></td></tr>
<tr><td>SUB 次数</td><td colspan="8"></td></tr>
<tr><td>测试点</td><td>O_H_D</td><td>O_H_C</td><td>O_H_B</td><td>O_H_A</td><td>O_L_D</td><td>O_L_C</td><td>O_L_B</td><td>O_L_A</td></tr>
<tr><td>电平</td><td></td><td></td><td></td><td></td><td></td><td></td><td></td><td></td></tr>
<tr><td>SUB 次数</td><td colspan="8"></td></tr>
<tr><td>测试点</td><td>O_H_D</td><td>O_H_C</td><td>O_H_B</td><td>O_H_A</td><td>O_L_D</td><td>O_L_C</td><td>O_L_B</td><td>O_L_A</td></tr>
<tr><td>电平</td><td></td><td></td><td></td><td></td><td></td><td></td><td></td><td></td></tr>
</table>

按下“CLR”键，测量计数器输出测试点，填写表 8.4.6。

表 8.4.6　测试结果 5

测试点	O_H_D	O_H_C	O_H_B	O_H_A	O_L_D	O_L_C	O_L_B	O_L_A
电平								

任务 8.5　电压数字显示电路设计与验证

8.5.1　数码管显示原理与控制方法

数码管通常指七段数码管，它是一种用于显示数字的电子元件。数码管的概念首次出现在 20 世纪 50 年代。最早的数码管是七段数码管，由 7 颗 LED（发光二极管）组成，每颗 LED 表示一个数字的一个段。随着技术的进步，LED 数码管变得更小、更亮、更节能。除了基本的七段数码管外，还发展出了更复杂的显示技术，如多位数码管、矩阵式数码管等。数码管广泛应用于计算器、时钟、温度计、电子仪器等各种设备中。

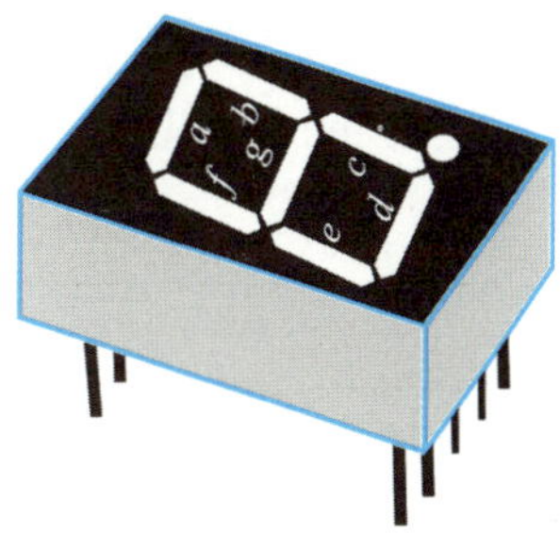

图 8.5.1　七段数码管

七段数码管由 7 颗 LED 组成，排列成数字“8”的形状，每个 LED 代表数字的一个段，如图 8.5.1 所示。数码管的七个段分别命名为 *a*、*b*、*c*、*d*、*e*、*f*、*g*，小数点为 *dp*，其中每个段表示数字的一部分。数码管采用二进制编码，通过控制不同的 LED 来显示不同的数字。例如，显示数字“0”时，所有的段都是亮的；显示数字“1”时，只有 *b* 和 *c* 段亮，以此类推。

通过微控制器或集成电路来控制数码管的显示，这些芯片会根据输入的数字转换为对应的 LED 亮灭状态。多位数码管可以将多个七段数码管组合在一起，以显示更大范围的数字、时间或其他信息。

数码管内部有共阳与共阴两种连接方式，如图 8.5.2 所示。共阴表示数码管的每段 LED 的阴极连在一起，共阳表示每段 LED 灯的阳极连在一起，因此对于数码管的编码便分为共阳编码与共阴编码。另外为了保护数码管不被烧坏，在数码管的每段输入线上串联一个限流电阻，其大小可以根据提供的电压进行计算。

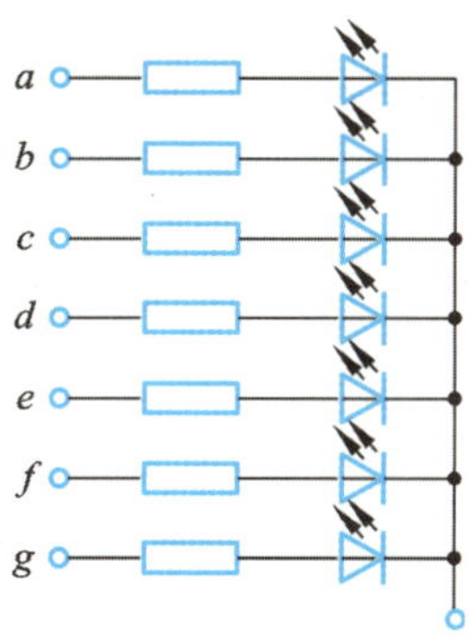

（a）共阴连接

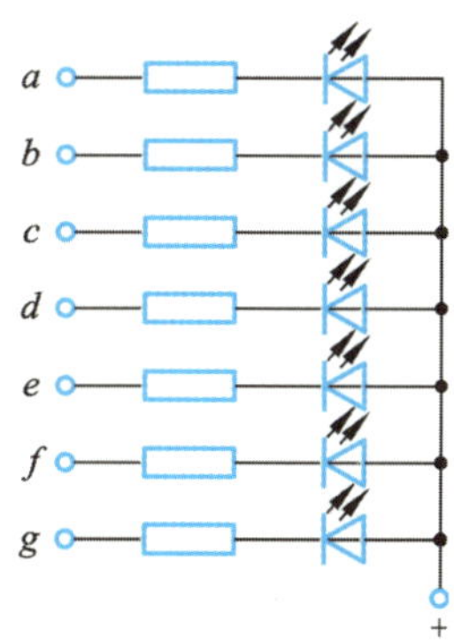

（b）共阳连接

图 8.5.2　数码管两种连接方式

图 8.5.3 是一个常见的二进制编码示例。

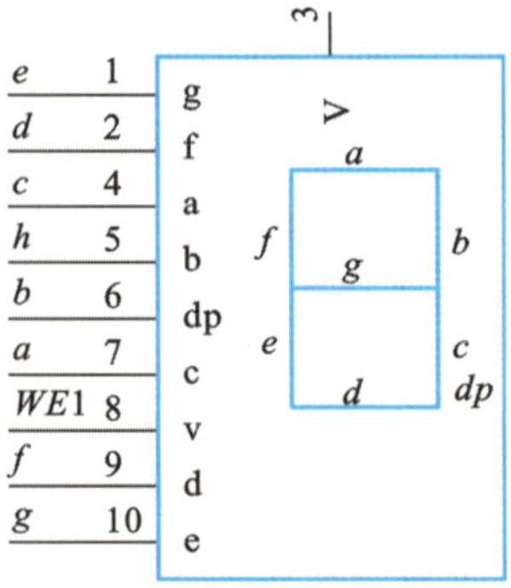

图 8.5.3　二进制编码示例

例如"1"的共阳编码为 $a=1, b=\mathbf{0}, c=\mathbf{0}, d=\mathbf{1}, e=\mathbf{1}, f=\mathbf{1}, g=\mathbf{1}, dp=\mathbf{1}$，即二进制 0b11111001 或十六进制 0xF9。以此类推，得到共阳数字编码如表 8.5.1 所示。

表 8.5.1　共阳数字编码表

数字	二进制编码	十六进制编码
0	0b11000000	0xC0
1	0b11111001	0xF9
2	0b10100100	0xA4
3	0b10110000	0xB0
4	0b10011001	0x99
5	0b10010010	0x92
6	0b10000010	0x82
7	0b11111000	0xF8
8	0b10000000	0x80
9	0b10010000	0x90

例如"1"的共阴编码为 $a=0, b=1, c=1, d=0, e=0, f=0, g=0, dp=0$。即二进制 0b00000110 或十六进制 0x06。以此类推，得到共阴数字编码如表 8.5.2 所示。

表 8.5.2　共阴数字编码表

数字	二进制编码	十六进制编码
0	0b00111111	0x3F
1	0b00000110	0x06
2	0b01011011	0x5B
3	0b01001111	0x4F

续表

数字	二进制编码	十六进制编码
4	0b01100110	0x66
5	0b01101101	0x6D
6	0b01111101	0x7D
7	0b00000111	0x07
8	0b01111111	0x7F
9	0b01101111	0x6F

8.5.2　七段 BCD 译码器原理与应用

七段 BCD 译码器（Seven Segment BCD Decoder）是一种电子器件，用于将 BCD 码转换为 7 个字段信号，驱动数码管，显示相应的十进制数码。七段显示器通常用于显示数字，如电子钟、计算器和仪表盘等设备上常见的数码显示。

七段显示器内部包括输入部分、输出部分和逻辑电路。

（1）输入部分：BCD 编码是用 4 位二进制数表示十进制数字（0 到 9）的编码方式，七段 BCD 译码器接受 4 位 BCD 输入。

（2）输出部分：七段显示器有 7 个独立的 LED 段，分别标记为 *a* 到 *g*。BCD 译码器根据输入的 BCD 码，将相应的段点亮以显示对应的数字。例如，输入 BCD 码 **0001** 对应十进制数字 1，译码器将驱动七段显示器的 *b* 和 *c* 段点亮。

（3）逻辑电路：七段 BCD 译码器内部包含逻辑电路，将 BCD 输入转换为驱动七段显示器所需的信号。

常见的译码器芯片有 74LS47、CD4511 等。CD4511 是一个用于驱动共阴极 LED（数码管）显示器的七段 BCD 译码器，具有 BCD 转换、消隐、锁存控制和七段译码、驱动功能，可直接驱动 LED 显示器。

CD4511 引脚排列如图 8.5.4 所示，其中：

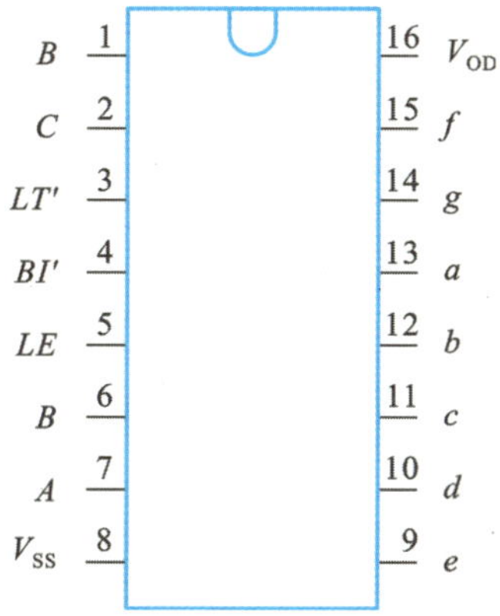

图 8.5.4　CD4511

（1）*A*、*B*、*C*、*D* 为 BCD 码输入，*A* 为最低位。

（2）*LT* 为灯测试端，高电平时显示器正常显示，低电平时一直显示数字 8，各笔段都被点亮，以检查显示器是否有故障。

（3）*BI* 为消隐功能端，低电平时使所有笔段均消隐，正常显示时，*BI* 端应加高电平。另外 CD4511 有拒绝伪码的特点，当输入数据越过十进制数 9（**1001**）时，显示字形也自行消隐。

（4）*LE* 是锁存控制端，高电平时锁存，低电平时传输数据。

（5）*a* ~ *g* 是 7 段输出，可驱动共阴 LED 数码管。另外，CD4511 显示数 6 时，*a* 段消隐；显示数 9 时，*d* 段消隐，所以显示 6、9 这两个数时，字形不太美观。

CD4511 的功能如表 8.5.3 所示。可以看到输入的编码为 BCD 码，输出为 0 ~ 9 数字。

表 8.5.3　CD4511 的功能表

输入							输出							显示
LE	*BI'*	*LT'*	*D*	*C*	*B*	*A*	*a*	*b*	*c*	*d*	*e*	*f*	*g*	
×	×	**0**	×	×	×	×	**1**	**1**	**1**	**1**	**1**	**1**	**1**	B
×	**1**	**1**	×	×	×	×	**0**	**0**	**0**	**0**	**0**	**0**	**0**	
0	**1**	**1**	**0**	**0**	**0**	**0**	**1**	**1**	**1**	**1**	**1**	**1**	**0**	0
0	**1**	**1**	**0**	**0**	**0**	**1**	**0**	**1**	**1**	**0**	**0**	**0**	**0**	1
0	**1**	**1**	**0**	**0**	**1**	**0**	**1**	**1**	**0**	**1**	**1**	**0**	**1**	2
0	**1**	**1**	**0**	**0**	**1**	**1**	**1**	**1**	**1**	**1**	**0**	**0**	**1**	3
0	**1**	**1**	**0**	**1**	**0**	**0**	**0**	**1**	**1**	**0**	**0**	**1**	**1**	4
0	**1**	**1**	**0**	**1**	**0**	**1**	**1**	**0**	**1**	**1**	**0**	**1**	**1**	5
0	**1**	**1**	**0**	**1**	**1**	**0**	**0**	**0**	**1**	**1**	**1**	**1**	**1**	6
0	**1**	**1**	**0**	**1**	**1**	**1**	**1**	**1**	**1**	**0**	**0**	**0**	**0**	7
0	**1**	**1**	**1**	**0**	**0**	**0**	**1**	**1**	**1**	**1**	**1**	**1**	**1**	8
0	**1**	**1**	**1**	**0**	**0**	**1**	**1**	**1**	**1**	**0**	**0**	**1**	**1**	9

8.5.3　直流可调电压显示电路设计

直流可调电压显示电路原理如图 8.5.5 所示。该电路旨在实现对 0 ~ 9.9 V 直流电压的两位数字显示，因此使用 2 个 CD4511 七段 BCD 译码器与 2 个共阴数码管。

考虑到显示数字含有小数点，但 CD4511 译码器无法输出驱动数码管小数点的信号，因此将数码管的小数点单独引出。通过一个用滑动开关来控制小数点的点亮或熄灭，并串接限流电阻，确保小数点显示的稳定性与安全性。

数码管的 *a* ~ *g* 信号输入端分别通过一个 1 kΩ 限流电阻连接到 CD4511 七段译码器的 *A* ~ *G* 输出端，同时，数码管的公共端接地。

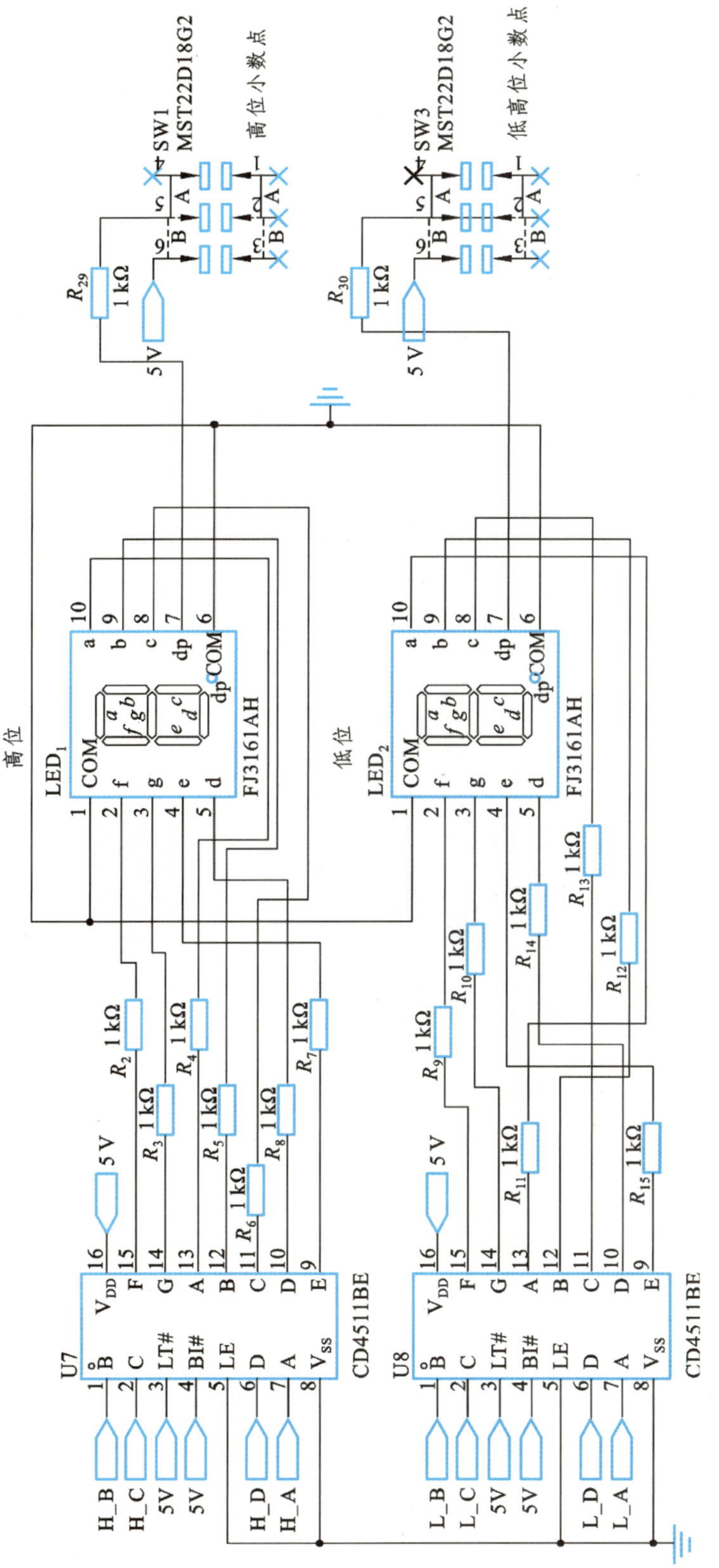

图 8.5.5　直流可调电压显示电路

由于要显示通过直流调压指令记录电路输出的数据，因此将前级电路输出的高位和低位BCD数据分别连接到CD4511译码器的数据输入端。

又因前级电路传过来的数据会随着按键操作发生变化，于是将CD4511译码器的锁存端*LE*拉低，不允许锁存，保持允许数据传输状态。

8.5.4 电路功能验证

在计数器电路的基础上观察数码管译码显示电路是否正确，使用置数、清零、加减功能测试，完成表8.5.11。另外，拨动SW_1、SW_2开关可设置数码管高位和低位的小数点显示。

如测试置数功能，高位设置为“0101”，低位设置为“0011”，按下“LOAD”按键，进行置数，译码数码管电路显示“53”，与预期一致，如图8.5.6所示。

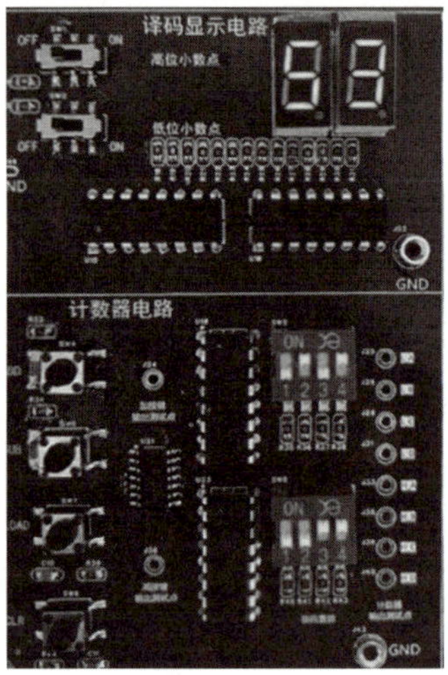

图8.5.6　电路功能验证

表8.5.4　测试结果

置数	拨码开关高位	H_D	H_C	H_B	H_A
	电平				
	拨码开关低位	L_D	L_C	L_B	L_A
	电平				
	数码管显示				
清零	拨码开关高位	H_D	H_C	H_B	H_A
	电平				
	数码管显示				

任务 8.6　编码转换电路设计与验证

8.6.1　进　制

1. 进制的表示

数制是指多位数码中每一位的构成方法和从低位到高位的进位规则。

几种常见的数制有十进制、二进制、十六进制和八进制。

十进制的每一位都由“0 ~ 9”构成，进位规则是逢十进一；十六进制的每一位都由“0 ~ F”构成，进位规则是逢十六进一。其他进制以此类推。

任意一个 n 位整数、m 位小数的十进制数可表示为

$$\begin{aligned}(D)_{10} &= k_{n-1}k_{n-2}\cdots k_0k_{-1}\cdots k_{-m}\\ &= k_{n-1}\times 10^{n-1}+\cdots+k_0\times 10^0+k_{-1}\times 10^{-1}+\cdots+k_{-m}\times 10^{-m}\\ &= \sum_{i=-m}^{n-1} k_i\times 10^i\end{aligned}$$

因此，任意进制（N 进制）数可表示为

$$(D)_N=\sum k_iN^i$$

式中，k_i 表示第 i 位的系数，N 为计数的基数，N^i 为第 i 位的权。

2. 任意进制转换为十进制

表 8.6.1 为几种常见的进制的对照表。

表 8.6.1　常见的进制的对照表

十进制	二进制	八进制	十六进制
00	**0000**	00	0
01	**0001**	01	1
02	**0010**	02	2
03	**0011**	03	3
04	**0100**	04	4
05	**0101**	05	5
06	**0110**	06	6
07	**0111**	07	7

续表

十进制	二进制	八进制	十六进制
08	**1000**	10	8
09	**1001**	11	9
10	**1010**	12	A
11	**1011**	13	B
12	**1100**	14	C
13	**1101**	15	D
14	**1110**	16	E
15	**1111**	17	F

任意进制转换为十进制，也使用公式$(D)_N = \sum k_i N^i$，如将下面给出的二进制、八进制和十六进制数转换为等值的十进制数。

$$\begin{aligned}(1011.01)_2 &= 1\times 2^3 + 0\times 2^2 + 1\times 2^1 + 1\times 2^0 + 0\times 2^{-1} + 1\times 2^{-2}\\ &= (11.25)_{10}\end{aligned}$$

$$\begin{aligned}(32.56)_8 &= 3\times 8^1 + 2\times 8^0 + 5\times 8^{-1} + 6\times 8^{-2}\\ &= (26.71875)_{10}\end{aligned}$$

$$\begin{aligned}(2A.7F)_{16} &= 2\times 16^1 + 10\times 16^0 + 7\times 16^{-1} + 15\times 16^{-2}\\ &= (42.49609375)_{10}\end{aligned}$$

3. 常见进制转换为二进制

1）十进制数转换为二进制数——基数乘除法

（1）整数部分——基数除法。

$$\begin{aligned}(D)_{10} &= (k_n k_{n-1} k_{n-2} \cdots k_1 k_0)_2\\ &= k_n 2^n + k_{n-1} 2^{n-1} + k_{n-2} 2^{n-2} + \cdots + k_1 2^1 + k_0 2^0\\ &= 2(k_n 2^{n-1} + k_{n-1} 2^{n-2} + \cdots + k_1) + k_0\end{aligned}$$

$$k_n 2^{n-1} + k_{n-1} 2^{n-2} + \cdots + k_1 = 2(k_n 2^{n-2} + k_{n-1} 2^{n-3} + \cdots + k_2) + k_1$$

$$\cdots$$

2. 电路功能测试

如图 8.4.15 所示，M212 板卡引出了计数器电路的输出测试点，其中 H_D ~ H_A 为计数器电路输出高四位，L_D ~ L_A 为计数器电路输出低四位。使用万用表的直流电压挡测量这些点的电压即可测试计数器的输出。

测试不同按键的功能并完成后面表格。

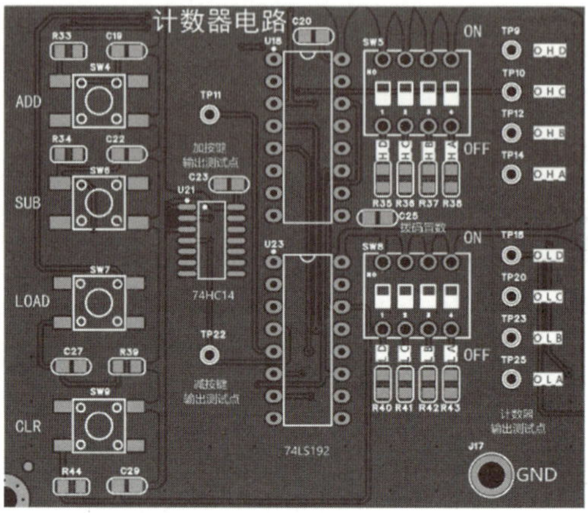

图 8.4.15 连接示意

上电后，按下“CLR”键，测量计数器输出测试点，填写表 8.4.2。

表 8.4.2 测试结果 1

测试点	O_H_D	O_H_C	O_H_B	O_H_A	O_L_D	O_L_C	O_L_B	O_L_A
电平								

拨动拨码开关，并按下“LOAD”键，测量计数器输出测试点，填写表 8.4.3。

表 8.4.3 测试结果 2

<table>
<tr><td>拨码开关高位</td><td colspan="2">H_D</td><td colspan="2">H_C</td><td colspan="2">H_B</td><td colspan="2">H_A</td></tr>
<tr><td>电平</td><td colspan="2"></td><td colspan="2"></td><td colspan="2"></td><td colspan="2"></td></tr>
<tr><td>拨码开关低位</td><td colspan="2">L_D</td><td colspan="2">L_C</td><td colspan="2">L_B</td><td colspan="2">L_A</td></tr>
<tr><td>电平</td><td colspan="2"></td><td colspan="2"></td><td colspan="2"></td><td colspan="2"></td></tr>
<tr><td>测试点</td><td>O_H_D</td><td>O_H_C</td><td>O_H_B</td><td>O_H_A</td><td>O_L_D</td><td>O_L_C</td><td>O_L_B</td><td>O_L_A</td></tr>
<tr><td>电平</td><td></td><td></td><td></td><td></td><td></td><td></td><td></td><td></td></tr>
<tr><td>拨码开关高位</td><td colspan="2">H_D</td><td colspan="2">H_C</td><td colspan="2">H_B</td><td colspan="2">H_A</td></tr>
<tr><td>电平</td><td colspan="2"></td><td colspan="2"></td><td colspan="2"></td><td colspan="2"></td></tr>
<tr><td>拨码开关低位</td><td colspan="2">L_D</td><td colspan="2">L_C</td><td colspan="2">L_B</td><td colspan="2">L_A</td></tr>
<tr><td>电平</td><td colspan="2"></td><td colspan="2"></td><td colspan="2"></td><td colspan="2"></td></tr>
<tr><td>测试点</td><td>O_H_D</td><td>O_H_C</td><td>O_H_B</td><td>O_H_A</td><td>O_L_D</td><td>O_L_C</td><td>O_L_B</td><td>O_L_A</td></tr>
<tr><td>电平</td><td></td><td></td><td></td><td></td><td></td><td></td><td></td><td></td></tr>
</table>

例如：

$(173)_{10}=(\qquad\qquad)_2$。

$$2\underline{|173}\cdots\cdots\cdots\text{余数}=1=k_0$$
$$2\underline{|86}\cdots\cdots\cdots\text{余数}=0=k_1$$
$$2\underline{|43}\cdots\cdots\cdots\text{余数}=1=k_2$$
$$2\underline{|21}\cdots\cdots\cdots\text{余数}=1=k_3$$
$$2\underline{|10}\cdots\cdots\cdots\text{余数}=0=k_4$$
$$2\underline{|5}\cdots\cdots\cdots\text{余数}=1=k_5$$
$$2\underline{|2}\cdots\cdots\cdots\text{余数}=0=k_6$$
$$2\underline{|1}\cdots\cdots\cdots\text{余数}=1=k_7$$

（从下往上）。

因此

$$(173)_{10}=(10101101)_2$$

（2）小数部分——基数乘法。

$$\begin{aligned}(D)_{10}&=(0.k_{-1}k_{-2}\cdots k_{-m})_2\\&=k_{-1}2^{-1}k_{-2}2^{-2}\cdots k_{-m}2^{-m}\end{aligned}$$

$$2(D)_{10}=k_{-1}+(k_{-2}2^{-1}+k_{-3}2^{-2}+\cdots+k_{-m}2^{-m+1})$$

$$2(k_{-2}2^{-1}+k_{-3}2^{-2}+\cdots+k_{-m}2^{-m+1})=k_{-2}+(k_{-3}2^{-1}+k_{-4}2^{-2}+\cdots+k_{-m}2^{-m+2})$$

$\cdots$

如：

$(0.8125)_{10}=(\qquad\qquad)_2$。

0.8125

$\underline{\ldots\ldots\times 2}\cdots\cdots\cdots\text{整数部分}=1=k_{-1}$

1.6250

0.6250

$\underline{\ldots\ldots\times 2}\cdots\cdots\cdots\text{整数部分}=1=k_{-2}$

1.2500

0.2500

$\underline{\ldots\ldots\times 2}\cdots\cdots\cdots\text{整数部分}=0=k_{-3}$

0.5000

0.5000

$\underline{\ldots\ldots\times 2}\cdots\cdots\cdots\text{整数部分}=1=k_{-4}$

1.0000

（从上往下）。

因此

$$(0.8125)_{10} = (0.1101)_2$$

2）八进制和十六进制数转换为二进制数

（1）八进制转二进制方法：将每一位八进制数用 3 位二进制表示。

如：

$$(703.65)_8 = (\qquad\qquad\qquad)_2$$

$$(703.65)_8 = (111\ 000\ 011.110\ 101)_2$$

（2）十六进制转二进制方法：将每一位十六进制数用 4 位二进制表示。

如：

$$(9FC.4A)_{16} = (\qquad\qquad\qquad)_2$$

$$(9FC.4A)_{16} = (1001\ 1111\ 1100.0100\ 1010)_2$$

4. 不同常见进制间的转换

在常见进制间转换时，我们可以利用二进制作为中间转换过程，如

（1）八进制数和十六进制数的互相转换：

八进制数→二进制数→十六进制数；

十六进制数→二进制数→八进制数。

（2）十进制数转换为八进制和十六进制数：

十进制数→二进制数→八进制数；

十进制数→二进制数→十六进制数。

8.6.2 编　码

用文字、符号或者数字表示特定对象的过程被称作编码，编码出来的符号、文字、数字等称为代码。

代码是具有特定含义的数码，用来表示不同的事物或事物的不同状态。

下面介绍几种常见的编码。

1. 十进制代码

用二进制代码来表示十进制数的 0 ~ 9 十个数，如表 8.6.2 所示。

BCD 码是一种用二进制形式表示十进制数的编码方法，也称为二–十进制记数法或二进码十进数。这种编码方法通过 4 位二进制数来表示十进制中的 0 ~ 9 这 10 个数字，从而实现了二进制与十进制之间的便捷转换。

表 8.6.2　十进制代码

十进制数	8421 码	余 3 码	2421 码	5211 码	余 3 循环码
0	**0000**	**0011**	**0000**	**0000**	**0010**
1	**0001**	**0100**	**0001**	**0001**	**0110**
2	**0010**	**0101**	**0010**	**0100**	**0111**
3	**0011**	**0110**	**0011**	**0101**	**0101**
4	**0100**	**0111**	**0100**	**0111**	**0100**
5	**0101**	**1000**	**1011**	**1000**	**1100**
6	**0110**	**1001**	**1100**	**1001**	**1101**
7	**0111**	**1010**	**1101**	**1100**	**1111**
8	**1000**	**1011**	**1110**	**1101**	**1110**
9	**1001**	**1100**	**1111**	**1111**	**1010**
权	8421		2421	5211	

1）8421 码

8421 码是最常用的 BCD 码之一。在这种编码方式中，每一位二值代码的“**1**”都代表一个固定数值，从左至右看，每一位“**1**”分别代表数字“8”“4”“2”“1”，因此得名 8421 码。

由于每位的权都是固定不变的，所以 8421 码是恒权码。

计算机使用二进制数来处理信息，但输入和输出时通常采用十进制数，因此需要将十进制数转换成二进制数，BCD 码就是其中的一种转换方式。

由于 8421 码既可以保存数值的精确度，又可以减少电脑进行浮点运算时所耗费的时间，因此常用于会计系统的设计和其他需要高精确度的计算中。

2）余 3 码

余 3 码是由 8421 BCD 码加上 **0011** 形成的一种无权码。由于它的每个字符编码比相应的 8421 码多 3，故称为余 3 码。

余 3 码具有一种特性，即当两个十进制数的和是 9 时，相应的余 3 码的和正好是 15，能自动产生进位信号，而不需修正。

0 和 9、1 和 8 等的余 3 码互为反码，这在求对于模 9 的补码时很方便。

余 3 码在运算中能够方便地产生进位信号，并且对于模 9 的运算具有自补性，因此在某些特定的计算场景中非常有用。

3）2421 码

2421 码是另一种 BCD 码，其编码规则是将十进制数字从 0 到 9 分别转换为二进制数。与 8421 码不同，2421 码的权值从左至右分别为 2、4、2、1。

例如，2421 码的“2”转换为二进制是 0101。

2421 码虽然不如 8421 码常用，但在某些特定的数字系统中也有其应用价值。

4）5211 码

5211 码同样是一种 BCD 码，其编码规则将十进制数字从 0 到 9 转换为二进制数，权值从左至右分别为 5、2、1、1。

例如，5211 码的“5”转换为二进制是 **1000**。

5211 码的应用相对较少，仅在某些特殊的数字编码场景中使用。

5）余 3 循环码

余 3 循环码是一种变权码，与上述的恒权码不同，其每一位的“**1**”并不代表固定的数值。它具有格雷码的优点，即两个相邻代码之间仅有一位的状态不同。

十进制数的余 3 循环码是取 4 位格雷码中的 10 个代码组成的。余 3 循环码由于其变权特性和相邻代码仅有一位不同的特点，在某些需要减少转换错误和提高系统稳定性的场景中使用。

2. 格雷码

格雷码（Gray Code），又称二进制格雷码或循环码，是一种特殊的二进制编码方式，如表 8.6.3 所示。它由贝尔实验室的工程师法兰克・格雷在 1940 年代提出，主要用于减少数字转换过程中的错误和提高系统的稳定性。

格雷码的特点在于任意两个相邻的数值在二进制表示下只有一位数的差异，代码转换过程中不会产生过渡“噪声”。

表 8.6.3　格雷码

编码顺序	二进制码	格雷码	编码顺序	二进制码	格雷码
0	**0000**	**0000**	8	**1000**	**1100**
1	**0001**	**0001**	9	**1001**	**1101**
2	**0010**	**0011**	10	**1010**	**1111**
3	**0011**	**0010**	11	**1011**	**1110**
4	**0100**	**0110**	12	**1100**	**1010**
5	**0101**	**0111**	13	**1101**	**1011**
6	**0110**	**0101**	14	**1110**	**1001**
7	**0111**	**0100**	15	**1111**	**1000**

3. 美国信息交换标准代码（ASCII）

ASCII 码是一组 7 位二进制代码，共 128 个，可显示字符共 95 个，如表 8.6.4 所示，控制字符共 33 个，如表 8.6.5 所示。它可以表示大、小写英文字母、十进制数、标点符号、运算符号、控制符号等，常应用于计算机和通信领域。

表 8.6.4　ASCII 可显示字符（共 95 个）

<table>
<tr><th>二进制</th><th>十进制</th><th>十六进制</th><th>图形</th></tr>
<tr><td>00100000</td><td>32</td><td>20</td><td>(space)</td></tr>
<tr><td>00100001</td><td>33</td><td>21</td><td>!</td></tr>
<tr><td>0010 0010</td><td>34</td><td>22</td><td>"</td></tr>
<tr><td>0010 0011</td><td>35</td><td>23</td><td>#</td></tr>
<tr><td>0010 0100</td><td>36</td><td>24</td><td>$</td></tr>
<tr><td>0010 0101</td><td>37</td><td>25</td><td>%</td></tr>
<tr><td>0010 0110</td><td>38</td><td>26</td><td>&</td></tr>
<tr><td>0010 0111</td><td>39</td><td>27</td><td>'</td></tr>
<tr><td>0010 1000</td><td>40</td><td>28</td><td>(</td></tr>
<tr><td>0010 1001</td><td>41</td><td>29</td><td>)</td></tr>
<tr><td>0010 1010</td><td>42</td><td>2A</td><td>*</td></tr>
<tr><td>0010 1011</td><td>43</td><td>2B</td><td>+</td></tr>
<tr><td>0010 1100</td><td>44</td><td>2C</td><td>,</td></tr>
<tr><td>0010 1101</td><td>45</td><td>2D</td><td>-</td></tr>
<tr><td>0010 1110</td><td>46</td><td>2E</td><td>.</td></tr>
<tr><td>0010 1111</td><td>47</td><td>2F</td><td>/</td></tr>
<tr><td>0011 0000</td><td>48</td><td>30</td><td>0</td></tr>
<tr><td>0011 0001</td><td>49</td><td>31</td><td>1</td></tr>
<tr><td>0011 0010</td><td>50</td><td>32</td><td>2</td></tr>
<tr><td>0011 0011</td><td>51</td><td>33</td><td>3</td></tr>
<tr><td>0011 0100</td><td>52</td><td>34</td><td>4</td></tr>
<tr><td>0011 0101</td><td>53</td><td>35</td><td>5</td></tr>
<tr><td>0011 0110</td><td>54</td><td>36</td><td>6</td></tr>
<tr><td>0011 0111</td><td>55</td><td>37</td><td>7</td></tr>
<tr><td>0011 1000</td><td>56</td><td>38</td><td>8</td></tr>
<tr><td>0011 1001</td><td>57</td><td>39</td><td>9</td></tr>
<tr><td>0011 1010</td><td>58</td><td>3A</td><td>:</td></tr>
<tr><td>0011 1011</td><td>59</td><td>3B</td><td>;</td></tr>
<tr><td>0011 1100</td><td>60</td><td>3C</td><td><</td></tr>
<tr><td>0011 1101</td><td>61</td><td>3D</td><td>=</td></tr>
<tr><td>0011 1110</td><td>62</td><td>3E</td><td>></td></tr>
<tr><td>0011 1111</td><td>63</td><td>3F</td><td>?</td></tr>
<tr><td>0100 0000</td><td>64</td><td>40</td><td>@</td></tr>
<tr><td>0100 0001</td><td>65</td><td>41</td><td>A</td></tr>
<tr><td>0100 0010</td><td>66</td><td>42</td><td>B</td></tr>
<tr><td>0100 0011</td><td>67</td><td>43</td><td>C</td></tr>
<tr><td>0100 0100</td><td>68</td><td>44</td><td>D</td></tr>
<tr><td>0100 0101</td><td>69</td><td>45</td><td>E</td></tr>
<tr><td>0100 0110</td><td>70</td><td>46</td><td>F</td></tr>
<tr><td>0100 0111</td><td>71</td><td>47</td><td>G</td></tr>
<tr><td>0100 1000</td><td>72</td><td>48</td><td>H</td></tr>
<tr><td>0100 1001</td><td>73</td><td>49</td><td>I</td></tr>
<tr><td>0100 1010</td><td>74</td><td>4A</td><td>J</td></tr>
<tr><td>0100 1011</td><td>75</td><td>4B</td><td>K</td></tr>
<tr><td>0100 1100</td><td>76</td><td>4C</td><td>L</td></tr>
<tr><td>0100 1101</td><td>77</td><td>4D</td><td>M</td></tr>
<tr><td>0100 1110</td><td>78</td><td>4E</td><td>N</td></tr>
<tr><td>0100 1111</td><td>79</td><td>4F</td><td>O</td></tr>
<tr><td>0101 0000</td><td>80</td><td>50</td><td>P</td></tr>
<tr><td>0101 0001</td><td>81</td><td>51</td><td>Q</td></tr>
<tr><td>0101 0010</td><td>82</td><td>52</td><td>R</td></tr>
<tr><td>0101 0011</td><td>83</td><td>53</td><td>S</td></tr>
<tr><td>0101 0100</td><td>84</td><td>54</td><td>T</td></tr>
<tr><td>0101 0101</td><td>85</td><td>55</td><td>U</td></tr>
<tr><td>0101 0110</td><td>86</td><td>56</td><td>V</td></tr>
<tr><td>0101 0111</td><td>87</td><td>57</td><td>W</td></tr>
<tr><td>0101 1000</td><td>88</td><td>58</td><td>X</td></tr>
<tr><td>0101 1001</td><td>89</td><td>59</td><td>Y</td></tr>
<tr><td>0101 1010</td><td>90</td><td>5A</td><td>Z</td></tr>
<tr><td>0101 1011</td><td>91</td><td>5B</td><td>[</td></tr>
<tr><td>0101 1100</td><td>92</td><td>5C</td><td>\</td></tr>
<tr><td>0101 1101</td><td>93</td><td>5D</td><td>]</td></tr>
<tr><td>0101 1110</td><td>94</td><td>5E</td><td>^</td></tr>
<tr><td>0101 1111</td><td>95</td><td>5F</td><td>_</td></tr>
<tr><td>0110 0000</td><td>96</td><td>60</td><td>`</td></tr>
<tr><td>0110 0001</td><td>97</td><td>61</td><td>a</td></tr>
<tr><td>0110 0010</td><td>98</td><td>62</td><td>b</td></tr>
<tr><td>0110 0011</td><td>99</td><td>63</td><td>c</td></tr>
<tr><td>0110 0100</td><td>100</td><td>64</td><td>d</td></tr>
<tr><td>0110 0101</td><td>101</td><td>65</td><td>e</td></tr>
<tr><td>0110 0110</td><td>102</td><td>66</td><td>f</td></tr>
<tr><td>0110 0111</td><td>103</td><td>67</td><td>g</td></tr>
<tr><td>0110 1000</td><td>104</td><td>68</td><td>h</td></tr>
<tr><td>0110 1001</td><td>105</td><td>69</td><td>i</td></tr>
<tr><td>0110 1010</td><td>106</td><td>6A</td><td>j</td></tr>
<tr><td>0110 1011</td><td>107</td><td>6B</td><td>k</td></tr>
<tr><td>0110 1100</td><td>108</td><td>6C</td><td>l</td></tr>
<tr><td>0110 1101</td><td>109</td><td>6D</td><td>m</td></tr>
<tr><td>0110 1110</td><td>110</td><td>6E</td><td>n</td></tr>
<tr><td>0110 1111</td><td>111</td><td>6F</td><td>o</td></tr>
<tr><td>0111 0000</td><td>112</td><td>70</td><td>p</td></tr>
<tr><td>0111 0001</td><td>113</td><td>71</td><td>q</td></tr>
<tr><td>0111 0010</td><td>114</td><td>72</td><td>r</td></tr>
<tr><td>0111 0011</td><td>115</td><td>73</td><td>s</td></tr>
<tr><td>0111 0100</td><td>116</td><td>74</td><td>t</td></tr>
<tr><td>0111 0101</td><td>117</td><td>75</td><td>u</td></tr>
<tr><td>0111 0110</td><td>118</td><td>76</td><td>v</td></tr>
<tr><td>0111 0111</td><td>119</td><td>77</td><td>w</td></tr>
<tr><td>0111 1000</td><td>120</td><td>78</td><td>x</td></tr>
<tr><td>0111 1001</td><td>121</td><td>79</td><td>y</td></tr>
<tr><td>0111 1010</td><td>122</td><td>7A</td><td>z</td></tr>
<tr><td>0111 1011</td><td>123</td><td>7B</td><td>{</td></tr>
<tr><td>0111 1100</td><td>124</td><td>7C</td><td>|</td></tr>
<tr><td>0111 1101</td><td>125</td><td>7D</td><td>}</td></tr>
<tr><td>0111 1110</td><td>126</td><td>7E</td><td>~</td></tr>
</table>

表 8.6.5　ASCII 控制字符（共 33 个）

二进制	十进制	十六进制	缩写	Unicode 表示法	脱出字符表示法	名称/意义
0000 0000	0	00	NUL	NUL	^@	空字符（Null）
0000 0001	1	01	SOH	SOH	^A	标题开始
0000 0010	2	02	STX	STX	^B	本文开始
0000 0011	3	03	ETX	ETX	^C	本文结束
0000 0100	4	04	EOT	EOT	^D	传输结束
0000 0101	5	05	ENQ	ENQ	^E	请求
0000 0110	6	06	ACK	ACK	^F	确认回应
0000 0111	7	07	BEL	BEL	^G	响铃
0000 1000	8	08	BS	BS	^H	退格
0000 1001	9	09	HT	HT	^I	水平定位符号
0000 1010	10	0A	LF	LF	^J	换行键
0000 1011	11	0B	VT	VT	^K	垂直定位符号
0000 1100	12	0C	FF	FF	^L	换页键
0000 1101	13	0D	CR	CR	^M	CR（字符）
0000 1110	14	0E	SO	SO	^N	取消变换（Shift out）
0000 1111	15	0F	SI	SI	^O	启用变换（Shift in）
0001 0000	16	10	DLE	DLE	^P	跳出数据通讯
0001 0001	17	11	DC1	DC1	^Q	设备控制一（XON 激活软件速度控制）
0001 0010	18	12	DC2	DC2	^R	设备控制二
0001 0011	19	13	DC3	DC2	^S	设备控制三（XOFF 停用软件速度控制）
0001 0100	20	14	DC4	DC4	^T	设备控制四
0001 0101	21	15	NAK	NAK	^U	确认失败回应
0001 0110	22	16	SYN	SYN	^V	同步用暂停
0001 0111	23	17	ETB	ETB	^W	区块传输结束
0001 1000	24	18	CAN	CAN	^X	取消
0001 1001	25	19	EM	EM	^Y	连线介质中断
0001 1010	26	1A	SUB	SUB	^Z	替换
0001 1011	27	1B	ESC	ESC	^[	退出键
0001 1100	28	1C	FS	FS	^\	文件分割符
0001 1101	29	1D	GS	GS	^]	组群分隔符
0001 1110	30	1E	RS	RS	^^	记录分隔符
0001 1111	31	1F	US	US	^_	单元分隔符
0111 1111	127	7F	DEL	DEL	^?	Delete 字符

8.6.3　编码转换电路原理与电路设计

在前面的电路中，我们通过按键电路与计数器电路完成了对按键的加减计数，但计数器电路输出的为 BCD 十进制编码，不便于后续数字电路的处理，因此需要将其变换成为二进制编码。

1. 编码转换原理

由于本次项目的计数值最大为 99，因此由一个二位十进制数即可表示。

记一个二位十进制数为 $Y = AB$，其中 A 为十位，B 为个位，那么该数亦可写为 $Y = 10 \times A + B$，于是，可以将这个二位十进制数分解为两个数相加，但是第一个加数中存在乘法，如何处理乘法呢？先来看看下面的情况。

我们知道，一个二进制数左移 n 位等于原数乘以 2^n，于是可以利用这个思想来完成乘法部分。

我们需要的是乘以 10，可以将其分解为

$$10 \times A = A \times 2 + A \times 8$$

进一步，根据二进制数左移的原理，可得

$$10 \times A = (A << 1) + (A << 3)$$

于是，原二位十进制数可以写作

$$Y = (A << 1) + (A << 3) + B \;\; B$$

设前面电路输出的 BCD 码为

$$L_3L_2L_1L_0 \;\; H_3H_2H_1H_0$$

$$A$$

于是，将其转换为十进制数可以写作

$$(H_3H_2H_1H_0 << 1) + (H_3H_2H_1H_0 << 3) + (L_3L_2L_1L_0)$$

下一步，即

$$\mathbf{000}H_3 \;\; H_2H_1H_0\mathbf{0} + \mathbf{0}H_3H_2H_1 \;\; H_0\mathbf{000} + L_3L_2L_1L_0$$

那么可以表示为

$$\begin{array}{cccc|cccc} \mathbf{0} & \mathbf{0} & \mathbf{0} & H_3 & H_2 & H_1 & H_0 & \mathbf{0} \\ & & & & & & & + \\ \mathbf{0} & H_3 & H_2 & H_1 & H_0 & \mathbf{0} & \mathbf{0} & \mathbf{0} \\ & & & & & & & + \\ \mathbf{0} & \mathbf{0} & \mathbf{0} & \mathbf{0} & L_3 & L_2 & L_1 & L_0 \end{array}$$

如将 $(78)_{BCD}$ 转换为二进制：

$$\begin{aligned}(78)_{BCD} &= 7 \times 10 + 8 = (\mathbf{0111} << 1) + (\mathbf{0111} << 3) + \mathbf{1000} \\ &= \mathbf{0000} \;\; \mathbf{1110} + \mathbf{0011} \;\; \mathbf{1000} + \mathbf{0000} \;\; \mathbf{1000} \\ &= \mathbf{0100} \;\; \mathbf{1110}\end{aligned}$$

使用计算器验证一下，与计算一致，如图 8.6.1 所示。

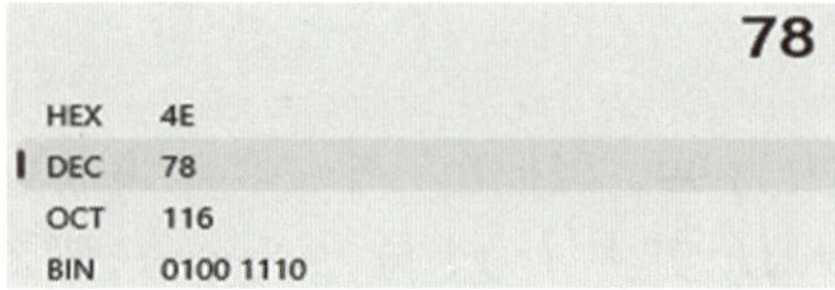

图 8.6.1　计算器结果

于是，根据前面的分析，将乘法转换为了加法，我们就完全可以使用加法器来完成编码转换了。

2. 编码转换电路设计

1）半加器原理与应用

只考虑两个加数本身及往高位的进位，而不考虑由低位来的进位（或者把低位来的进位看成 **0**），其真值表如表 8.6.6 所示。

表 8.6.6　半加器真值表

输　入		输　出	
A	B	S	C
0	**0**	**0**	**0**
0	**1**	**1**	**0**
1	**0**	**1**	**0**
1	**1**	**0**	**1**

其中，A 和 B 是相加的两个数，C 表示进位数，S 表示加法结果。

根据真值表可以写出其函数表达式

$$S = AB' + A'B = A \oplus B$$

$$C = AB$$

进一步，可以根据函数表达式画出电路图，此处不作展开。

2）全加器原理与应用

用门电路实现两个二进制数相加并求出和的组合逻辑电路，称为一位全加器，如图 8.6.2 所示。一位全加器需考虑由低位来的进位，进位与本位两个二进制数相加后，输出本位和以及向高位的进位。

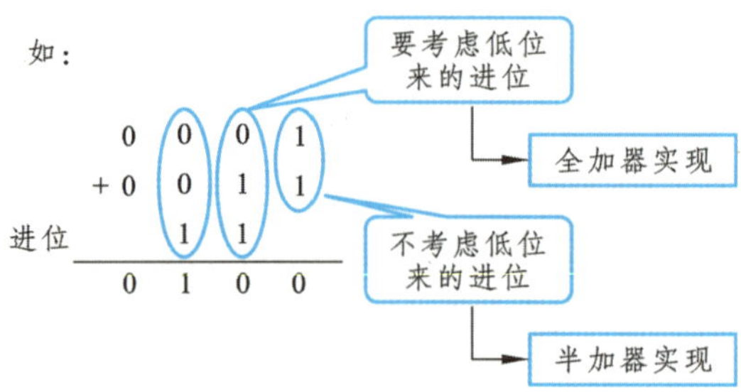

图 8.6.2　全加器原理

根据全加器的原理，可以写出二位全加器的真值表，如表 8.6.7 所示。

表 8.6.7　全加器真值表

输　入			输　出	
A	B	C_i	S	C_o
0	0	0	0	0
0	0	1	1	0
0	1	0	1	0
0	1	1	0	1
1	0	0	1	0
1	0	1	0	1
1	1	0	0	1
1	1	1	1	1

根据真值表写出函数表达式

$$S = A'B'C_i + A'BC_i' + AB'C_i' + ABC_i$$

$$C_o = A'BC_i + AB'C_i + ABC_i' + ABC_i$$

画出卡诺图，并画出卡诺圈，如图 8.6.3 所示。

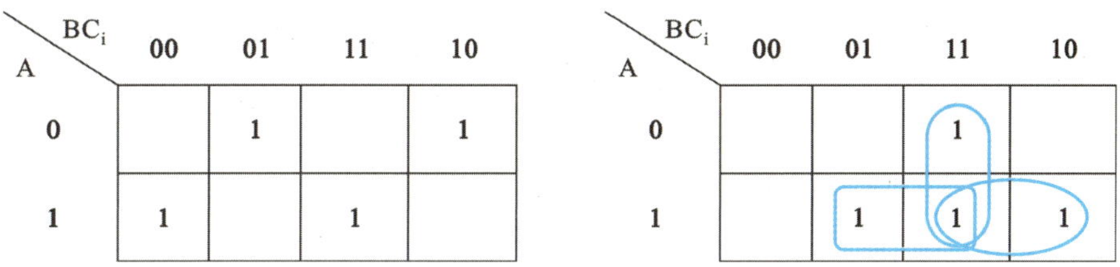

图 8.6.3　画出卡诺图、卡诺圈

进一步，化简可得

$$S = (A'B' + AB)C_i + (A'B + AB')C_i' = A \oplus B \oplus C_i$$

$$C_o = AC_i + BC_i + AB$$

可以根据函数表达式画出电路图，此处不作展开。

多个一位全加器进行级联可以得到多位全加器。

3）74LS283 全加器

本任务使用集成电路 74LS283 全加器，它是采用快速进位的 4 位二进制全加器，与之类似的还有 74LS83 等。

图 8.6.4 是 74LS283 全加器的管脚图。其中，A_4、A_3、A_2、A_1 为 4 位二进制加数 A 输入端，B_4、B_3、B_2、B_1 为 4 位二进制加数 B 输入端，C_0 为低位片进位输入端，C_4 为向高位片的进位输出，Σ_4、Σ_3、Σ_2、Σ_1 为和输出端。

74LS283 全加器的功能说明如表 8.6.8 所示。

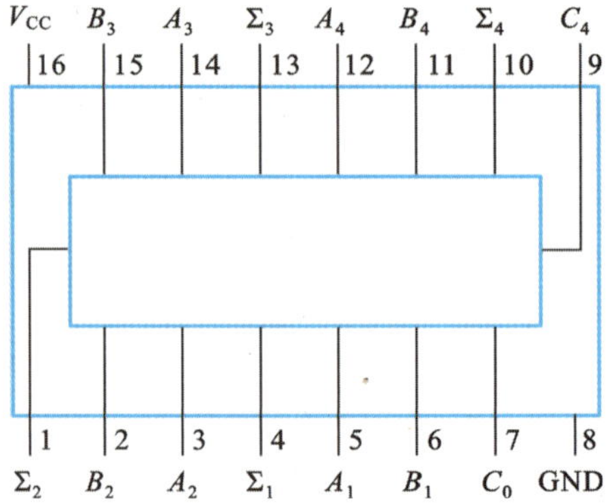

图 8.6.4　74LS283 全加器的管脚图

表 8.6.8　74LS283 全加器的功能表

输入				输出					
				当 $C_0=L$ / 当 $C_2=L$			当 $C_0=H$ / 当 $C_2=H$		
A_1 / A_3	B_1 / B_3	A_2 / A_4	B_2 / B_4	Σ_1 / Σ_3	Σ_2 / Σ_4	C_2 / C_4	Σ_1 / Σ_3	Σ_2 / Σ_4	C_2 / C_4
0	0	0	0	0	0	0	1	0	0
1	0	0	0	1	0	0	0	1	0
0	1	0	0	1	0	0	0	1	0
1	1	0	0	0	1	0	1	1	0
0	0	1	0	0	1	0	1	1	0
1	0	1	0	1	1	0	0	0	1
0	1	1	0	1	1	0	0	0	1
1	1	1	0	0	0	1	1	0	1
0	0	0	1	0	1	0	1	1	0
1	0	0	1	1	1	0	0	0	1
0	1	0	1	1	1	0	0	0	1
1	1	0	1	0	0	1	1	0	1
0	0	1	1	0	0	1	1	0	1
1	0	1	1	1	0	1	0	1	1
0	1	1	1	1	0	1	0	1	1
1	1	1	1	0	1	1	1	1	1

注：A_1、B_1、A_2、B_2 和 C_0 的输入条件用于确定输出 Σ_1 和 Σ_2 以及内部进位 C_2 的值，然后使用 C_2、A_3、B_3、A_4 和 B_4 的值来确定输出 Σ_3、Σ_4 和 C_4。

由前面的分析可知，需要将一个二位 BCD 码转换为二进制数，转换原理为：

4）电路设计

由前面的分析可知，需要将一个二位 BCD 码转换为二进制数，转换原理为：

$$
\begin{array}{cccc|cccc}
\mathbf{0} & \mathbf{0} & \mathbf{0} & H_3 & H_2 & H_1 & H_0 & \mathbf{0} \\
 & & & & & & & + \\
\mathbf{0} & H_3 & H_2 & H_1 & H_0 & \mathbf{0} & \mathbf{0} & \mathbf{0} \\
 & & & & & & & + \\
\mathbf{0} & \mathbf{0} & \mathbf{0} & \mathbf{0} & L_3 & L_2 & L_1 & L_0
\end{array}
$$

于是，我们可以采用分段加和的形式来设计这个电路，分成两次进行相加，先做 $\mathbf{000}H_3\ H_2H_1H_0\mathbf{0}+\mathbf{0}H_3H_2H_1\ H_0\mathbf{000}+L_3L_2L_1L_0$，然后将和再与 $L_3L_2L_1L_0$ 相加。

对于 $\mathbf{000}H_3\ H_2H_1H_0\mathbf{0}+\mathbf{0}H_3H_2H_1\ H_0\mathbf{000}+L_3L_2L_1L_0$，又可以将其分成两部分相加，即低 4 位相加，高 4 位相加，并将低 4 位相加的进位作为高 4 位相加时的进位输入。

同理，$\mathbf{000}H_3\ H_2H_1H_0\mathbf{0}+\mathbf{0}H_3H_2H_1\ H_0\mathbf{000}+L_3L_2L_1L_0$ 的和与 $L_3L_2L_1L_0$ 相加时，也可以分成两部分相加，只不过此时高 4 位为 **0000**。

根据上述分析过程，可以设计电路如图 8.6.5 所示。

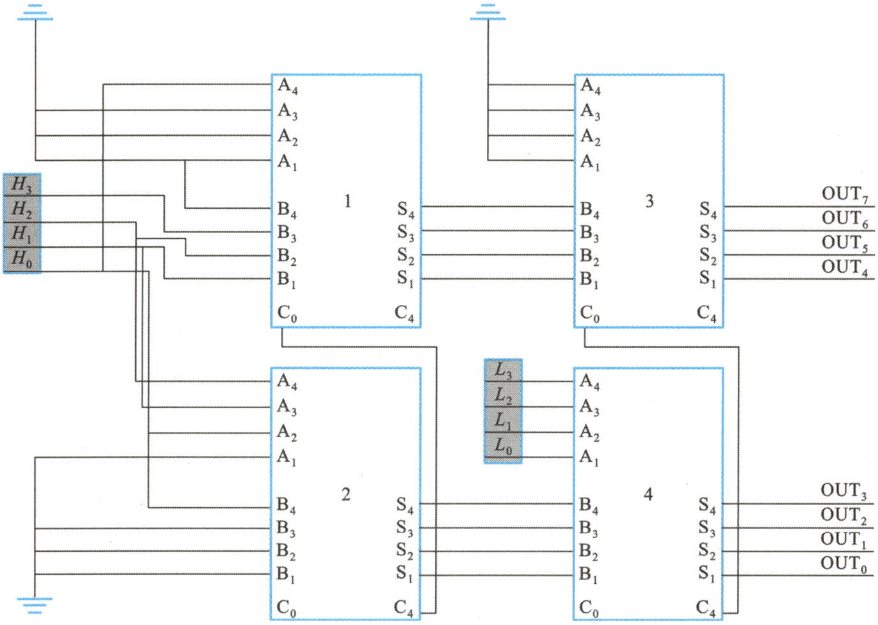

图 8.6.5　设计电路

如上图，从按键计数器电路输出的信号为 $H_3H_2H_1H_0\ L_3L_2L_1L_0$，使用 4 片 74LS283 全加器，将输入的 BCD 编码信号转换为二进制数 OUT_7、OUT_6、OUT_5、OUT_4、OUT_3、OUT_2、OUT_1、OUT_0 输出。

8.6.4　编码转换电路测试与验证

编码转换电路主要测试点如图 8.6.6 所示。调节按键电路输出的数值，使用万用表测试这些点的电平值，观察译码显示电路的数码管显示内容与测出的编码转换电路输出点的数值是否与理论一致，完成表 8.6.9。

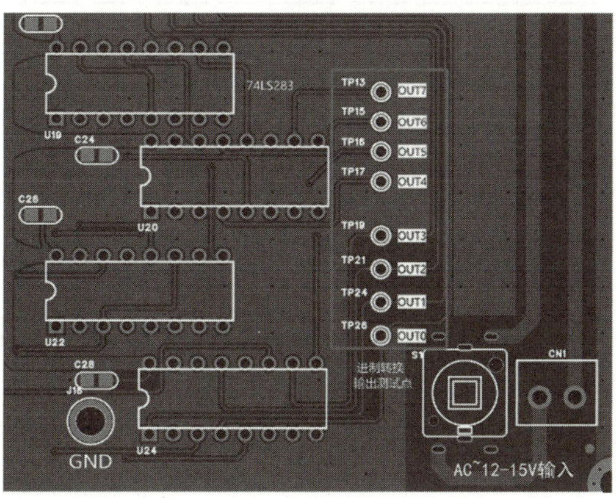

图 8.6.6　编码转换电路

表 8.6.9　测试结果

拨码开关高位	H_D		H_C		H_B		H_A	
电平								
拨码开关低位	L_D		L_C		L_B		L_A	
电平								
是否置数								
是否清零								
数码管显示值								
测试点	O_H_D	O_H_C	O_H_B	O_H_A	O_L_D	O_L_C	O_L_B	O_L_A
电平								
测试点	OUT_7	OUT_6	OUT_5	OUT_4	OUT_3	OUT_2	OUT_1	OUT_0
电平								
拨码开关高位	H_D		H_C		H_B		H_A	
电平								
拨码开关低位	L_D		L_C		L_B		L_A	
电平								
是否置数								
是否清零								
数码管显示值								
测试点	O_H_D	O_H_C	O_H_B	O_H_A	O_L_D	O_L_C	O_L_B	O_L_A
电平								
测试点	OUT_7	OUT_6	OUT_5	OUT_4	OUT_3	OUT_2	OUT_1	OUT_0
电平								

任务 8.7　数模转换电路设计与验证

8.7.1　数模转换电路设计

基于前文对 D/A 转换原理的阐述，可知电阻网络是实现 D/A 转换的一种方式。尽管市面上存在诸多不同类型的 DAC 集成芯片，但其中许多采用通信协议或同步时钟的工作方式，单纯运用电阻网络的集成芯片相对较少。接下来着重介绍其中一款芯片——DAC0832。

1. DAC0832 芯片

DAC0832 是一款采样频率为 8 位的 D/A 转换芯片，其内部集成电路包含两级输入寄存器，使 DAC0832 芯片具备双缓冲、单缓冲和直通三种输入方式。在数据转换过程中，D/A 转换结果以电流形式输出。倘若实际应用场景需要得到相应的模拟电压信号，可借助一个具有高输入阻抗的线性运算放大器来达成。值得一提的是，对于运放的反馈电阻，既能够通过 RFB 端引用片内固有电阻，也可以选择外接，这种灵活的设计为实际应用提供了更多的可能性。

从接口兼容性来看，DAC0832 的逻辑输入满足 TTL 电平标准，能够直接与 TTL 电路或微机电路进行连接。

DAC0832 的芯片如图 8.7.1 所示。

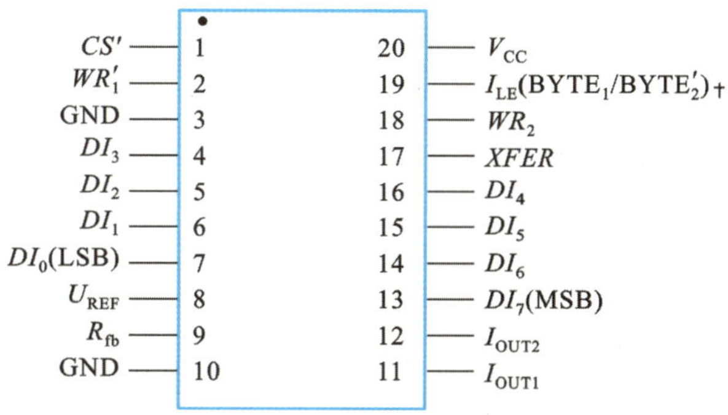

图 8.7.1　DAC0832 的芯片

其中，引脚说明如下。

（1）CS'：片选信号输入线（选通数据锁存器），低电平有效。

（2）WR_1'：输入寄存器的写选通信号。

（3）GND：电源、基准电源及信号地。

（4）U_{REF}：基准电压输入线（-10～+10V）。

（5）R_{fb}：反馈信号输入线，芯片内部有反馈电阻。

（6）V_{CC}：电源输入线（范围为 5～15 V）。

（7）I_{LE}：数据锁存允许控制信号输入线，高电平有效。

（8）WR_2'：DAC 寄存器写选通输入线。

（9）$XFER'$：数据传送控制信号输入线，低电平有效。

（10）I_{OUT1}：电流输出线，当输入全为 1 时 I_{OUT1} 最大。

（11）I_{OUT2}：电流输出线，其值与 I_{OUT1} 之和为一常数。

（12）DI_0～DI_7：8 位数据输入线，TLL 电平。

图 8.7.2 为其内部逻辑框图。

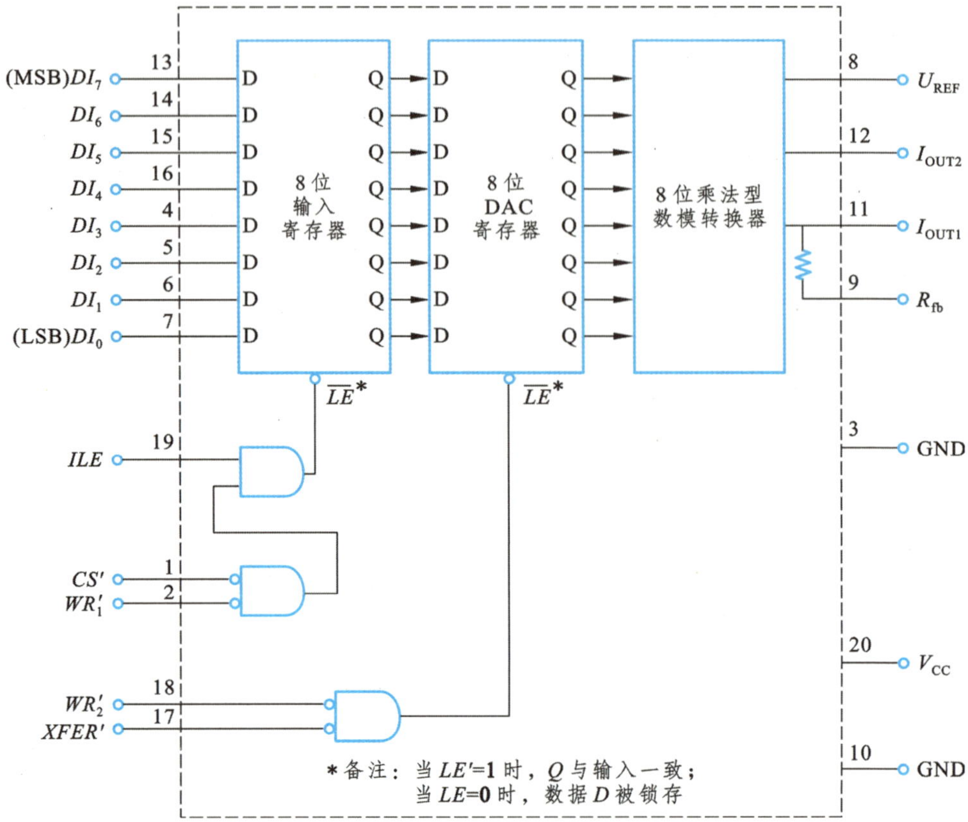

图 8.7.2　DAC0832 内部逻辑框图

查看数据手册，其典型应用电路如图 8.7.3 所示。

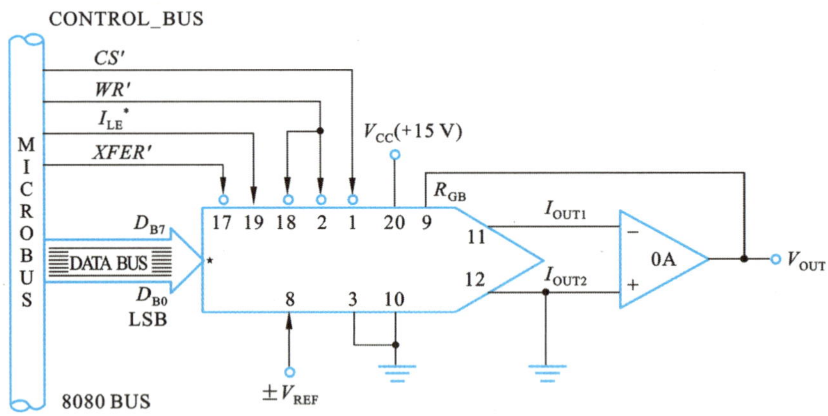

图 8.7.3　典型应用电路

可以看到，DAC0832 输出为电流信号，由于 DAC0832 不包含运算放大器，所以需要外接一个运算放大器，才构成完整的 D/A 转换器，运放将其转换成与数字端输入的数值成正比的模拟输出电压。注意 DAC0832 中所有不用的输入端必须接地或 V_{CC}。

当 $CS'=\mathbf{0}$、$WR_1'=\mathbf{0}$、$I_{LE}=\mathbf{1}$ 时，输入数据 $DI_0\sim DI_7$ 存入 8 位输入寄存器中，当 $WR_2'=\mathbf{0}$、$XFER'=\mathbf{0}$ 时，输入寄存器中所存内容进入 8 位 DAC 寄存器并进行 D/A 转换。当 DAC0832 外接

运放 A 构成 D/A 转换电路时，参考 T 型电阻网络，电路输出量 V_O 与输入 $DI_0 \sim DI_7$ 的关系式为

$$V_O = -\frac{R_f}{R}\frac{D}{2^8}V_{ref}$$

R_f 为 DAC0832 芯片内部的反馈电阻，大小为 15 kΩ，R 为 DAC0832 芯片内部的电阻网络的电阻阻值，D 为输入的二进制数据。

当 R_f 与 R 相同时（不外接反馈电阻），上式可化简为

$$U_O = -\frac{D}{2^8}U_{ref}$$

由上式可见，输出信号与参考电压 U_{ref} 为反比例关系，具体输出信号电压与输入的二进制数据相关。

2. 数模转换电路设计

图如图 8.7.4 所示为数模转换电路原理图。图中使用 $U_{ref}=12$ V 作为参考电源，并在输出端连接了一个运算放大器作为电流-电压转换。由前面的分析可知，输出电压为负值。为了使得输出电压为正电压，在后级增加了一个反相比例放大电路，其放大比例为−1，从而将负电压转换为正电压。

另外，为了保证 0.1 V 的步进值，我们在反馈电路上增加了一个定值电阻和一个可变电阻，那么前面推导的公式可写为

$$U_O = \frac{R_f}{R}\times\frac{D}{2^8}U_{ref}$$

式中，$U_{ref}=12\text{V}, R=15\ \text{k}\Omega$。

因

$$R_f = 15\ \text{k}\Omega + 15\ \text{k}\Omega + R_W$$

故

$$U_O = \frac{12}{2^8}\times\frac{30+R_W}{15}D$$

为了保证 0.1 V 的步进值，计算 R_W 的理论值为

$$\frac{12}{2^8}\times\frac{30+R_W}{15}=0.1$$

计算的 R_W 理论值为 2 kΩ，因此选择 5 kΩ 的可变电阻。

实际调节：输入数字 **0000 0000**，调整 R_W，使用万用表检测输出，使得输出电压 $U_O = 0\pm 1$ mV；输入数字 **1001 1001**，调整 R_W，使用万用表检测输出，使得输出电压达到满量程 9.9 V。

于是，输出电压的理论计算公式为

$$U_O = \frac{12}{2^8}\times\frac{30+R_W}{15}D = \frac{12}{2^8}\times\frac{30+2}{15}=0.1D$$

可见步进值为 0.1 V，且与输入的二进制数成正比，符合设计要求。

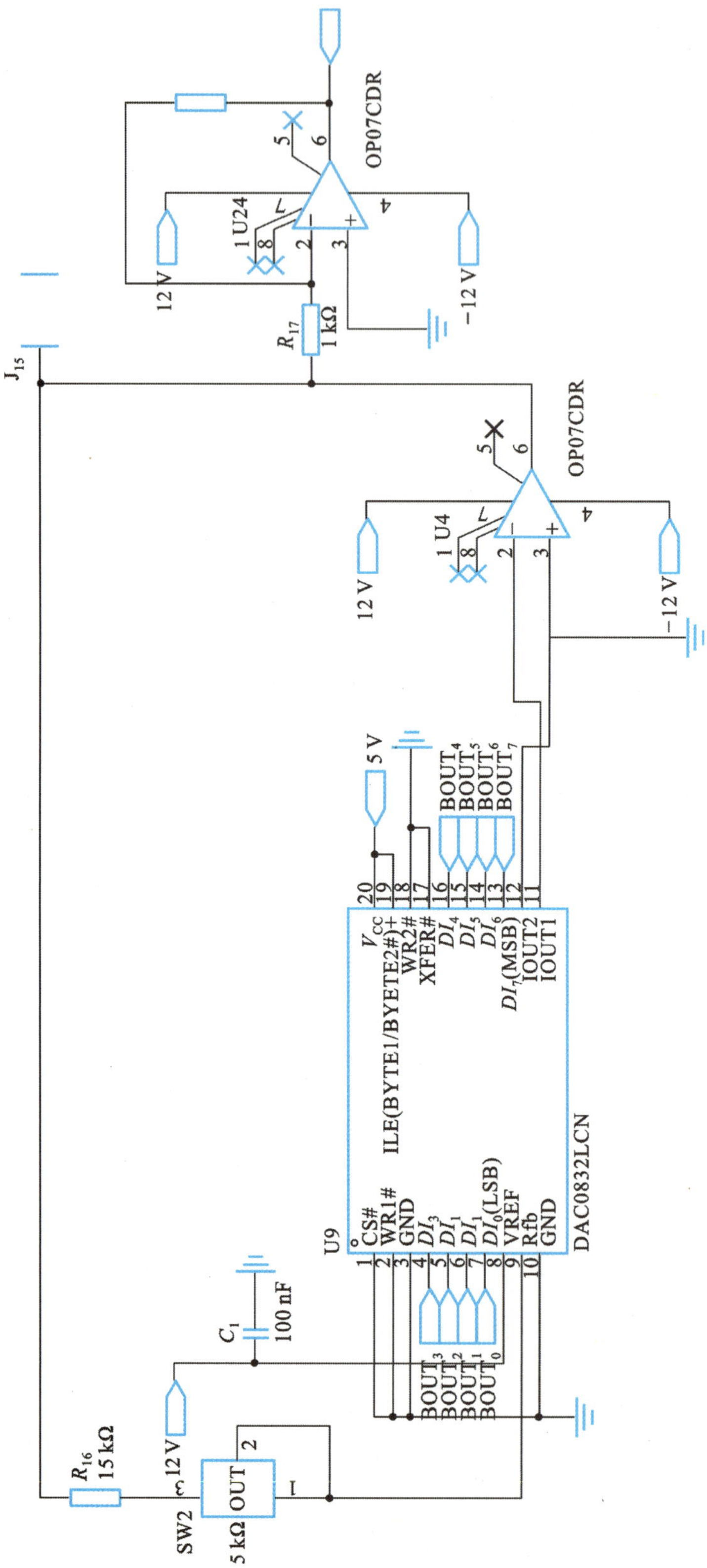
OP07CDR
U24
OP07CDR
U4
12 V
−12 V
R17 1 kΩ
J15
5 V
BOUT4
BOUT5
BOUT6
BOUT7
VCC
ILE(BYTE1/BYTE2#)+
WR2#
XFER#
DI4
DI5
DI6
DI7(MSB)
IOUT2
IOUT1
U9
CS#
WR1#
GND
DI3
DI2
DI1
DI0(LSB)
VREF
Rfb
GND
DAC0832LCN
BOUT3
BOUT2
BOUT1
BOUT0
C1
100 nF
R16
15 kΩ
SW2
5 kΩ
OUT

图 8.7.4　电路原理图

8.7.2　数模转换电路测试与验证

由于在 DAC0832 芯片的应用电路中，使用运放进行电流-电压的转换，而查看数据手册可知，运算放大器的输出电压受内部电路的限制，其电平低于电源电压导轨，如图 8.7.5 所示。

于是理论上 DAC 转换出来的电压与输入的数字量不会呈现完美的线性。

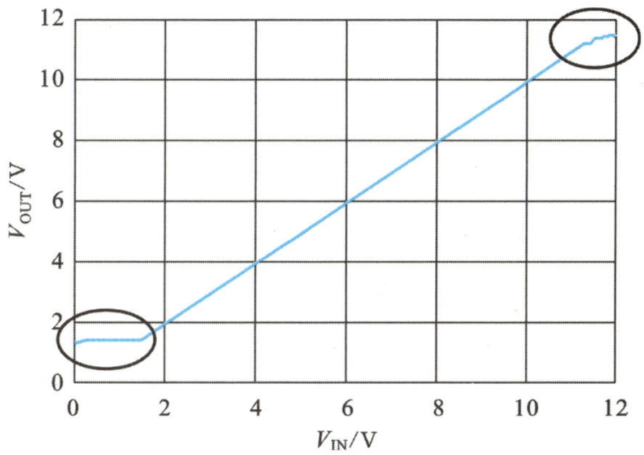

图 8.7.5　理论上 DAC 转换出来的电压与输入关系

如图 8.7.6 所示为测试电路原理图。调节计数器电路输出的数字量，使用万用表测试 D/A 转换后的电压值 DA_OUT，完成表 8.7.1。

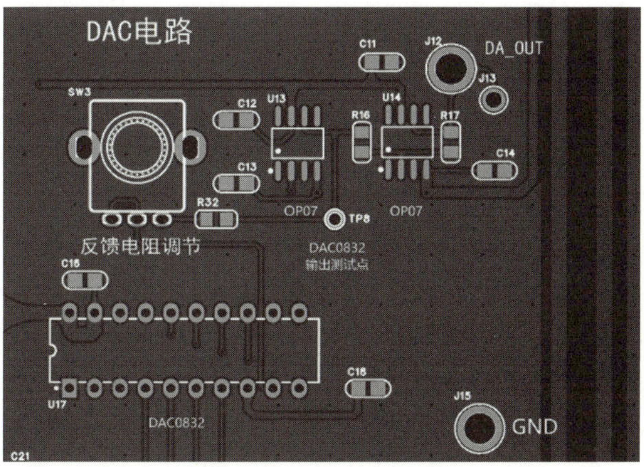

图 8.7.6　测试电路原理图

表 8.7.1　测试结果

数码管显示值								
测试点	OUT_7	OUT_6	OUT_5	OUT_4	OUT_3	OUT_2	OUT_1	OUT_0
电平								
D/A 模拟电压								
数码管显示值								
测试点	OUT_7	OUT_6	OUT_5	OUT_4	OUT_3	OUT_2	OUT_1	OUT_0
电平								

续表

D/A 模拟电压								
数码管显示值								
测试点	OUT_7	OUT_6	OUT_5	OUT_4	OUT_3	OUT_2	OUT_1	OUT_0
电平								
D/A 模拟电压								
数码管显示值								
测试点	OUT_7	OUT_6	OUT_5	OUT_4	OUT_3	OUT_2	OUT_1	OUT_0
电平								
D/A 模拟电压								
数码管显示值								
测试点	OUT_7	OUT_6	OUT_5	OUT_4	OUT_3	OUT_2	OUT_1	OUT_0
电平								
D/A 模拟电压								
数码管显示值								
测试点	OUT_7	OUT_6	OUT_5	OUT_4	OUT_3	OUT_2	OUT_1	OUT_0
电平								
D/A 模拟电压								
数码管显示值								
测试点	OUT_7	OUT_6	OUT_5	OUT_4	OUT_3	OUT_2	OUT_1	OUT_0
电平								
D/A 模拟电压								

根据测试的数据，绘制数模转换的关系曲线，如图 8.7.7 所示。

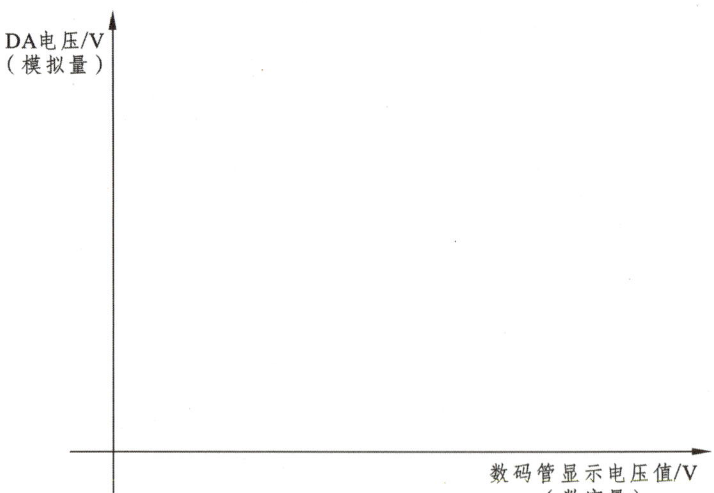

图 8.7.7　模转换的关系曲线

任务 8.8　输出级电路设计与验证

8.8.1　达林顿管原理与应用

复合管（Composite Transistor），也称为达林顿管（Darlington Transistor），是一种由两个双极型晶体管（BJT）串联组合而成的复合晶体管结构。它的主要特点是具有很高的电流增益。

在电子电路中，一般大功率三极管的正常工作需要较大的基极驱动电流，然而常见的小信号往往无法提供足够的基极驱动电流，因而不能直接对其进行放大。达林顿管则巧妙地解决了这一问题。达林顿管内部由两个三极管组合而成，这种独特的结构设计带来了显著的优势。在前级，三极管发挥着对小电流的放大作用，经过放大后的电流再去驱动后级的三极管。如此一来，原本微弱的小电流便能够成功驱动大功率的达林顿管。

达林顿管的主要复合方式有四种，包括 NPN 管和 NPN 管、PNP 管和 PNP 管、NPN 管和 PNP 管、PNP 管和 NPN 管，如图 8.8.1 所示。

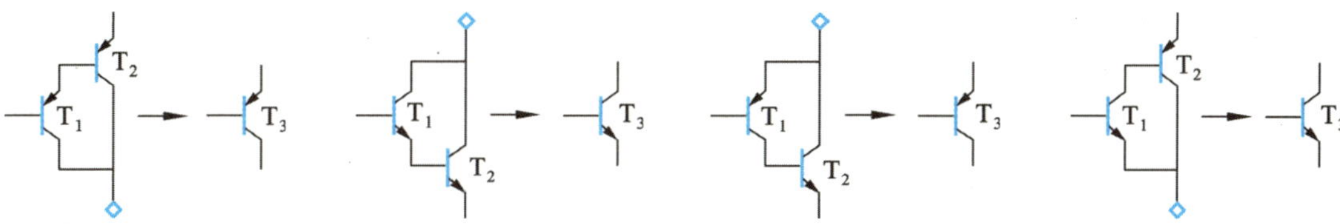

（a）PNP-PNP　（b）NPN-NPN　（c）PNP-NPN　（d）NPN-PNP

图 8.8.1 达林顿管的主要复合方式

以 NPN-NPN 达林顿管为例，其结构如图 8.8.2 所示。

第一个晶体管（T_1）的发射极连接到第二个晶体管（T_2）的基极。T_1 的集电极和 T_2 的集电极连接在一起，作为复合管的集电极；T_1 的基极作为复合管的基极；T_2 的发射极作为复合管的发射极。

在达林顿管中，电流首先通过 T_1，然后进入 T_2。因为 T_1 和 T_2 都是 NPN 型晶体管，所以它们的电流增益（β）会相乘，从而实现高电流增益。

（1）T_1 的基极电流（I_{B1}）：外部施加到达林顿管基极的电流。

（2）T_1 的集电极电流（I_{C1}）：由于 T_1 的电流增益为 β_1，集电极电流为 $I_{C1}=\beta I_{B1}$。

（3）T_1 的发射极电流（I_{E1}）：这是 T_1 的集电极电流加上基极电流

$$I_{E1}=I_{B1}+I_{C1}=I_{B1}+\beta_1 I_{B1}=I_{B1}(1+\beta_1)$$

（4）T_2 的基极电流（I_{B2}）：T_1 的发射极电流就是 T_2 的基极电流

$$I_{B2}=I_{E1}=I_{B1}(1+\beta_1)$$

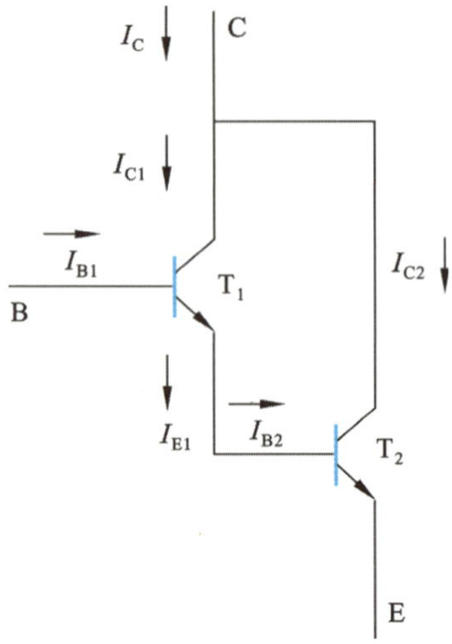

图 8.8.2　NPN-NPN 达林顿管结构

（5）T_2的集电极电流（I_{C2}）：由于T_2的电流增益为β_2，集电极电流为

$$I_{C2}=\beta_2 I_{B2}=\beta_2(\beta_1+1)I_{B1}$$

（6）复合管的总集电极电流（I_C）：

$$I_C=I_{C1}+I_{C2}=(1+\beta_1)I_{B1}+\beta_2(1+\beta_1)I_{B1}=(1+\beta_2)(1+\beta_1)I_{B1}$$

由于$\beta_1 \gg 1, \beta_2 \gg 1$，于是

$$I_C \approx \beta_1\beta_2 I_{B1}$$

即达林顿管的放大系数等于两个管子的放大系数之积

$$\beta=\beta_1\beta_2$$

复合管具有以下优点：

（1）高电流增益：复合管的电流增益非常高，是普通单管的倍数积。

（2）高输入阻抗：由于基极电流小，输入阻抗高。

复合管广泛应用于需要高增益和高输入阻抗的电路中，如电流放大器、开关电路、驱动电路等。

由于复合管由两个晶体管组成，因此它的饱和电压比单个晶体管高。复合管的开关速度可能比单个晶体管慢，这是因为电流需要通过两个晶体管。

8.8.2　射级跟随器原理与应用

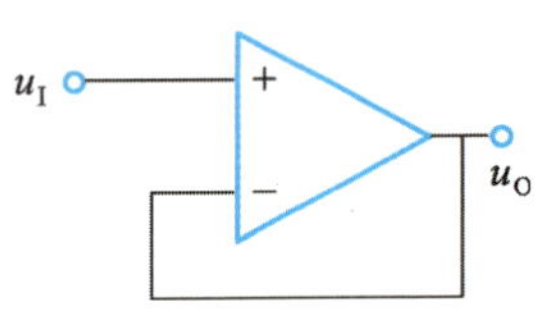

图 8.8.3　电压跟随器典型线路

电压跟随器是一种具有 100%电压负反馈的放大器电路，其特点是输出电压的幅度和极性都与输入电压相同，所以叫跟随器。典型线路如图 8.8.3 所示。

运放跟随器有输入阻抗高、输出阻抗低的特性。一般来说，输入阻抗可以达到几兆欧姆，而输出阻抗低，通常只有几欧姆，甚至更低。在电路中，电压跟随器一般做缓冲级及隔离级。

根据运放的“虚断”“虚短”特性，可以得知

$$u_N = u_P = u_I, \quad i_N = i_P = 0$$

而 $u_O = u_N$，于是 $u_O = u_I$。

电压跟随器还可以提高输入阻抗，可以大幅度减小输入电容的大小，为应用高品质的电容提供保证。

集成运算放大器实质上是一个高增益的多级直接耦合放大器，具有很大的开环电压放大倍数（一般可达 10^5）和极高的输入阻抗（可达 $10^6\ \Omega$，采用场效应管输入级的可达 $10^9\ \Omega$ 以上）。

电压跟随器输出信号与输入信号配相位相同，放大倍数 $A\approx 1$。电压跟随器是 $R_f = 0$、$R_1 = \infty$、反馈系数为 1 时的同相输入放大器。

由于集成运放本身的高增益特性，因此用集成运放构成的电压跟随器具有极高的输入阻抗，几乎不从信号源吸取电流。同时具有极低的输出阻抗，向负载输出电流时几乎不在内部引起压降，可视为电压源。

集成运放电压跟随器的性能非常接近理想状态，并且无外围元件、无须调整，这是晶体管电压跟随器（射级跟随器）所无法比拟的。

8.8.3　输出级电路设计

根据前面的分析，可以设计出如 M212 板卡上的输出级电路，如图 8.8.4 所示。

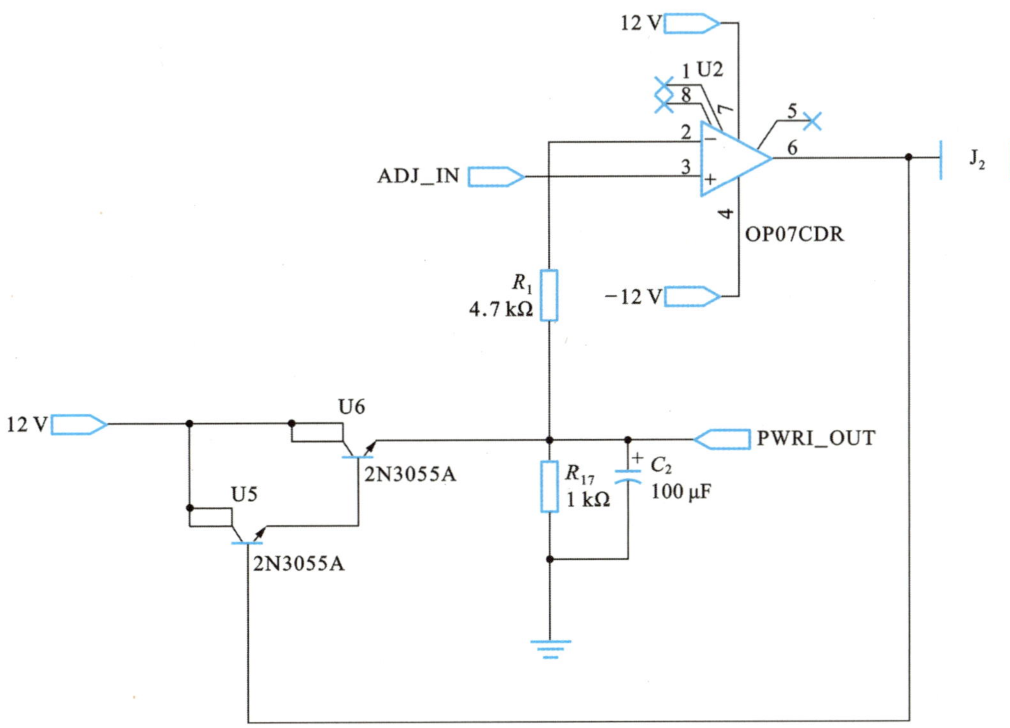

图 8.8.4　输出级电路

U2 为运放，首先其同相输入端输入经过 DAC 的模拟电压。U5、U6 组成 NPN 达林顿管，当其导通时，我们可以将其近似看作一根导线，因此上图可简化为以下示意图（见图 8.8.5）。

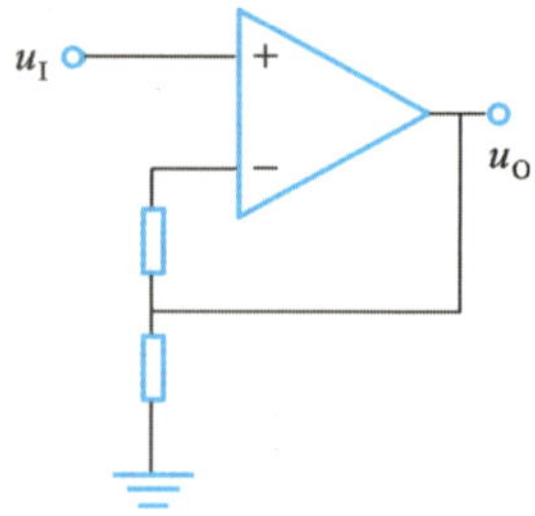

图 8.5.5　简化示意图

根据运放的“虚短”特性，可以知道 $u_I = u_P = u_N$，而根据“虚断”特性，可知 $i_N = 0$，则运放反相输入端的电阻无压降，则 $u_O = u_N$，因此 $u_O = u_I$，即为电压跟随器。

当达林顿管关闭时，运放变成过零比较器，PWRI_OUT 电压此时为 0 V；当同相输入端电压大于 0 V 时，运放输出电压为 12 V，达林顿管的 U_{BE}>1.4 V（一个三极管的 U_{BE} 大致为 0.7 V），于是达林顿管导通；导通后运放组成电压跟随器，此时 PWRI_OUT 电压为 ADJ_IN 电压。

当达林顿管导通时，能够放大其基极电流，以供输出电流需求，即 $I_C \approx \beta_1\beta_2 I_{B1}$，以给 PWRI_OUT 提供更高的输出电流，增强其带负载能力。

8.8.4　输出级电路测试与验证

1. 空载电压调节输出测试

按照图 8.8.6 示意连接线路，调节计数器输入电路不同的数字量，测量调整输出级电路的电源输出点电压值，并完成表 8.8.1。

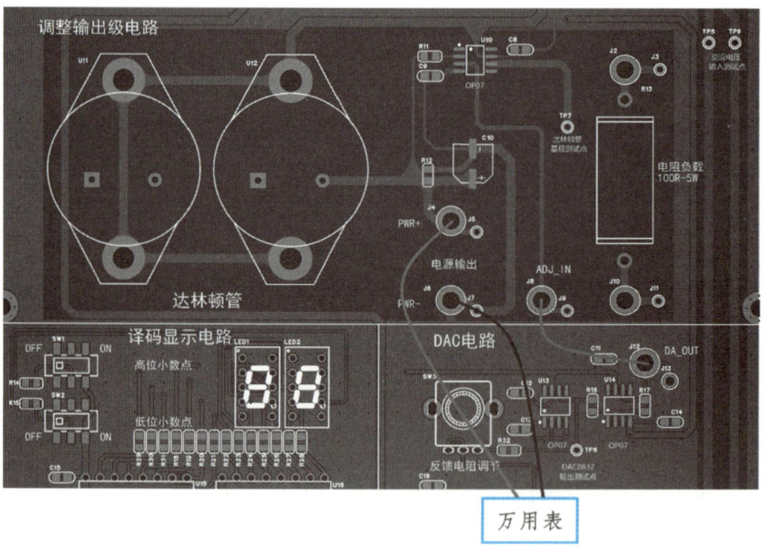

图 8.8.6　连接示意

连接方式：

① 将板卡的 ADC_IN 测试点 J_8 与 DA_OUT 测试点 J_{12} 引脚。

② 万用表的红色表笔（正极）连接至板卡的 PWR + 测试点 J_4。

③ 万用表的黑色表笔（负极）连接至板卡的 PWR−测试点 J_6。

表 8.8.1 测试结果

数码管显示值								
测试点	OUT$_7$	OUT$_6$	OUT$_5$	OUT$_4$	OUT$_3$	OUT$_2$	OUT$_1$	OUT$_0$
电平								
D/A 模拟电压								
输出级输出电压								
数码管显示值								
测试点	OUT$_7$	OUT$_6$	OUT$_5$	OUT$_4$	OUT$_3$	OUT$_2$	OUT$_1$	OUT$_0$
电平								
D/A 模拟电压								
输出级输出电压								
数码管显示值								
测试点	OUT$_7$	OUT$_6$	OUT$_5$	OUT$_4$	OUT$_3$	OUT$_2$	OUT$_1$	OUT$_0$
电平								
D/A 模拟电压								
输出级输出电压								
数码管显示值								
测试点	OUT$_7$	OUT$_6$	OUT$_5$	OUT$_4$	OUT$_3$	OUT$_2$	OUT$_1$	OUT$_0$
电平								
D/A 模拟电压								
输出级输出电压								
数码管显示值								
测试点	OUT$_7$	OUT$_6$	OUT$_5$	OUT$_4$	OUT$_3$	OUT$_2$	OUT$_1$	OUT$_0$
电平								
D/A 模拟电压								
输出级输出电压								
数码管显示值								
测试点	OUT$_7$	OUT$_6$	OUT$_5$	OUT$_4$	OUT$_3$	OUT$_2$	OUT$_1$	OUT$_0$
电平								
D/A 模拟电压								
输出级输出电压								
数码管显示值								
测试点	OUT$_7$	OUT$_6$	OUT$_5$	OUT$_4$	OUT$_3$	OUT$_2$	OUT$_1$	OUT$_0$
电平								
D/A 模拟电压								
输出级输出电压								

2. 带载电压调节输出测试

按照图 8.8.7 示意连接线路，调节计数器输入电路不同的数字量，测量调整输出级电路的电源输出点电压值，并完成表 8.8.2。

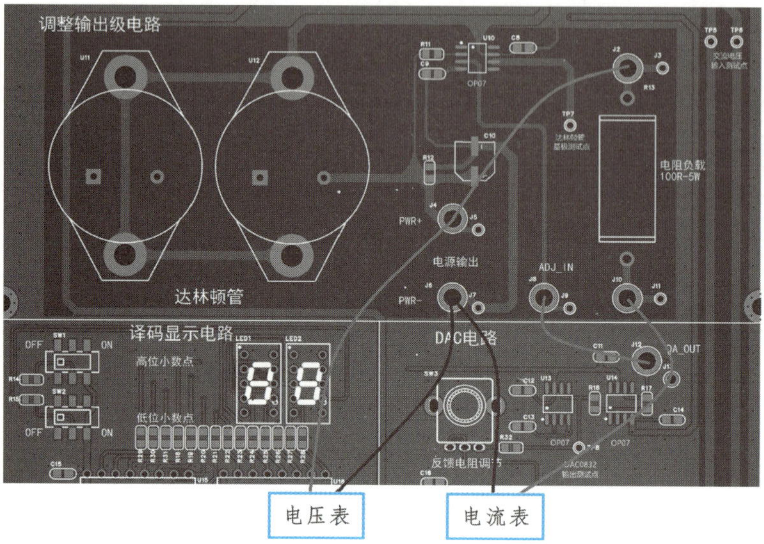

图 8.8.7　连接示意

连接方式：

① 将板卡中的 J_2 测试点连接至 PWR + 测试点 J_4。

② ADC_IN 测试点 J_8 与 DA_OUT 测试点 J_{12}。

③ 将电压表的黑色表笔（负极）连接至 PWR– 测试点 J_6。

④ 电压表的红色表笔（正极）连接至 PWR + 测试点 J_4。

⑤ 电流表的黑色表笔（负极）连接至 PWR– 测试点 J_6。

⑥ 电流表的红色表笔（正极）连接至测试点 J_{10}。

表 8.8.2　测试结果

数码管显示值								
测试点	OUT_7	OUT_6	OUT_5	OUT_4	OUT_3	OUT_2	OUT_1	OUT_0
电平								
D/A 模拟电压								
输出级输出电压								
负载电流值								
数码管显示值								
测试点	OUT_7	OUT_6	OUT_5	OUT_4	OUT_3	OUT_2	OUT_1	OUT_0
电平								
D/A 模拟电压								
输出级输出电压								

续表

负载电流值								
数码管显示值								
测试点	OUT_7	OUT_6	OUT_5	OUT_4	OUT_3	OUT_2	OUT_1	OUT_0
电平								
D/A 模拟电压								
输出级输出电压								
负载电流值								
数码管显示值								
测试点	OUT_7	OUT_6	OUT_5	OUT_4	OUT_3	OUT_2	OUT_1	OUT_0
电平								
D/A 模拟电压								
输出级输出电压								
负载电流值								
数码管显示值								
测试点	OUT_7	OUT_6	OUT_5	OUT_4	OUT_3	OUT_2	OUT_1	OUT_0
电平								
D/A 模拟电压								
输出级输出电压								
负载电流值								
数码管显示值								
测试点	OUT_7	OUT_6	OUT_5	OUT_4	OUT_3	OUT_2	OUT_1	OUT_0
电平								
D/A 模拟电压								
输出级输出电压								
负载电流值								
数码管显示值								
测试点	OUT_7	OUT_6	OUT_5	OUT_4	OUT_3	OUT_2	OUT_1	OUT_0
电平								
D/A 模拟电压								
输出级输出电压								
负载电流值								

附件　电子电工实验报告范本

电子电工系列课程实验报告

专　　业：______________________　班　　级：______________________
姓　　名：______________________　实验台号：______________________
实验题目：____
学　　号：______________________

一、实验目的

二、实验仪器及设备

名称	型号及参数说明	数量	备注

三、实验原理说明

四、实验内容及步骤

五、实验过程与数据记录

六、实验结论

参考文献

[1] 阎石. 数字电子技术基础[M]. 6 版. 北京：高等教育出版社，2016.

[2] 张金华. 电子技术基础与技能[M]. 3 版. 北京：高等教育出版社，2019.

[3] 童诗白，华成英. 模拟电子技术基础[M]. 5 版. 北京：高等教育出版社，2015.

[4] 周润景，李茂泉. 常用传感器技术及应用[M]. 2 版. 北京：电子工业出版社，2020.